Howard Moskowitz

Selling Blue Elephants

Howard Moskowitz
Alex Gofman

Selling Blue Elephants

Wie man Produkte kreiert, von denen der Konsument heute noch nicht weiß, dass er morgen nicht mehr auf sie verzichten kann

Aus dem Amerikanischen von Almuth Braun

FinanzBuch Verlag

Bibliografische Information der Deutschen Bibliothek:
Die Deutsche Bibliothek verzeichnet diese Publikation in der Deutschen Nationalbibliografie; detaillierte bibliografische Daten sind im Internet über http://dnb.ddb.de abrufbar.

Authorized translation from the English language edition, entitled „Selling Blue Elephants: How to make great products that people want before they even know they want them", 1st Edition by Moskowitz, Howard; Gofman, Alex, published by Pearson Education, Inc, publishing as Wharton School Publishing.

Übersetzung: Almuth Braun
Lektorat: Nicole Luzar
Covergestaltung: Melanie Feiler
Druck: Druckerei Joh. Walch, Augsburg

1. Auflage 2007
German language edition published by FinanzBuch Verlag

Frundsbergstraße 23
80634 München
Tel.: 089 651285-0
Fax: 089 652096

Für Fragen und Anregungen:
moskowitz@finanzbuchverlag.de

ISBN 978-3-89879-349-0

Dieses Buch widme ich in Liebe den Lichtern meines Lebens.

Arlene, ich danke dir dafür, dass du so bist, wie du bist und für alles, was du in diesen vielen Jahren für mich getan hast. Und ich danke meinen Kindern Daniel und Yaffa Moskowitz sowie David und Chavi Moskowitz. Und schließlich richtet sich mein Dank auch an Temima, Yosef, Ahuva, Hadassah, Shira, Meirah und Noach. Ihr seid die Saat der Zukunft.

Howard Moskowitz

Ich widme dieses Buch meinem verstorbenen Vater, dem ich meine befriedigende, lebenslange Suche nach Antworten auf die Fragen „Warum?" und „Wie?" über die Welt verdanke, in der ich lebe, sowie meinen Kindern Alli und Matt und meiner Frau Irene, die dieser Suche eine Bedeutung verliehen haben.

Alex Gofman

Inhalt

Vorwort ... 9
Über die Autoren ... 13
Danksagung ... 15
Einführung ... 19

TEIL 1
Wie man viel Geld verdient ... 37
Kapitel 1: Hewlett-Packard ändert seine Gangart ... 39
Kapitel 2: Das Kaffeeprojekt von Maxwell House ... 47
Kapitel 3: Köstliche Neukreationen zu entwickeln ist so einfach wie das Tippen eines Zahlencodes: Wichtige Erkenntnisse aus den Projekten Vlasic und Prego ... 69
Kapitel 4: Wie es Ihnen gelingt, Kunden ein gutes Gefühl zu geben, selbst wenn sie mehr bezahlen ... 91
Kapitel 5: Erfahren Sie mehr über Ihre Wettbewerber, als diese selbst wissen – und zwar ganz legal! ... 113

TEIL 2
Wie man die Zukunft bestimmt ... 133
Kapitel 6: Der Zauberwürfel der Innovationen in der Konsumelektronik ... 135
Kapitel 7: Wie sich cooles Design mit einer herausragenden Wissenschaft verbinden lässt ... 153

TEIL 3
Der Flug zur Venus ... 181
Kapitel 8: Mind Genomics: Was Verbraucher denken, wenn sie vor dem Regal stehen ... 183
Kapitel 9: Was passiert, wenn man Präsidentschaftskandidaten und Regierungsbotschaften aus der Produktperspektive betrachtet ... 213
Kapitel 10: RDE besiegt Murphys Gesetz und „entblößt" die Aktienmärkte ... 235
Kapitel 11: Asia Calling, Ltd.: Die China-Perspektive ... 255
Kapitel 12: RDEs „schöne neue Welt" ... 265

Nachwort ... 271

Vorwort

Willkommen in der schönen neuen Welt, in der sich eine wissenschaftliche Methode mit Wissen über Verbraucherverhalten verbindet und den *Status quo* möglicherweise auf den Kopf stellt.

Dieses Buch handelt von „Rule Developing Experimentation“ (RDE) - einem Geschäftsprozess, der Unternehmen mehr Informationen über ihre Kunden liefert, als viele überhaupt für möglich halten. Diese Informationen sagen Unternehmen, was sie tun müssen, um die vorhandenen Kundenbedürfnisse zu erfüllen, die nächste wichtige Kundenzielgruppe zu gewinnen und Zukunftstrends zu antizipieren. Mit diesen neuen Instrumenten zur Informationsgewinnung kann ein Unternehmen herausfinden, welche Faktoren bei seinen derzeitigen und zukünftigen Kunden als Kaufanreize wirken, es kann auf Basis dieser Erkenntnisse neue Produkte entwickeln, sie erfolgreich auf den Markt bringen und seinen Wettbewerbern Marktanteile abjagen. Stellen Sie sich das als eine Welt für die kommenden Generationen vor, in der weniger zählt, was Sie *heute sind* als was Sie *morgen sein können*. Und diese Zukunft wird für Unternehmen, die auch in Zukunft erfolgreich sein wollen, immer leichter zu erreichen sein.

Mit dieser Vision über die Welt von morgen wollen wir zum vorliegenden Buch zurückkehren. Moskowitz und Gofman sind zwei Experten mit großer Erfahrung in der Welt der Kundenbedürfnisse, die Unternehmen zwingend verstehen müssen, wenn sie überleben wollen. Das gilt für die aktuellen ebenso wie für die künftigen Bedürfnisse, deren Entstehung den Kunden selbst noch gar nicht bewusst ist. Die Übersetzung dieser Bedürfnisse in erfolgreiche Geschäftsregeln – und zwar praktisch über Nacht – ist eine Kunst, die vor wenigen Jahren noch unvorstellbar war.

Den Autoren ist es gelungen, ihre Methode zu systematisieren, damit jedes Unternehmen nach Bedarf davon profitieren kann. Dies ist weder ein trockenes, langweiliges Handbuch noch eine stark vereinfachte How-to-do-Anleitung für Hilfe suchende Marketingfachleute, Produktentwickler etc. Howard und Alex haben eine sehr schöne Balance geschaffen: eine lesbare wissenschaftliche Grundlage, frei von ermüdenden, tief schürfenden statistischen Exkursen; ein ausgeglichenes Werk aus praktischer Erfahrung – ohne dem Leser das Gefühl zu vermitteln, er werde belehrt – sowie Prinzipien, ergänzt durch Fallstudien, die ebenso unterhaltsam wie informativ und lehrreich sind. Dieses Buch lädt Sie zu einer faszinierenden Reise ein; mit jedem Kapitel werden schrittweise immer mehr nützliche Details über die RDE-Methode und ihre breiten Anwendungsmöglichkeiten geliefert – von der Nahrungsmittelproduktion bis zu politischen Kampagnen, von der Werbung bis zu Börsenprognosen, von beschleunigten Innovationsprozessen bis zu Verpackungen und dem Coverdesign von Zeitschriften. Die Liste lässt sich endlos weiterführen. Am Ende der Lektüre werden Sie erkennen, dass Sie bereit sind, RDE selbst auszutesten. Die Detailtiefe des Buches ist so groß, dass Sie die RDE-Methode sofort anwenden können, und gleichzeitig ist es allgemein genug, um die Suche nach neuen Anwendungsgebieten zu stimulieren.

Als ich mit der Lektüre dieses Buches begann, war ich verblüfft, dass Unternehmen durch systematische Variation tatsächlich so viel lernen können. Für mich, der ich in einer Welt kluger, systematischer Denker aufgewachsen bin, war das eine echte Überraschung. Bei meiner engen Zusammenarbeit mit dem Gründer von Schwab.com verwendeten wir einige dieser Ansätze, allerdings nicht in dem Umfang und auch nicht mit der gleichen Rigorosität wie die Autoren. Zwar konnten wir uns erfolgreich behaupten und wachsen, aber wir hätten die Dinge viel schneller und besser vorantreiben können, wenn wir diese systematischen Experimente gekannt hätten. Als der Zeitpunkt gekommen war, diesen Ansatz in unserer Studie und unserem Werk *Success Built to Last: Creating a Life that Matters* (deutscher Titel: Der Weg zum Erfolg – Geheimnisse einflussreicher Menschen, FinanzBuch Verlag) anzuwenden, konnten wir das von den Autoren propagierte systematische Experimentieren ausprobieren. Es wirkte wie ein Zauberspruch und bestätigte innerhalb von zwei Wochen „wissenschaftlicher Arbeit" alle Erkenntnisse, die wir im Verlauf mehrerer Jahre an Interviews gewonnen hatten. Wir Autoren waren überzeugt, und zwar so überzeugt, dass wir in unserem Buch als abschließendes „Methoden-Kapitel" ein Kapitel über RDE schrieben.

Eine der traditionellen Fragen eines jeden Vorworts lautet: *Für wen wurde dieses Buch geschrieben?* Im Falle von *Selling Blue Elephants* ist das keine leichte Frage. Auf der einen Seite wurde es für Markenmanager, Werbespezialisten, Produktentwickler, Marketingfachleute und Marktforscher, Designer, Kommunikationsprofis und natürlich Studenten geschrieben, die von der Lektüre dieses Buches und der Anwendung seiner Konzepte in ihrem jeweiligen Gebiet auf jeden Fall profitieren werden. Auf der anderen Seite scheinen selbst die Autoren unsicher zu sein, wo die Grenzen ihres Ansatzes liegen. Wer weiß, vielleicht wird die RDE-Methode ihre größten Erfolge in Gebieten erzielen, die in diesem Buch nur am Rande oder sogar gar nicht erwähnt werden.

Also noch einmal die Frage, warum RDE so wichtig ist. Ganz einfach: Niemand in der Geschäftswelt kennt zu jedem Zeitpunkt alle Antworten. Sicher gelingt es einigen von uns, die möglicherweise auf eine Goldader gestoßen sind, diese umfassend auszubeuten. Aber als Investor und Unternehmenserbauer vertrete ich die Auffassung, dass es wichtig ist, eine langfristige Perspektive zu pflegen. Es ist gut, richtig zu liegen. Und ich habe im Laufe der Jahre gelernt, dass nichts über ein umfangreiches Wissen geht. *Selling Blue Elephants* liefert uns eine Methode, mit der wir ohne Mühe erfahren, was Verbraucher denken und fühlen, und zwar zu jeder Zeit, an jedem Ort und über beinahe jedes Thema. Die Autoren haben in der Tat ein Manifest für Veränderung geschaffen, das in den Händen kleiner Unternehmen eine ebenso große Wirkung entfaltet wie in den Händen riesiger Konzerne, und zwar an jedem Standort der Welt.

Ich habe einen Großteil meines Berufslebens damit verbracht, zu verstehen, welche Faktoren ausschlaggebend für Erfolg sind, und versuche, dies anderen zu vermitteln. Daher habe ich das Gefühl, dieses Buch und RDE könnten für motivierte Geschäftsleute möglicherweise die nützlichsten Instrumente auf dem Weg zum Erfolg sein.

Howard und Alex haben ein absolut packendes Buch geschrieben. Sie haben Storys über Unternehmenserfolge auf eine Weise miteinander verwoben, die mich als Geschäftsmann und Investor einfach fasziniert.

Mark Thompson
Executive Coach, Managementberater
und Co-Autor des internationalen
Bestsellers *Success Built to Last*

Über die Autoren

Howard Moskowitz ist President und CEO von Moskowitz Jacobs, Inc., einem Unternehmen, das er 1981 gründete.

Dr. Moskowitz ist sowohl ein bekannter Experimentalpsychologe auf dem Gebiet der Psychophysik als auch Entwickler von Marktforschungstechnologien von Weltklassequalität. Dr. Moskowitz schloss sein Studium an der Harvard University mit einer Promotion in Experimentalpsychologie ab. Zuvor erwarb er ein Diplom in Mathematik und Psychologie am Queens College (New York), wo er Mitglied der Phi Beta Kappa-Society[1] war. Er ist Autor beziehungsweise Herausgeber von 16 Büchern, hat mehr als 300 Artikel verfasst und gehört zum wissenschaftlichen Beirat wichtiger Fachjournale. Seine zahlreichen Engagements als Vortragsredner erstrecken sich von wissenschaftlichen und Marktforschungskonferenzen bis zu Gastvorträgen an führenden Wirtschaftsschulen und Universitätsfakultäten für Nahrungsmittelwissenschaft.

Dr. Moskowitz wurden zahlreiche Auszeichnungen verliehen, darunter die Auszeichnung „David R. Peryam“ der American Society for Testing and Materials, mit der sein Lebenswerk gewürdigt wurde; der „Charles Coolidge Parlin Award“ der American Marketing Association – der als Nobelpreis der Marktforschung gilt –, für seine lebenslange Arbeit auf diesem Gebiet, die von Produktentwicklung bis zur Optimierung von Verbraucherkonzept- und Verpackungs-

1) Älteste amerikanische Ehrenorganisation für Undergraduate-Studenten, die herausragende Leistungen in freien Künsten und Wissenschaften fördert und honoriert und nur eine handverlesene Zahl an College-Absolventen aufnimmt. (A.d.Ü.)

design reicht, sowie den „2006 ARF Innovation Award" für die Entwicklung der innovativsten Marktforschungsidee. In den letzten beiden Jahren trat Dr. Moskowitz wöchentlich als „Food Doctor" und Chefsprecher in der Sendung ABC NewsNow auf, in der er junge Unternehmer aus dem Bereich Food & Beverage vorstellte.

Alex Gofman ist Vice President und Technikvorstand (CTO) von Moskowitz Jacobs, Inc. Alex ist als Co-Entwickler von Marketing- und Marktforschungstechnologien auf Weltklasseniveau genauso bekannt wie für seine Arbeit in der interdisziplinären Entwicklung auf dem Gebiet der Experimentalpsychologie und der Computerwissenschaften sowie als Architekt der prämierten IdeaMap®-Produktfamilie. Seit seinem Eintritt in das Unternehmen im Jahr 1992 hat er die Entwicklung neuer Technologien, Algorithmen und Softwareanwendungen geleitet.

Davor arbeitete Mr. Gofman mit internationalen High-tech- und Software-Unternehmen in den USA und Osteuropa zusammen. Er ist Autor und Co-Autor von mehr als 30 wissenschaftlichen Veröffentlichungen und Inhaber von 18 Patenten, er hat an einem Buch über Concept Research zur Überprüfung und Bewertung von Produktideen und Konzeptalternativen mitgewirkt und bei einer Vielzahl von internationalen Konferenzen wissenschaftliche Arbeiten vorgestellt, die ihm mehrfach eine Nominierung für verschiedene Auszeichnungen eintrugen. Alex Gofman, der in einer Industrieregion in der Ukraine geboren wurde, hält einen Abschluss als Master of Science in Computerwissenschaften der Donetsk National Technical University, an der er sein Studium 1981 summa cum laude abschloss.

Danksagung

Kein Autor verfasst ein Buch oder auch nur einen Artikel ohne jede Hilfe von anderen Menschen. Das ist einfach nicht möglich. Wir waren mit der Unterstützung wunderbarer Menschen gesegnet, die unseren Dank und unsere Anerkennung wirklich verdient haben.

Bei Moskowitz Jacobs danken wir unserer äußerst talentierten Technologiegruppe – Madhu Manchaiah, John Ma und Prasad Tungaturthy –, die für RDE das Instrument IdeaMap®.Net entwickelt und immer wieder sichergestellt haben, dass jeder auf der Welt Zugang zu den RDE-Programmen hatte und sie benutzen konnte. Dieses Buch ist eine äußerst farbige Illustration eures Beitrags.

Großen Dank sprechen wir unserem äußerst fähigen Research-Team aus, das konsequent für eine Verwandlung der RDE-Technologie und -Anwendungen in umsetzbare Geschäftsinformationen sorgte. Die Anstrengungen dieses Teams haben dazu beigetragen, dass Hunderte von Unternehmen auf der ganzen Welt ihre Entwicklungs-, Marketing- und Verkaufsziele erreichen.

Unser Team zur Marketingunterstützung half uns während des gesamten Prozesses. Suzanne Gabrione las das Buch Korrektur und wurde dabei von Joyce Mitchell kompetent unterstützt. Dieses dynamische Duo fand zahlreiche Fehler, die uns unterlaufen waren und machte im Verlauf der redaktionellen Prozesse viele stilistische und sprachliche Vorschläge aus „Leserperspektive", die wir dankbar aufgegriffen haben.

Wir danken unserem Freund und Kollegen, Marco Bevolo von Philips Design in Eindhoven, der eine unerschöpfliche Quelle der Inspiration gewesen ist. Marco bot eine einzigartige, künstlerische und oft erfrischend andere Sichtweise über zahlreiche unserer Geschäftsideen. Er ist ein wunderbarer und wertvoller Kollege.

Unser größter Dank gilt dem Verlagsteam von Wharton School Publishing, mit dem wir zwei gute und ziemlich aufschlussreiche Jahre zusammengearbeitet haben. Die Mitglieder dieses Teams waren eine ständige Quelle an Ideen, Inspiration, Führung, Schulung und gelegentlich auch großem Spaß in unseren Gesprächen.

Ein besonderer Dank geht an folgende drei Personen:

Dr. Jerry Wind, Lauder Professor an der Wharton School; er war und ist unser Mentor, der uns sowohl beim Schreiben als auch beim Nachdenken über neue Anwendungen leitet. Jerry, wir danken Ihnen für die Inspiration, die wir woanders nicht hätten finden können.

Tim Moore von Wharton School Publishing gab uns beständig Ansporn, zeigte uns immer wieder die Richtung und bot uns vor allem eine verständige Schulter, an die wir uns anlehnen konnten. Sie haben uns immer wieder motiviert, wenn wir um die richtige Sprache, Balance und Richtung rangen. Vielen Dank, Tim, für Ihre absolut verlässliche Führung.

Martha Cooley von Wharton School Publishing wurde unser Sherpa und „Vade Mecum“ auf den verschlungenen verlegerischen Pfaden. Wir konnten sie stets um Rat, Orientierung oder ihre Meinung in diesem Geschäftsuniversum fragen. Martha, herzlichen Dank dafür, dass Sie immer für uns da waren.

Natürlich wäre keine Danksagung ohne die Nennung derjenigen komplett, die das eigentliche Buch hergestellt, Werbung, Marketing und PR dafür betrieben und uns eifrige Autoren letztlich dazu gebracht haben, ihre Vorgaben während der Redaktion und Herstellung zu befolgen. Unser Dank geht an Pam Boland, Verlagsassistentin; Russ Hall, Development Editor; Amy Neidlinger, Marketingdirektorin; Amy Fandrei, Publizistin; Megan Colvin, Marketingkoordinatorin; Michael Thurston, Production Editor; Alan Clements, Cover-Designer; Bill Camarda, Cover-Copywriter; Krista Hansing, Copy-Editor und Sarah Kearns, Korrekturleserin von Water Crest Publishing. Vielen Dank Ihnen allen.

IN MEMORIAM

Kathleen MacDonnell (1949-2007), Freundin, Kollegin, frühe Verfechterin und entschiedene Förderin und Schirmherrin von RDE. Kathleen war mehr als jeder andere dafür verantwortlich, dass uns The Campbell Soup Company die Chance einräumte, Prego zu einem Erfolg zu machen, der uns seinerseits dazu inspirierte, RDE zu dem weiterzuentwickeln, was es heute ist. Kathleen, wir werden dich sehr vermissen.

Einführung

Geschäftsweisheit aus dem Munde von Dr. Seuss

Eine der am meisten publizierten Storys über die extrem aggressive Entwicklung und Vermarktung eines „revolutionären" Lebensmittelprodukts ist Dr. Seuss' gereimtes Kinderbuch *Green Eggs and Ham*.[2]

Wie jeder gute Verkäufer ist Sam-I-am, der Marketingspezialist und unermüdliche Erschaffer des neuen Produkts, voller Energie und Leidenschaft. Die Geschichte beginnt mit einem bärbeißigen „Kunden", der gemütlich seine Zeitung liest. Mit zahllosen Tricks versucht Sam, seinen widerspenstigen Zeitgenossen dazu zu bewegen, sein revolutionäres Produkt auszuprobieren: grüne Eier mit Schinken. Der „Kunde" lehnt wiederholt ab, indem er einfach sagt, er möge keine grünen Eier mit Schinken. Sam zieht alle Register, um ihn zu überzeugen, aber ohne jeden Erfolg. Das endet schließlich in einer frustrierenden Kette an immer neuen Ansätzen des Versuchs und Irrtums, was nicht besonders produktiv, immer schmerzhaft und gelegentlich ziemlich teuer ist.

2) Dr. Seuss, *Green Eggs and Ham* (Random House: New York, 1976). Laut Luis Menand („Cat People: What Dr. Seuss Really Taught Us", *The New Yorker*, 23. Dezember 2002 und 30. Dezember 2002) steht dieses Buch auf Rang vier der meistverkauften Hardcover-Kinderbücher aller Zeiten. Es basiert auf einer Wette zwischen Theodore Geissel (Dr. Seuss' richtiger Name) und seinem Verleger, Bennett Cerf. Dr. Seuss gewann die Wette. 49 Prozent der Worte in *Green Eggs and Ham* bestehen nur aus einer Silbe. Cerf machte noch mehr Profit, als Menand dachte. Wie Seuss selbst 25 Jahre später sagte, „hat Bennett seine Wettschulden nie beglichen!"

Kommt Ihnen das bekannt vor?

Sam preist seine Eier an, indem er wahllos verschiedene Ideen ausprobiert: als Zugmahlzeit („im Zug“), als Imbiss („im Auto“) und selbst als Picknick-Snack („auf einem Baum“). Nichts funktioniert. Dann probiert Sam die „Hausgemacht“-Botschaft aus („im Haus“). Auch verschiedene Verpackungsalternativen führen nicht zu dem gewünschten Ergebnis („in einer Schachtel“). Sams emotionale Botschaften, mit denen er Assoziationen zu einer traulichen gemeinsamen Mahlzeit herstellt („mit einem Luchs ... mit einem Fuchs“) sind ebenso wenig dazu angetan, eine Kaufabsicht auszulösen. Alle seine Botschaften treffen auf taube Ohren. Irgendwann war Sam schließlich so clever, Farbe und Licht zu manipulieren („im Dunkeln“), aber zu dem Zeitpunkt war es schon zu spät; sein Kunde hatte bereits neue, unerwünschte Präferenzen entwickelt, so dass Sam einfach kein Glück mehr hatte.

Auch wenn Sam mit seiner Zermürbungstaktik am Ende doch noch erfolgreich war (das Produkt wurde *endlich* verkauft und versetzte den Kunden in eine geradezu ekstatische Begeisterung), war sein unsystematischer Ansatz, das Produkt über Versuch und Irrtum an den Mann zu bringen, einfach viel zu ineffizient. Schlimmer noch, Sam hätte den Kunden im Verlauf seiner vielfältigen Verkaufsansätze genauso gut ein für alle Mal verprellen können, so dass dieser von seinem Produkt am Ende überhaupt nichts mehr wissen wollte – und damit möglicherweise Sams Marke als Ganzes abgelehnt hätte.

Was lief falsch? Sam hatte das Gefühl, er tue sein Bestes. Er verfolgte aufrichtig eine ganz typische Strategie: *Er experimentierte wahllos und völlig willkürlich mit allen möglichen Methoden*, um die richtige Verkaufsformel für sein Produkt zu finden. Sam war nicht besonders erfolgreich, verschwendete sehr viel Energie und machte die unglaublichsten Verrenkungen, um sein Marketingziel zu erreichen. Was ihm fehlte, was die erfolgskritische *Systematik* seiner Experimente.

Schnellvorlauf. Wir treffen Allison-die-Entrepreneurin, eine sehr ehrgeizige und unternehmerisch geprägte frisch gebackene MBA-Absolventin, die von Sams Arbeit fasziniert ist. Mit Sams Erfahrung im Gepäck – so begrenzt sie auch ist – und mit großem Engagement beschloss Allison, ein noch revolutionäreres Produkt – blaue Eier – auf den Markt zu bringen. Wie würde sie ihr innovatives Nahrungsmittel in dem äußerst umkämpften Markt für Eiprodukte entwickeln und bewerben? Wir werden erleben, wie sich Allison anstelle wahl- und planloser Bemühungen die umfassende Wirkung der RDE-Methode zunutze macht. Allison-die-Entrepreneurin wird demonstrieren, wie es ihr mit

Hilfe der neuen modernen Entwicklungsinstrumente gelingt, an Sam vorbeizuziehen und sich mit weitaus weniger Energieaufwand und erheblich mehr Erfolg in einer wettbewerbsintensiven Welt erfolgreich zu behaupten. Tatsächlich wird sie bald herausfinden, dass sie mit RDE fast jedes Produkt besser und schneller entwickeln, vermarkten und verkaufen kann. Selbst der Verkauf der scheinbar absurdesten Produkte wird für Allison keine besondere unternehmerische Herausforderung mehr sein!

Was ist RDE?

RDE ist ein lösungsorientierter Geschäftsprozess der auf systematischen Experimenten basiert, mit denen alternative Ideen, Verpackungen, Produkte und Dienstleistungen auf disziplinierte Art und Weise entwickelt, getestet und modifiziert werden können. Dieser Prozess erleichtert Produktentwicklern und Marketingspezialisten die Bestimmung der Faktoren, die bei Kunden Kaufanreize auslösen, *selbst wenn die Kunden ihre Bedürfnisse gar nicht artikulieren können und erst recht nicht in der Lage sind, eine Lösung dafür zu finden!*

Sie haben die Aufgabe, für Ihre Bank eine neue Kreditkarte auf den Markt zu bringen. Wie stellen Sie es an, dass die Verbraucher aus Hunderten und Aberhunderten von vergleichbaren Kreditkarten ausgerechnet Ihr Angebot auswählen? Die Marketingabteilung schlug vor, eine Umfrage in einer Zielkundengruppe durchzuführen. Welche Merkmale sollten Kunden bei einer Kreditkarte vorfinden, die sie dazu bewegen, diese Karte zu beantragen? Und wenn man die Zielkunden einfach *fragt*, welche effektive Zinsrate, Prämien, Jahresgebühren, optische Gestaltung, Bezeichnung etc. sie bevorzugen würden? Das klingt nach einer sehr klugen Methode, um Erkenntnisse über Kundenpräferenzen für Innovation zu gewinnen. Tatsächlich verläuft ein Großteil der Konsumforschung nach wie vor nach diesem Muster.

Wie Sie sich vorstellen können, sind die Ergebnisse dieser Marktforschung ziemlich vorhersehbar. Verbraucher wollen 0 Prozent effektiven Jahreszins, keine Jahres- oder Transaktionsgebühren, dafür aber selbstverständlich eine ganze Reihe an teuren Zusatznutzen, die sie sich leicht verdienen und ebenso leicht einlösen können.

Wow! Welche „tiefen Einsichten" diese Erkenntnisse bieten! Aber sind sie auch umsetzbar? Können Sie auf Basis dieser Erkenntnisse handeln? Haben Sie das Problem gelöst oder nur identifiziert? Haben Sie als Ergebnis dieser Marktforschung Prinzipien entdeckt; haben Sie herausgefunden, nach welchen Regeln die Welt tickt, so dass Sie erfolgreicher agieren können? Können Sie sich die Lösung überhaupt leisten?

Oftmals besteht die Herausforderung darin, dass die Verbraucher nicht genau artikulieren können, was sie wollen, brauchen oder mögen. Gibt es einen Weg, um dieses Problem zu lösen? Produktentwickler und Marketingexperten sind trotz zahlreicher Fokusgruppen und größter Anstrengungen oft ratlos. Die Lösung ist jedoch sehr schnell gefunden und geradezu verblüffend einfach, wenn man sich die Zeit nimmt, *die Faktoren, die das Verbraucherinteresse wecken könnten, zu identifizieren und durch systematische Experimente zu erforschen* – egal, ob es sich dabei um die Merkmale einer Kreditkarte, Süßstoff für eine Brause, die Farb- und Fotogestaltung einer Verpackung oder eine bestimmte Werbebotschaft handelt. Zeigen Sie Kunden mehrere *systematisch entwickelte* Prototypen (oder lassen Sie sie ausprobieren), und die Kunden werden Ihnen sagen, was ihnen gefällt, was ihnen nicht gefällt und was sie kalt lässt. Das Experimentaldesign, das für die Entwicklung der Prototypen verwendet wurde, wird Ihnen auf geradezu wundersame Weise mitteilen, welchen Beitrag jedes einzelne Merkmal zum Gesamterfolg des Produkts leistet. Nun verfügen Sie über eine eindeutige Methode zur Erstellung von Regeln für überzeugende Wertangebote beziehungsweise neue Produkthits, indem diese Merkmale zu den bestmöglichen Kombinationen zusammengefügt werden – selbst wenn kein Verbraucher diese spezifischen Kombinationen je vorher getestet hat. Sie werden diesen einfachen, strukturierten Prozess später in diesem Buch in zahlreichen Beispielen wiedererkennen.

Die verschiedenen RDE-Arten sind sich überraschend ähnlich. Gehen Sie einfach wie folgt vor:

Denken Sie über das Problem nach, und identifizieren Sie Gruppen an Merkmalen, die das Zielprodukt (Angebot etc.) enthält. Bei der Formel für ein Erfrischungsgetränk könnten die Variablen zum Beispiel die Zuckermenge, der Säuregehalt etc. sein. Bei einer RDE-Studie über Kreditkarten könnten die Variablen (Kategorien an Merkmalen) zum Beispiel die Jahresgebühr, der effektive Jahreszins, Bonusoptionen etc. sein. Jede dieser Variablen (beziehungsweise die „Ideenbox") enthält mehrere Alternativen. Wenn Sie zum Beispiel an einem Getränk arbeiten, kann der Zuckergehalt vielleicht 6, 8 oder 10 Einheiten betragen; bei einer Kreditkarte kann der Jahreszins unter Umständen 0%, 4,0 %, 9,99%, 15% und 21,99% betragen. *Als Erstes müssen Sie also Ihre Hausaufgaben machen und das Problem strukturieren.* Das ist der schwierigste Teil Ihrer Aufgabe. Hier ist Ihr Fachwissen gefragt. Hüten Sie sich vor dem GIGO-Prinzip („Garbage In, Garbage Out"); machen Sie sich daher die Bedeutung des ersten Schritts klar. Die gute Nachricht ist, dass Sie *viele* Ideen in die Box werfen können, die Kunden testen sollen. Die weiteren Schritte des Prozesses sind hoch automatisiert und nahezu mühelos.

Mix and match – Mischen Sie die Elemente, und stellen Sie sie nach einem speziellen Experimentaldesign zusammen (ein Schema zur Zusammenstellung von Elementen)[3], um eine Reihe an Prototypen zu erschaffen. Der zweite Schritt wird üblicherweise automatisch von einem Instrument ausgeführt, das für jeden befragten Verbraucher einen einzigartigen, individuellen Designplan entwirft, der zu individuellen Nutzenmodellen für jeden Verbraucher führt.

Stellen Sie den Verbrauchern die Prototypen vor (beziehungsweise lassen Sie sie probieren, wenn es sich um Produkte handelt), und erfahren Sie ihre Reaktion (üblicherweise Kaufabsicht, Gefallen oder Interesse an der Idee). Der dritte Schritt besteht typischerweise in einer automatisierten Web-Umfrage oder einem Geschmackstest an einem bestimmten Testort.

Analysieren Sie die Ergebnisse[4] (erstellen Sie individuelle Modelle) durch die Verwendung von Regressionsmodulen. Durch das Experimentaldesign lässt sich der Beitrag bestimmen, den jedes einzelne Element zur Affinitätsbewertung eines Verbrauchers leistet, ob der Beitrag nun positiv ist (höhere Affinität) oder negativ (niedrigere Affinität). Einfach ausgedrückt: Die Analyse zeigt, wie hoch der Beitrag eines Elements zur Gesamtbewertung des Produkts ist. Diese Analyse ist automatisiert. Kurz nach Abschluss der Umfrage liefert die RDE-Software eine Nutzentabelle (individuelle Bewertung der Elemente) – die Eckpfeiler Ihres neuen Produkts.

Optimierung. Um Ihr *optimales Produkt* oder Ihre *optimalen Ideen* zu finden, müssen Sie nur die beste beziehungsweise optimale Kombination an Elementen finden (üblicherweise ebenfalls ein automatischer Prozess), der die größte Summe an Verbrauchernutzen bietet. So einfach ist das!

Identifizieren Sie einstellungs- beziehungsweise mentalitätsbezogene Verbrauchersegmente, die ähnliche Muster in der Nutzenbewertung aufweisen. Die Segmente erstrecken sich über verschiedene demografische und gesellschaftliche Bevölkerungsgruppen. Wenn Sie unter Berücksichtigung der einstellungsbezogenen Segmente Regeln für die neuen Produkte oder Dienstleistungen aufstellen, können Sie deren Akzeptanz um 10-50% oder sogar mehr erhöhen. Sie müssen sich keine Gedanken mehr über die Entwicklung leicht verbesserter

3 Siehe Kapitel 4 für ausführlichere Details.
4 Oft werden Schritt 4 bis 6 (besonders bei einfacheren Schritten) als ein Schritt gezählt.

Produkte machen, die möglichst alle Kunden zufrieden stellen sollen, wenn Sie erstklassige Produkte für eine selektierte Zielgruppe entwickeln können. Das Gute an diesem Prozess ist, dass es sich dabei (wie Sie sich jetzt schon denken können) ebenfalls um ein automatisches Verfahren handelt.

Wenden Sie die neuen Regeln auf die Entwicklung neuer Produkte, Dienstleistungen etc. an. Sie wollen eine Kreditkarte für wertorientierte Kunden mittleren Alters optimieren? Geben Sie einfach die Parameter in das RDE-Tool ein, und voilà! Heraus kommt das bestmögliche Wertangebot! Sie wollen eine Kreditkarte für Yuppies? Die Daten haben Sie schon – geben Sie sie einfach ein, und schon kommen die Regeln heraus.[5] Dieser Schritt macht von allen am meisten Spaß.

Die RDE-Methode „züchtet" Markterfolg durch Wissen, und zwar indem sie zweifelsfrei und auf höchst eindrucksvolle Weise enthüllt, welche Faktoren die Akzeptanz oder Ablehnung der Verbraucher hervorrufen. Das Beste ist jedoch, dass die RDE-Methode Unternehmen klar sagt, *was sie tun müssen*, anstatt sich darauf zu beschränken, hypothetische Empfehlungen zu geben. RDE erzeugt *umsetzbare* Regeln (Vorgaben), selbst wenn es zu Beginn des RDE-Prozesses nicht den geringsten Fingerzeig über die Richtung gibt. Und das Beste ist, dass diese Regeln zu wirklich nachhaltigen Wettbewerbsvorteilen führen, weil sie unmissverständlich auf das hinweisen, was *nachweislich erfolgreich* ist.

Die Wurzeln der RDE-Methode

Lassen Sie uns nun die Wurzeln der RDE-Methode betrachten. Sie hat eine interessante Geschichte, angefüllt mit einer gehörigen Portion Experimentalpsychologie, einer gesunden Dosis Geschäftspragmatismus und der Vision eines neuen Zweigs der Sozialwissenschaften.

Erstens: die Instrumente der Experimentalpsychologie. Die RDE-Methode wurde auf der Erkenntnis entwickelt, dass die Wahrnehmung und das Verhalten der Verbraucher in einer Wechselbeziehung stehen. Wenn Sie den Zuckergehalt in Pepsi Cola erhöhen, wird die Cola süßer schmecken. Das kann die Kundenaffinität beeinflussen. Das Geschmacksempfinden der Verbraucher kann sich dahingehend

5 Siehe zum Beispiel Kapitel 4 für Kreditkarten-RDE, das die Neukundenakquisition um mehr als 200 Prozent gesteigert hat!

entwickeln, dass sie die süßere Cola vorziehen. Wenn Sie die optimale Pepsi Cola kreieren wollen, kann eine mögliche Strategie darin bestehen, den Zuckergehalt zu verändern, die Süße und die Verbraucheraffinität zu messen und genau den Punkt der Süße zu bestimmen, an dem die Affinität am höchsten ist. Das ist ein einfaches Beispiel für die Anwendung der RDE-Methode. Sie verändern den Stimulus, messen die Antwort, finden das zugrunde liegende Muster beziehungsweise die Regel, stellen das Produkt her und sind damit hoffentlich erfolgreicher als bisher. RDE ist also in Teilen ein Zweig der Experimentalpsychologie.

Zweitens: der Motor des Geschäfts. Unternehmen stellen Produkte her, bieten Dienstleistungen an, und meistens versuchen sie, damit einen Gewinn zu erzielen. In einem wettbewerbsintensiven Markt werden Sie erfolgreicher sein, wenn Ihr Wertangebot „neu" (oder zumindest als eine frische Idee wahrgenommen wird), „besser" (nach Meinung der Menschen, die es kaufen) und „profitabel" ist (nach Abzug aller Kosten). Wenn Sie ein magisches Gespür für Kundenwünsche haben und ein einzelkämpferischer Topmanager mit Ausnahmetalent sind, dann haben Sie vielleicht das Glück, instinktiv das richtige Produkt oder die richtige Botschaft zu entwickeln. Für die übrigen 99 Prozent der Menschen gilt, dass sie gut daran tun zu wissen, wie die Verbraucher wirklich ticken und die Regeln kennen, mit denen sich ein Angebot in immer kürzeren Abständen verbessern und preisgünstiger gestalten lässt. Ihr Geschäft wird erfolgreicher sein, wenn Sie diese Regeln kennen, es sei denn, Sie gehören zu dem erwähnten einen Prozent der Ausnahmetalente oder Sie haben einfach unverschämt viel Glück. Diese Regeln sagen Ihnen, wie Sie überzeugende Formeln für großartige Produkte erstellen, wie Sie attraktivere Botschaften formulieren und Verpackungen oder Zeitschriften entwickeln, die echte Regalfeger sind. *RDE zeigt Ihnen, wie Sie jede dieser Aufgaben am besten bewältigen. RDE produziert bei jeder Anwendung Ergebnisse. Und der Prozess dauert nur wenige Tage statt mehrere Jahre.* In einigen Fällen ließen sich die Ergebnisse sogar in wenigen Stunden erzielen. Dieses Tempo und die hohe Genauigkeit des RDE-Prozesses sind einfach gut für das Geschäft.

Drittens: die globale Perspektive der Sozialwissenschaften. Formal betrachtet stehen die wissenschaftlichen Experimente in der Sozialwissenschaft mit dem erklärten Ziel der Generierung von Regeln noch ganz am Anfang. Bisher hat sich die Art und Weise, in der Psychologen und Unternehmen Experimente durchführen, nicht groß verändert. Die RDE-Methode ist jedoch mit einem Gebiet verwandt, das sich „Adaptive Experimente“ (AE)[6] oder auch „Adaptives Management“ nennt. AE versucht, mittels Versuch und Irrtum Antworten auf ökologische oder soziale Probleme zu finden, wobei das Feedback zur Bestimmung des jeweils nächsten Schritts verwendet wird. Bei jedem Schritt in diesem Prozess betrachtet der Forscher die Daten, versucht ein mögliches Muster zu identifizieren und passt dann die Bedingungen an. Die bekanntesten AE-Projekte, über die am meisten berichtet wurde, sind umfassende bis monumentale Projekte mit einem sehr langen Zeithorizont in der Ökologie, der theoretischen Wissenschaft oder auf dem Gebiet der Soziologie und Umwelt. AE produziert jedoch keine Regeln. Vielmehr sucht AE durch den Prozess des Experimentierens nach umsetzbaren Lösungen. AE definiert sich weder als eine simple experimentelle Struktur mit festgelegten Schritten, noch wird es von einem begrenzten Zeitrahmen bestimmt. RDE findet Eingang in die Sozialwissenschaft über die Verwendung von experimentellen Methoden, die Aufschluss über die Algebra der Verbraucherwahrnehmung geben.

Die RDE-Methode ist kein neues Konzept. In Teilen gibt es sie schon seit geraumer Zeit, aber sie setzt sich nur langsam durch. In gewisser Hinsicht liegt die RDE-Methode genau so auf der Hand wie die beiden nachfolgenden Binsenweisheiten:

- Alle Eltern sind sich über den Wahrheitsgehalt des folgenden Satzes einig, der in jeder Generation von der Mutter zum Kind weitergegeben wird: *Wenn du regelmäßig deine Hausaufgaben machst, wirst du in die nächste Klasse versetzt.*
- Die meisten Landwirte wissen, dass das folgende irische Sprichwort eine Menge Wahrheit enthält: *Der beste Dünger sind die Fußstapfen des Bauern.*

6 Das US-Marketinglexikon *American Marketing Dictionary of Marketing Terms* definiert AE als „einen Ansatz (und eine Philosophie) für das Treffen von Managemententscheidungen, der kontinuierliche Experimente verlangt, um die Response-Funktionen des Marktes empirisch nachweisen zu können. AE, das am häufigsten im Direktmarketing zur Anwendung kommt, kann und wurde bei Werbung und anderen Variablen des Marketingmix eingesetzt. Das Experiment sollte die benötigten Variationen der Stimuli, die Kosten der Ergebnismessung, die verlorenen Opportunitätskosten in den nicht optimalen Zellen und das Vertrauen des Managements in die Basisstrategie wiederspiegeln.“ (Quelle: www.marketingpower.com)

Warum RDE?

RDE entwickelte sich aus einer ganz anderen Sorte Experimente, als Unternehmen die Natur ihres Wettbewerbsumfelds erkannten, feststellten, dass sie „besser" werden mussten und allmählich den Wert einer disziplinierten Produktentwicklung erkannten. Als Hewlett-Packard vor einigen Jahren mit einer anhaltenden Erosion seiner Marktanteile konfrontiert war, obwohl seine Produkte mit denen seiner Wettbewerber vergleichbar wenn nicht sogar diesen überlegen waren, beschloss die Unternehmensführung, ihre Marketingstrategie zu überdenken und eine Entscheidungsfindungsstruktur zu entwickeln, die auf Beweisen basiert.

In gewisser Hinsicht trug RDE zum Turnaround von Hewlett-Packard bei (siehe Kapitel 1, „Hewlett-Packard ändert seine Gangart" für eine ausführliche Darstellung der nachhaltigen Anwendung der RDE-Methode in High-tech-Unternehmen wie Hewlett-Packard). Als es darum ging, eine verbesserte Nudelsauce zu entwerfen (wie es bei Campbell Soup und seinem Produkt Prego der Fall war), wurden mit einer durchdachten RDE-Strategie systematisch die Zutaten erforscht, die eine Nudelsauce schmackhafter machen. Das führte bald darauf zu einem erheblich verbesserten Produkt. („Das Kaffeeprojekt von Maxwell House" in Kapitel 2 und „Köstliche Neukreationen zu entwickeln ist so einfach wie das Tippen eines Zahlencodes: Wichtige Erkenntnisse aus den Projekten Vlasic und Prego" in Kapitel 3 beschreiben mehrere herausragende Beispiele für die Anwendung der RDE-Methode in Nahrungsmittelkonzernen.) Auch das schwierige Ziel, eine Botschaft für einen verbesserten Playtex-Tampon zu formulieren, die Frauen das Gefühl von Sicherheit und Diskretion vermitteln sollte, war kein Problem für die RDE-Methode. Diese Botschaft ließ sich genauso leicht optimieren wie zum Beispiel die Botschaften für Computer, Kreditkarten oder Autos (lesen Sie in Kapitel 4, „Wie es Ihnen gelingt, Kunden ein gutes Gefühl zu geben, selbst wenn sie mehr bezahlen" über die Anwendung der RDE-Methode auf die Optimierung von Botschaften). Als das Ziel lautete, für Swansons Tiefkühlmahlzeiten ansprechendere Verpackungsdesigns zu entwerfen, die sich sozusagen von allein verkaufen, gelang es der RDE-Methode, in die Welt der Designer einzudringen und allmählich ihre Akzeptanz zu gewinnen. Auch hier konnte die RDE-Methode ihren Erfolg unter Beweis stellen, indem sie die Verkaufszahlen für Swansons Tiefkühlkost in die Höhe schnellen ließ (in Kapitel 7 „Wie sich cooles Design mit einer herausragenden Wissenschaft verbinden lässt" wird die Anwendung von RDE auf das Design von Verpackungen und Zeitschriftencovers demonstriert). Natürlich käme niemand auf die Idee zu behaupten, Experimente könnten den künstlerischen Part in Design, Kommunikation oder sogar die technischen Aspekte der Produktentwicklung ersetzen. Mit der RDE-Methode konnte ganz einfach der Prozess der Erkenntnisgewinnung und Entwicklung *systematisiert* werden.

Und wie sieht es mit dauerhafter Innovation, politischen und gesellschaftlichen Bereichen und der Börse aus? Auch hier hat sich RDE bewährt (siehe Kapitel 6 „Der Zauberwürfel der Innovationen in der Konsumelektronik“; Kapitel 10 „RDE besiegt Murphys Gesetz und ‚entblößt‘ die Aktienmärkte“ und Kapitel 11 „Asia Calling Ltd.: Die China-Perspektive“).

Klingt gut, aber muss man nicht über eine dreifache Promotion in Statistik, Psychologie und Sozialwissenschaften verfügen, um die RDE-Methode anwenden zu können? Und in endlosen Formeln aus griechischen Buchstaben bewandert sein? Früher war das vielleicht der Fall, aber seit kurzem nicht mehr. Inzwischen lautet die Antwort: keineswegs.

Es gab einmal eine Zeit, da Sie ausführliche Kenntnisse des Motors, der Kraftübertragung und all dieser komplexen Dinge brauchten, die sich unter der Motorhaube und dem Fahrzeugboden abspielen, um Auto fahren zu können. Und selbstverständlich wurde erwartet, dass Sie Ihr Auto selbst reparieren konnten. Im Verlauf der Zeit fuhren immer mehr Menschen Auto, und damit vereinfachte sich allmählich deren Handhabung (auch wenn sie technisch immer ausgefeilter wurden). Das wiederum ermöglichte noch mehr Menschen, das Autofahren zu lernen. Wie viele Fahrer wissen heute, an welcher Stelle sich das Getriebe befindet? Das gleiche geschieht mit RDE. *Eine Sache, die von den bestausgebildeten Industrieexperten erfunden und entwickelt wurde, kann nun von jedem Unternehmer oder Manager genauso problemlos bedient werden wie ein PC.* Immer mehr Unternehmen wenden die RDE-Methode auf dauerhafter Basis an, um zu überleben und ihre Konkurrenten in einem zunehmend brutalen Wettbewerb zu übertrumpfen. Dieser Bedarf an RDE hat den Anstoß zur Entwicklung neuer Instrumente gegeben, die die Anwendung vereinfachen. So wurde RDE zu einer leicht handhabbaren Methode, und oft war sogar eine Menge Spaß dabei. Um es mit Malcolm Gladwells Metapher[7] auszudrücken: RDE ist kurz davor, seinen *Tipping Point*[8] zu erreichen.

7 Malcolm Gladwell, *The Tipping Point* (Little, Brown & Company: Boston, 2000).
8 Bezeichnung für den Moment, in dem eine ursprünglich „kleine Sache“ große Umwälzungen verursacht. (A.d.Ü.)

Fox-Hunting-Produktdesign mit RDE

Lassen Sie uns ein Spiel untersuchen, das „Fox Hunting", „Transmitter Hunting" oder auf deutsch „Amateurfunkpeilen" heißt und bei Amateurfunkern sehr beliebt ist. Wir sind der Meinung, dass die Fertigkeiten, die man in diesem Spiel erwirbt, für clevere Unternehmensführer oder Produktentwickler sehr nützlich sein können. Ein guter „Fox Hunter" findet den „Fuchs" - einen versteckten Transmitter - schnell und ohne Mühe. Kann der Markenmanager, Produktentwickler oder Topmanager lernen, sein verborgenes Erfolgsprodukt ebenso schnell und leicht zu entdecken? Unsere Suche führt uns nach Albuquerque zum Wettbewerb der Transmitter Hunter.[9]

Die Transmitter - die „Füchse" - werden irgendwo versteckt, und anschließend müssen die Teilnehmer an diesem Wettbewerb diese „Füchse" mit RDF-Techniken („Radio Direction Finding") „jagen". Die Technik an sich ist ziemlich einfach. Der Jäger ist mit einem Receiver ausgerüstet, der eine lange Antenne hat, und hält sie in verschiedene Richtungen, um ein Signal zu empfangen. Selbst die kleinste Richtungsänderung der Antenne verändert die Stärke des Signals (die Antenne ist hoch sensibel und hat einen sehr engen Empfangswinkel). Es kommt also darauf an, mit der Position der Antenne zu experimentieren und die Bewegungen entsprechend anzupassen. Mit jeder neuen Anpassung und jedem Schritt kommt der Jäger seinem Ziel im Idealfall immer näher. Ein falscher Schritt, und der Sieg ist an einen Wettbewerber verloren, der die richtige Richtung schneller gefunden hat.

Klingt das ganz nach den Erfahrungen, die Sie kürzlich gemacht haben? Denken Sie an Ihr letztes Produkt, Ihre letzte Werbung, die zuletzt entwickelte Verpackung und was deren Entwicklung und Umsetzung gekostet hat.

Bei einer Variante des Fox Hunting senden fünf Transmitter die Signale in Folge aus, und zwar jedes für ungefähr eine Minute. Das Ziel: alle Transmitter so schnell wie möglich zu finden, bevor die Zeit abgelaufen ist. Die Jäger müssen eine Arbeitsstrategie entwickeln und eine Reihe taktischer Entscheidungen treffen. Das ist nicht viel anders als das, was Produktentwickler und Marketingspezialisten machen, nur dass Fox Hunter einfach ein Spiel spielen, statt um Kunden und Marktanteile zu kämpfen.

9 „What is T-Hunting and ARDF?"; www.home.att.net/-wb8wfk.html.

Die Parallelen des Fox Huntings zur Geschäftswelt sind nicht von der Hand zu weisen:

- Unternehmen entwerfen neue Produkte und Dienstleistungen, und zwar oft auf völlig neuen Gebieten (entspricht unserem „naturbelassenen Wald“, in dem die Transmitter versteckt sind).
- Es gibt unter Umständen mehr als eine Chance, folglich muss das Unternehmen eine Prioritätenliste an Ideen erstellen (die Sequenz der Transmittersuche eines Fox Hunters).
- Über die neuen Produkte und Dienstleistungen gibt es kaum Informationen (unbekanntes Versteck der „Füchse“). Man muss sorgfältig und aufmerksam auf die schwachen Signale achten, die Kunden aussenden, die vielleicht selbst nicht einmal wissen, dass sie neue Chancen signalisieren (auf den Receiver hören).
- Um die neue Killeridee zu finden, sollten Produktentwickler beziehungsweise Marketingexperten zahlreiche neue Optionen austesten und so behutsam und in abgemessenen Schritten ihre Lernerfahrungen und ihren Erfolg maximieren (die Antenne in verschiedene Richtungen drehen).
- Manchmal können kleine Schritte zu riesigen Ergebnissen führen (die kleinste Bewegung der Antenne kann einen gewaltigen Unterschied in der vermuteten Richtung ausmachen; machen Sie es also möglichst von Anfang an richtig).

Jetzt drängt sich Ihnen vielleicht der Eindruck auf, Sie würden schon Ihr ganzes Leben lang Fox Hunting betreiben. Was aber noch wichtiger ist: Was glauben Sie, wie erfolgreich Sie wären, wenn Sie mit einem schlecht ausgerichteten oder altmodischen Receiver arbeiten würden oder – schlimmer noch – ohne Receiver an diesem Spiel teilnähmen? Sie erkennen sofort, dass Sie kaum eine Chance hätten.

Dasselbe gilt für die Geschäftswelt. Ohne das Wissen und die Macht der RDE-Methode werden Sie – wie auch jeder andere Unternehmer – viel länger auf der Suche nach dem neuen Produkt oder der neuen Botschaft umherirren und die wertvollsten Chancen höchstwahrscheinlich verpassen. Im günstigsten Fall werden Sie zeitgleich mit Ihren Wettbewerbern auf eine oder mehrere machbare Ideen stoßen. RDE verändert Ihre Erfolgschancen dramatisch – zu Ihren Gunsten.

Unternehmen wenden RDE an, ob sie es wissen oder nicht

Sie finden nicht immer, wonach Sie suchen, aber selten finden Sie, wonach Sie nicht gesucht haben.

Skeptiker mögen vielleicht sagen: „Zum Teufel, RDE ist doch nur ein wissenschaftlicher Name für Versuch und Irrtum, oder etwa nicht?" Ja und nein. Nein, weil ein Ansatz, der auf Versuch und Irrtum beruht, üblicherweise völlig zufällig ist; die RDE-Methode ist genau das Gegenteil. Ja, weil Sie durch ein cleveres Design und eine clevere Ausführung der Versuche die Basis für profitable Lernerfahrungen schaffen, und zwar indem Sie die Reaktionen der Kunden aufmerksam beobachten, scharfsinnig identifizieren, welche Elemente erfolgreich sind und welche nicht („Irrtümer") und indem Sie auf Basis Ihrer Sachkenntnis bei Bedarf Änderungen an den Versuchen vornehmen und den Prozess wiederholen. Damit haben Sie die Voraussetzungen dafür geschaffen, aus Ihren Erfolgen und Fehlern zu lernen. Höchstwahrscheinlich werden Sie einfach deswegen erfolgreich sein, weil Sie das Problem – das innere Spiel, das für ein erfolgreiches Agieren am Markt so wichtig ist – gründlich durchdacht haben und dem richtigen Prozess gefolgt sind, nämlich indem Sie Messungen vornehmen, die in kürzester Zeit umsetzbare Regeln liefern.

Die Macht des Wissens, wie die Verbraucherwahrnehmung funktioniert, *bevor* diese selbst in der Lage sind, ihre Bedürfnisse zu artikulieren, lässt sich schwer leugnen. Viele Unternehmen nutzen RDE bereits in irgendeiner Form. *Sie haben allen Grund, mit dem Tempo dieser Wettbewerber mitzuhalten oder sie möglichst zu überholen.*

In Japan werden neue elektronische Geräte mit „otaku" getestet

Japan ist die Wiege einiger bekannter Beispiele an Produktentwicklungsexperimenten. Die Einkommensunterschiede in der japanischen Gesellschaft sind nicht so groß wie im Westen. Und die Menschen treffen ihre Kaufentscheidungen weniger auf Basis ihres Einkommens als ihrer Neigung. Die unterschiedlichen Geschmäcker haben eine riesige Bandbreite an Produkten hervorgebracht, dazu einen brutalen Wettbewerb und – wie Sie sich denken können – ein ständiges Experimentieren.

Tokio ist ein breiter Testmarkt für neue Ideen und Produkte. Tokios Größe, Bevölkerungsdichte und Diversität sowie das hervorragende Transportsystem machen die Stadt zu einem idealen Milieu für gesellschaftliche Experimente. Es gibt ganze Stadtteile, *Antenna Districts* genannt, in denen Unternehmer und

Verbraucher die neuesten Produktideen austesten und bewusst neue Modetrends auslösen.[10] Diese Stadtteile locken natürlich *otaku* (Computerfreaks) und Profis aus Mode, Elektronik etc. an.

Der wahrscheinlich dynamischste Sektor Japans ist die Hochtechnologie. Im Tokioter Stadtviertel Akihabara, der gelegentlich auch Electric City genannt wird, kann ein Besucher beinahe jedes erdenkliche Elektrogerät erstehen. In wenigen Blocks, in denen sich die Geschäfte dicht an dicht drängen, werden ungefähr 10 Prozent der gesamten Elektronikprodukte in Japan verkauft. Hier kann jeder *otaku* innovative Produkte finden, die dem Markt voraus sind und die es in den nächsten Monaten oder vielleicht sogar Jahren nirgendwo sonst auf der Welt zu kaufen gibt.

Viele Produkte, die hier angeboten werden, gelangen nie in die Regale anderer Geschäfte, weil Akihabara, das als Mekka der so genannten Early Adopters gilt, auch ein Testmarkt für Marketingspezialisten ist, die testen wollen, welche Neuentwicklungen von den Verbrauchern angenommen werden und welche nicht. Ein Beispiel ist Seiko Corporation. Seiko entwickelt *pro Jahr* mehr als 2.500 Entwürfe für Armbanduhren, die es in Testmärkten einführt. Die Entwürfe, die sich durchsetzen, werden weiter verbessert, erneut getestet und erst dann auf den Zielmärkten eingeführt.[11] Auch Japans Ikone Sony entwickelt, testet und misst ungefähr 1.500 Produkte jährlich. Circa 20 Prozent sind echte Neuentwicklungen, von denen aber nur ein Teil ihren Weg in die globalen Märkte findet.[12] Manche glauben, der weltweite Erfolg der japanischen Elektronikhersteller *nehme in Akihabara seinen Anfang*. In ihrem Wettlauf um die Vorreiterrolle bei der Markteinführung der neuesten Produkte der Saison senden die Hersteller ihre Prototypen nach Akihabara, um zu sehen, ob sie sich dort bewähren. Der Wettbewerb ist erbittert; einige Produktlebenszyklen betragen nur noch wenige Monate und verwandeln Akihabara in ein aufgewühltes, sich ständig selbst erneuerndes Experimentierparadies. Die Absätze und das Feedback der Konsumenten werden von den Unternehmen genau überwacht, damit weitere Modifikationen vorgenommen und eine endgültige Marktentscheidung getroffen werden kann. In gewisser Hinsicht könnte man sagen, dass dies auf Kosten der traditionellen Marktforschung geschieht. Auf der anderen Seite des japanischen Innovationsphänomens steht

10 Kuniko Fujita und Richard Child Hill, „Innovative Tokyo", World Bank Policy Research Working Paper 3507, Februar 2005.

11 Jerry Wind und Vijay Mahajan, *Convergence Marketing: Strategies for Reaching the New Hybrid Consumer*, (Financial Times Prentice Hall: Upper Saddle River, NJ, 2001).

12 Ken Belson, „Sony Again Turns to Design to Lift Electronics", *New York Times* (2. Februar 2003).

die Tatsache, dass einige der erfolgreichsten Produkte der Geschichte – so wie Sonys PlayStation – entgegen der konventionellen Unternehmenssicht entwickelt wurden.

Wie es einem Konzern in Brasilien gelang, in schlechten Zeiten seine Kunden zu halten

Kann RDE auf die gleiche Art und Weise in Entwicklungsländern angewendet werden wie in den USA, in Europa und Japan? Die folgende Geschichte[13] aus Brasilien ist ein wunderbares Beispiel für die *Bindung* von Kunden durch RDE-inspirierte Kommunikation, weil sie die Bedeutung eines systematischen Ansatzes in einem sehr schwierigen Geschäftsumfeld demonstriert. In diesem Fall handelte es sich um Unilever Brasilien, das sich plötzlich einer großen wirtschaftlichen Unsicherheit und einem massiven Wettbewerb ausgesetzt sah. Im Jahr 2002 war das politische Klima in Brasilien, das selten als ruhig bezeichnet werden konnte, besonders schwankungsanfällig. Die Konsumenten reagierten mit einem Boykott zahlreicher Premiummarken, darunter auch die Marken des Konzerns Unilever. Das war eine raue Zeit in Brasilien.

Zum Unilever-Konzern gehörten unter anderem Brasiliens Marktführer in 14 Produktkategorien, darunter Nahrungsmittel, Haushaltsreiniger und Hygieneartikel. Zu diesen Premiummarken zählten Hellmann's, Knorr, Omo, Comfort, Lux und die noch junge Marke Dove. Trotz des Images und der Bewunderung, die seine Premiumprodukte genossen, war Unilever selbst als Markenname in Brasilien kaum bekannt.

Unilever wendete die RDE-Methode an, um werbewirksame Botschaften zu formulieren; mittels RDE erfuhr der Konzern, was die Verbraucher dachten und fühlten. Auf diese Weise entdeckte Unilever die entscheidenden Aussagen, die es in seiner Kommunikation verwenden musste, um seine Kunden zu binden. Die RDE-Methode bewirkte, dass Unilever drei alternative Versionen seines neu geschaffenen Kundenmagazins *DIVA* entwickelte und diese an wertvolle Kundenzielgruppen verteilte. Durch die Überprüfung der Reaktionen seiner Kunden, das Herausfiltern erfolgreicher Produkte und Botschaften sowie eine Modifizierung seiner Kommunikation gelang es Unilever, neue Botschaften zu entwickeln, die das Herz und die Seele der brasilianischen Konsumenten ansprachen. Dieser systematische RDE-getriebene Ansatz *rettete Unilevers Geschäft in Brasilien.*

13 K. Sapiro, M. Pezzetti, A. Grabowsky. A. Gofman, H. Moskowitz, „How Can Premium Brands Survive During an Economic Recession?" ESOMAR Latin America Conference 2005, Buenos Aires, 2005.

Das glückliche Ergebnis war, dass Unilever auf Basis des Kundenwissens, das der Konzern mit Hilfe der RDE-Methode gewonnen hatte, während einer Rezession, in der die Verbraucher in fast allen (insbesondere den hochpreisigen) Kategorien scharenweise zu preisgünstigen Produkten wechselten, den Marktanteil seiner Premiumprodukte nicht nur halten, sondern sogar ausbauen konnte.

In diesem Buch stellen wir Ihnen zahlreiche weitere Fallbeispiele über die Anwendung der RDE-Methode vor, die ihren Protagonisten gewaltige Wettbewerbsvorteile verschafft hat. Aber dieses Buch kann noch mehr. Es wird Sie in RDE unterweisen. RDE-Erfolge, die zum Teil äußerst eindrucksvoll sind, lassen sich von den meisten Unternehmen erzielen. Einige der Beispiele, die Sie an späterer Stelle in diesem Buch lesen werden, reichen von einer Steigerung der Kreditkartenanträge um mehr als 200 Prozent über eine 42-prozentige Steigerung der Response Rate auf einen Schmuckkatalog bei einem gleichzeitig erheblich gesteigerten Durchschnittswert der Schmuckkäufe, bis zur Entwicklung so ikonenhafter Produkte wie den Essiggurken Vlasic Pickles und der extra-stückigen Nudelsauce Prego, sowie den Aspekten einer massiven Anwendung der RDE-Methode in China und Indien. Sie sehen schon: Es wimmelt nur so von Beispielen.

Lassen Sie sich überzeugen, und legen Sie los

In der Natur überlebt eine Spezies durch Mutation und geschlechtliche Rekombination. Dasselbe gilt für Innovation in jeder Art von Unternehmen: Durch permanente strukturierte Experimente gelingt es Unternehmen, sich erfolgreich im Wettbewerb zu behaupten. Lesen Sie weiter, und Sie werden sich davon überzeugen können, dass RDE die einfachste und kostengünstigste Innovationsmethode ist.

Welches sind die zentralen Punkte des RDE-Ansatzes, die Sie sich im Verlauf Ihrer weiteren Lektüre einprägen sollten?

- Sie schaffen eine Kultur des disziplinierten Experimentierens und Lernens, die für den heutigen wettbewerbsintensiven Markt unerlässlich ist.
- Sie lernen, während Sie agieren. Und der Nutzen ist einfach. Mit der Zeit optimieren Sie Ihre Produktentwicklung und Ihre Kommunikation. Das sollte Ihnen wesentlich größere Markterfolge verschaffen, weil Sie Ihren Kunden genau das bieten können, was sie wollen – und zwar bevor Ihre Kunden überhaupt wissen, was sie eigentlich wollen, und vor allem, bevor es Ihre Wettbewerber herausfinden (es sei denn, diese läsen dieses Buch auch gerade).

Wir sind nicht die Einzigen, die für ein diszipliniertes Experimentieren werben. Die beiden Marketing-Ikonen Jerry Wind und Vijay Mahajan betonen ständig die Vorzüge des Experimentierens, weil es „kontinuierliches Lernen fördert, wegen seines zusätzlichen Anreizes, innovative Strategien zu entwickeln und zu testen – ein Vorgehen, das es Ihren Wettbewerbern erschwert, herauszufinden, welche Strategie Sie verfolgen –, und weil es eine Lern- und Experimentierkultur schafft ... die in einer veränderlichen und turbulenten ... Umgebung umso wichtiger ist."[14]

RDE ist praktisch; oftmals kann es von einem kleinen Team oder sogar einer Einzelperson in einem sehr überschaubaren Zeitrahmen und mit einem bescheidenen Budget gesteuert werden. *Die Schönheit des RDE-Prozesses liegt darin, dass er keine profunden Kenntnisse in fortgeschrittenen statistischen Methoden verlangt (sie nicht einmal erwartet).*[15] RDE generiert Wissen und Geschäftsergebnisse zugleich, und das mit einem relativ geringen Aufwand, dafür aber umso größeren Ergebnissen für die Zukunft.

Warum wollen Sie mehr über RDE erfahren und es in Ihrem Tagesgeschäft anwenden? Ganz einfach weil die RDE-Methode

- Probleme löst statt sich auf eine Problemidentifizierung zu beschränken
- umsetzbare Regeln generiert
- von jedermann angewendet werden kann, da sie keine profunden Kenntnisse voraussetzt
- Logik und Lernerfahrungen fördert. Sie sind nicht länger auf Ratespiele und subjektive Einschätzungen angewiesen und treffen weit häufiger „ins Schwarze".
- nicht allein auf Produkte und Werbung, sondern auf eine riesige Bandbreite an realen Problemen anwendbar ist.

Lesen Sie weiter, und lassen Sie sich von diesem neuen Gebiet des „Rule Developing Experimentation" begeistern. Es gibt viel zu lernen und zu erfahren – der Weg ruft.

---

14 Jerry Wind und Vijay Mahajan, *Convergence Marketing: Strategies for Reaching the New Hybrid Consumer*, (Financial Times Prentice Hall: Upper Saddle River, NJ, 2001).

15 Ein großer Verfechter dieses Ansatzes, Thomas Schelling (Nobelpreisträger in Wirtschaftswissenschaften des Jahres 2005) ist für seinen Ausspruch bekannt: „Ich denke, Mathematik wird zu oft benutzt, um damit anzugeben. Schreiben ist bequem ... [viel schwerer ist es], deutlich zu schreiben und Analogien zu verwenden, die die Menschen verstehen" (Kim Clark, „In Praise of Original Thought: Tipping Points and Nuclear Deterrence Lead to the Nobel in Economics", *U.S. News & World Report* [24. Oktober 2005: S. 52]).

TEIL I
Wie man viel Geld verdient

RDE war das am besten gehütete Geheimnis des ausgehenden 20. Jahrhunderts. In diesem Abschnitt werden Sie erfahren, wie einige bekannte Unternehmen durch die Anwendung der RDE-Methode tragfähige Lösungen für ihre Probleme fanden – um nicht zu sagen *er*fanden. Diese Erfolgsstorys sind das Ergebnis einer praktischen Anwendung der RDE-Methode, die sich damit aus dem Reich der reinen Wissenschaft löste und auf die Schreibtische der Topmanager katapultiert wurde.

Kapitel 1

Hewlett-Packard ändert seine Gangart

Eine der Binsenweisheiten der Wirtschaft lautet, dass Veränderung die einzige Konstante ist. Und das gilt auch für Hewlett-Packard. Gegen Ende des 20. Jahrhunderts galt der Konzern als Technologie-Ikone, die zu dem Zeitpunkt allerdings einem so rauen Wind ausgesetzt war wie nie zuvor. Der Wettbewerb wurde immer erbitterter, und die traditionellen Gewinnquellen begannen angesichts des Vordrängens asiatischer und amerikanischer Wettbewerber, die mit Niedrigkostenstrategien arbeiteten, zu versiegen. Überdies galt HPs Unternehmenskultur in diesem zunehmend brutalen Klima als überholt und somit als ein Hindernis für eine überzeugende Performance.

Bei Hewlett-Packard wusste man, wie schwierig es unter diesen Umständen war, den Marketingerfolg solch komplexer und schnell veränderlicher Produkte wie Konsumelektronik vorauszusagen. Die Dynamik der Konsumelektronikindustrie ist für ihr atemberaubendes Tempo und ihre absolute Unberechenbarkeit berüchtigt. Es ist ein leichter und fast amüsanter Sport, den Erfolg oder Misserfolg eines Produkts *post mortem* zu analysieren. Erfolg oder Misserfolg zu antizipieren, ist dagegen ungleich schwerer. Es gibt eine sehr lange Liste an Produkten, die denen des Wettbewerbs überlegen waren, aber auf dem Markt dennoch scheiterten. Vielleicht war der Marketingaufwand nicht groß genug? Aber auch einige herausragende Produkte, hinter denen riesige Marketingbudgets standen, konnten sich am Markt nicht durchsetzen; und umgekehrt.

Die Geschichte von HP ist sehr lehrreich. Ende der 1990er Jahre war HP mit einer anhaltenden Erosion seiner Marktposition konfrontiert, und zwar trotz der Tatsache, dass seine Produkte denen des Wettbewerbs vergleichbar oder ihnen sogar überlegen waren. Die größte Herausforderung bildeten die zukünftigen Käufer: Teenager und junge Erwachsene – die Hauptzielgruppe für High-tech-Produkte. HP litt unter der starken Konkurrenz von Wettbewerbern wie Sony und Apple, deren Lifestyle-orientierte Werbung mehr Resonanz bei jungen Menschen fand. Sowohl Sony als auch Apple hatten ihre kreative Energie erfolgreich darauf verwendet zu kommunizieren, wie *cool und modern der/die Käufer/in wirkt*, wenn er oder sie Sony- beziehungsweise Apple-Produkte benutzt. Im Gegensatz dazu, so Autor und Trendbeobachter Tim Macer[16], verließ sich HP weiterhin auf ziemlich uninspirierte Kampagnen, die sich darauf konzentrierten, *was das Produkt kann*. Verschärft wurde das Problem überdies von den „emotionslosen Produktabbildungen und der Punktaufzählung der technischen Spezifikationen", die auf HPs Werbeanzeigen prangten.

Schließlich dämmerte dem Konzern, dass zahlreiche Produktentwicklungs- und Marketingdogmen, die die Wirtschaftswelt über Jahrzehnte bestimmt hatten, trotz der ständig steigenden Budgets, die die Marketingexperten verlangt, erhalten und nach bestem Wissen und Gewissen ausgegeben hatten, nicht mehr galten. In Erkenntnis dieses Problems beschloss HP, seine Entwicklungs- und Marketingstrategie neu auszurichten, um eine neue *Entscheidungsfindungsstruktur* zu schaffen, die wie folgt aussehen sollte:

- auf Fakten statt auf Annahmen basiert
- auf ein breites Spektrum an Marketingthemen anwendbar
- schnell, rationell, kostengünstig und nicht nur Marketingspezialisten zugänglich, sondern auch Ingenieuren, Designern und darüber hinaus allen, die an den Entscheidungen über Produkte, Märkte und Verkaufsförderung beteiligt sind
- zur Generierung umsetzbarer Regeln befähigt, um Probleme zu lösen statt sie lediglich zu definieren

Die RDE-Methode passte genau zu HPs neuen Zielen und wurde eine der Komponenten, die die Beweise liefern sollten. Hewlett-Packard wendete RDE auf breiter Basis an und erzielte einige „spektakuläre Ergebnisse".[17] Dvorak Franko,

16) Die Geschichte von HP sowie die Zitate, die in diesem Kapitel verwendet werden, basieren zum Teil auf Informationen aus Tim Macers Artikel „How Conjoint Turned Around Hewlett-Packard", *Research Magazine* 435 (August 2002: 18-20) und „DIY Mr ASAP OK?", *Research Magazine* 432 (Mai 2002: 42-43).

17) Ibid.

damaliger Verantwortlicher des Customer Insight Teams für HPs Produktreihe Home Products für Privatanwender, gab zu, dass „unseren Marketingprogrammen die Relevanz, Vitalität und Überzeugungskraft anderer führender Marken fehlte. Sie waren einfach nicht eindrucksvoll. Es war an der Zeit, ganz von vorne anzufangen und neue Konzepte von Verbrauchern testen zu lassen."

Anfangs hatte HP vor, dafür auf den klassischen, konventionellen Marktforschungsansatz zurückzugreifen: eine Armada an *Fokusgruppen und Umfragen*, die alle Elemente des Marketings bewerten sollten - von den Produktmerkmalen, über Promotion und Verpackung bis zur Preisgestaltung. Auf diese Serie an ersten Initiativen sollte eine „traditionelle quantitative Marktforschung" (zum Beispiel Umfragen) folgen, um die Wirkung jedes einzelnen Faktors der Marketinginitiativen zu messen. Dieser sequentielle Stufenplan nach althergebrachtem Muster drohte sehr teuer und unglaublich mühselig zu werden und zudem langsam und vor allem nicht rigoros genug zu sein.

Es lohnt sich, einen kurzen Ausflug zu machen und das Warum und Wie der Entscheidung des Konzerns zu betrachten, sich doch nicht länger auf Fokusgruppen zu verlassen und sich stattdessen stärker dem RDE-Ansatz der disziplinierten Wissensgewinnung zu nähern. *Inzwischen* ist es keine große Neuigkeit mehr, dass Fokusgruppen längst nicht so effektiv sind, wie man lange glaubte, und dass viele Unternehmen begonnen haben, sich in vorsichtigen Schritten von Fokusgruppen als wichtigster Feedbackquelle zu distanzieren. Cammie Dunaway, Marketingvorstand von Yahoo! Inc. verkündete im September 2005 auf einer Konferenz im Silicon Valley: „Meine Forschungsabteilung weiß es noch nicht, aber ich werde alle unsere Fokusgruppen abschaffen."[18] Dunaway will Schluss machen mit dem Verfahren, eine selektierte Gruppe von Menschen „wie in einem Zoo" von außen zu betrachten. Yahoo! kann nur sehr wenig nützliche Information aus moderierten Fokusgruppen ziehen. Stattdessen entschied sich Yahoo! für so genannte Immersion Groups, in denen die Produktentwickler frei mit den Nutzern sprechen, ohne dass ein Moderator interveniert. Ein anderer Marktriese, der Getränkekonzern Coca-Cola, verkündete öffentlich eine ähnliche Auffassung, wenngleich sie ein wenig drastischer formuliert wurde. Sergio Zyman, Coca-Colas ehemaliger Marketingchef, sagte angeblich: „Fokusgruppen sind eine Zeitverschwendung. Die Teilnehmer sagen Ihnen, was Sie hören wollen, damit sie möglichst schnell wieder nach Hause gehen können."[19]

---

18) David Kiley, „Shoot the Focus Group", Business Week (14. November 2005): 120-121.
19) Die altmodische Fokusgruppe hat noch immer ihre Anhänger, und das trotz solcher Fiaskos wie Pepsi Edge und einer Misserfolgsquote von insgesamt 90 Prozent aller Neuprodukte. Die Verfechter der Fokusgruppe glauben, dass diese Methode lediglich einiger Modifikationen bedarf. (Hy Mariampolski, „Still in Focus", *Research Magazine* 468 [Mai 2005]: 16).

Mit Hilfe der Designspezialisten von Ford & Earl und unter Anleitung der Marktforschungsberater der Optimization Group, begann HP ernsthaft mit der Anwendung des *RDE-basierten Ansatzes*, um neue Konzepte und Ideen bei seinen Zielgruppen zu testen, und zwar über ein speziell für diese Zwecke entwickeltes, proprietäres Web-Panel. Das RDE übernahm dabei in Form eines leicht anzuwendenden und kostengünstigen Internet-Tools[20] die „eigentliche Arbeit". Die wichtigste Aufgabe, vor der HP stand, war die Identifizierung spezifischer Probleme, ihre Strukturierung und die Eingabe dieser Merkmale in das RDE-Internet-Tool (Schritt 1 des RDE-Prozesses, der in der Einführung beschrieben wurde). Alle weiteren RDE-Schritte erledigte das Internet-Tool beinahe selbsttätig – eine Segnung für jedes Unternehmen, das in einer Wettbewerbssituation schnell reagieren muss. Das System leistete die Arbeit automatisch und mischte und kombinierte die Merkmale der Ideen von HP, um daraus neue Vignetten (Schritt 2) zu erzeugen, die den Verbrauchern anschließend in der Web-Umfrage zur Bewertung vorgestellt wurden (Schritt 3).

In seiner hier beschriebenen Anwendung für Hewlett-Packard veränderte RDE die Art und Weise, wie der Konzern über die Beantwortung der Frage dachte: „Wie soll das Produkt beschaffen sein, damit Kunden es kaufen wollen?" Wie viele Unternehmen war auch HP aus seiner bisherigen Erfahrung daran gewöhnt, Verbrauchertests durchzuführen, bei denen jeweils nur ein Merkmal nach dem anderen beurteilt werden sollte. Dieses Bewertungsschema hatte letztlich nie zu der Art umsetzbarer Ergebnisse geführt, wie HP sie benötigte, weil Kunden in der Realität mit wesentlich komplexeren Angeboten konfrontiert sind, die sich aus mehreren Elementen zusammensetzen. Darüber hinaus schien der traditionelle Ansatz (der inzwischen zunehmend durch RDE ersetzt wird) nicht den Unterschied zwischen einer Idee und der Art und Weise, wie diese Idee ausgedrückt wird, zu berücksichtigen. Durch RDE lernte HP zu erkennen, auf welche Faktoren es ankam (zu kommunizierender Inhalt) und wie diese vermittelt werden mussten (Kommunikationsform). Im Verlauf des Buches werden Sie in aller Ausführlichkeit sehen, wie sich dieses kritische Problem mit der RDE-Methode ein ums andere Mal lösen lässt – Branche für Branche und Anwendung für Anwendung.

Die Ergebnisse dieser Studien wurden praktisch unmittelbar nach dem Abschluss der Web-Interviews ausgewertet (Schritt 4). Am Ende generierte das RDE-Tool automatisch umsetzbare Regeln über die Präferenzen und Abneigungen der Verbraucher und gab Empfehlungen zur inhaltlichen und sprachli-

20) IdeaMap®.Net

chen Verpackung der Botschaft sowie zur potenziell aussichtsreichsten Zielgruppe (Schritte 5-7), um ein möglichst hohes Kaufinteresse zu wecken.

Dieser RDE-Ansatz, der für die Produktdesigner und Marketingspezialisten von HP entworfen wurde, lässt sich mit Frankos Worten am besten als „Intelligenzsystem in Dauerbereitschaft“ bezeichnen. *HP hat seine Kunden damit an jeder Designinitiative beziehungsweise Marketingentscheidung beteiligt,* und zwar auf eine Weise und in einem Ausmaß, das für den Konzern selbst ein absolutes Novum war.

Und so beschrieben HP und seine Berater den Prozess:

> Der Prozess ist äußerst rationell. Üblicherweise stellen Ford & Earl [das RDE-Projekt] innerhalb von 24 Stunden online und haben dann bereits Einladungen an die Umfrageteilnehmer verschickt ... innerhalb weiterer 24 Stunden haben die Teilnehmer der Stichprobe – üblicherweise 1.000 Personen oder mehr – ihre Bewertungen vorgenommen ... Zu diesem Zeitpunkt wissen [HPs interne Designer, Ingenieure, Produkt- und Programm-Manager], ob ein geplantes Produkt „abheben“ wird oder nicht ... Zwar beträgt die normale Feedbackzeit 48 Stunden, eilige Studien können aber auch noch schneller durchgeführt werden.

Das erste Ziel von HP bestand darin, neue Verkaufsförderungsinitiativen zu testen und anschließend zu *optimieren.* HP nutzte geschickt die Macht des RDE, um im wettbewerbsintensiven Markt erfolgreich zu agieren. Die Fähigkeit, das „sezierte“ Kundenfeedback auf den relativen Wert der einzelnen Elemente eines neuen Produkts in Entscheidungsrunden darstellen zu können, gab den Marketingspezialisten das Vertrauen in ihre faktenbasierte Entscheidungsfindung. Als Ergebnis konnten sie wesentlich größere und konstantere Erfolge verbuchen.

Bei diesem Projekt, das an sich eine klassische RDE-Anwendung darstellt, war die Verkaufsförderung jedoch nur der Anfang. Die Verkaufsförderung fördert ausschließlich den Verkauf von Dingen, die bereits entwickelt wurden. Wie sah es aber mit einer Anwendung der RDE-Methode im Kern der Organisation – den High-tech-Entwicklungslaboren und Marketinggruppen – aus? *Die Herausforderung, die mit Hilfe der RDE-Methode bewältigt werden sollte und die den eigentlichen Wert dieses Tools für das Unternehmen darstellte, bestand darin, das Alleinstellungsmerkmal zu finden, das HP von seinen Wettbewerbern differenzierte.*

Wie alle Unternehmen hielt auch HP gerne an Bewährtem fest, nämlich an den althergebrachten Methoden der Produktentwicklung, also der Strategie, jeweils nur ein Element nach dem anderen zu untersuchen. Dieses Vorgehen, das die HP-Ingenieure tief verinnerlicht hatten, prägte das gesamte Unternehmen. Die gewohnte eindimensionale Sicht der Probleme kann Produktentwickler, Marktforscher und Marketingspezialisten erheblich in die Irre leiten und zu spektakulären Misserfolgen führen. Dieser scheinbar einfache Ansatz unterscheidet nämlich nicht zwischen dem *grundlegenden* Kundeninteresse an der Produktkategorie und dem *spezifischen* Interesse an dem tatsächlich angebotenen Produkt. Diese ordentlichen und übersichtlichen Recherchen, die immer nur ein Element gleichzeitig betrachten, ließen die Muster vermissen, die das Gute vom Großartigen unterscheiden. RDE umgeht diese bequeme Falle. Es konfrontiert die Umfrageteilnehmer schnell und kostengünstig mit vielen verschiedenen Vignetten oder Szenarios, misst die Spontanreaktion der Befragten auf jede Vignette, identifiziert, was positiv bewertet wurde und erstellt neue, viel versprechende Kombinationen an besseren Ideen. RDE zerlegt die Außenwelt in ihre Bestandteile. RDE half Hewlett-Packard dabei, eine schnelle und kostengünstige Methode zur Gewinnung von Erkenntnissen über die Gedanken- und Gefühlswelt der Verbraucher umzusetzen.

Zu einer Zeit, da der Wert strategischer Planung in Frage gestellt wird, sagt Macer, kann eine Marktforschung, die einen derart scharfen und quantifizierbaren Fokus auf die Realität bietet, dabei helfen, fehlgeleiteten Argumenten oder Initiativen des Topmanagements entgegenzuwirken. HP begnügte sich jedoch nicht mit einer schärferen Fokussierung. Vielmehr dehnte es RDE auf weitere Bereiche aus. Im Gegensatz zu den Daten der meisten Ad-hoc-Marktforschungsprojekte, die in Struktur und Themen variieren, nutzte HP die Disziplin der RDE-Methode, um breitere „Meta-Muster" aufzudecken – Muster, die Aufschluss über große Trends geben, und zwar über Produkt-, Kategorie-, Länder- und Zeitgrenzen hinweg.

Die kumulierte Bibliothek an RDE-Studien eröffnete dem Consumer Insight Team eine *neue, beinahe mühelose Chance*, die Daten über verschiedene Aufgaben der Wissensentwicklung zu integrieren. Die wachsende RDE-Datenbank produzierte die lang ersehnten Muster. Es wurde klar, dass HP über seine verschiedenen Produktlinien zwei radikal unterschiedliche Kundensegmente mit völlig unterschiedlicher Wahrnehmung ansprach:

Segment 1 – *Technisch versierte Kunden*, die einzelne Komponenten nach Bedarf selbst zusammenstellen und die Herausforderung genießen, diese individuellen Komponenten zu einem funktionierenden Gesamtsystem zu verbinden.

Segment 2 - *Kunden, die ein Komplettpaket vorziehen,* das bereits alle notwendigen Elemente enthält und auf Knopfdruck funktioniert.

Dieses Wissen half HP, seine dauerhaften Marketingaktivitäten zu fokussieren und zielgerichteter zu gestalten, um sie effizienter und - wie die Zeit zeigen sollte - profitabler zu machen. RDE lieferte die spezifischen Zahlen - darüber, welche Ideen überzeugend waren und welches Maß an Überzeugungskraft sich mit der richtigen Inszenierung erzielen ließ. RDE sorgte hier für Abhilfe, indem es die richtigen Ideen und die richtige Art der Kommunikation herausfilterte.[21]

Über diese Entdeckungen hinaus profitierte HP von der lang ersehnten und kraftvollen neuen Vision, die RDE seiner nüchternen fakten- und wissensorientierten Kultur verlieh. Diese technische und wissenschaftliche Orientierung, die allen HP-Aktivitäten zugrunde liegt, erhielt durch RDE die benötigte „Vitalitätsspritze" und Neuausrichtung. Auf den Wink der eigenen Ingenieure hin entdeckten die Marketingspezialisten von HP, dass sich mit den RDE-gesteuerten Aktivitäten die notwendigen Schritte bestimmen ließen, *um das Marketing seiner Wettbewerber per Reverse Engineering in seine Bestandteile zu zerlegen und auf diese Weise herauszufinden, welche Faktoren und Elemente eine positive Resonanz im Markt finden.* Und wie funktionierte das? HP fütterte das RDE-Tool (IdeaMap®.Net) mit Bildern, Slogans und Werbebotschaften aus den Broschüren und Websites seiner Wettbewerber und konnte sich auf diese Weise schnell ein Bild über deren Wirkung machen.[22] Das überraschende Ergebnis waren unerwartete Schwächen bei scheinbar mächtigen Gegnern:

> „Ich [Dvorak Franko] finde es faszinierend, dass wir unseren Wettbewerbern auf diese Weise auf den Zahn fühlen können. Dieses Instrument gibt uns darüber Aufschluss, welche Dinge unserer Wettbewerber im Markt ankommen und mit welchen sie keinen Erfolg haben."[23]

Als Ergebnis versetzte RDE Hewlett-Packard in die Lage, sein Marketing mit Hinblick auf die Preisgestaltung seiner Konsumprodukte und die Strukturierung seiner Wertangebote neu auszurichten und sein Rabattsystem zielgerichteter zu gestalten. HP überarbeitete seine Werbung und andere Marketingmaterialien, um für eine jüngere Kundenzielgruppe attraktiver zu werden. Wie sich herausstellte, war die effektivste Kombination in der Werbekommunikation eine Produktab-

21) Mehr über die Anwendung von RDE auf innovative Kombinationen in der High-tech-Industrie in Kapitel 6.
22) Ausführlichere Informationen über Reverse Engineering beziehungsweise die Dekonstruktion des Marketings der Wettbewerber in Kapitel 5.
23) Tim Macer, „OK Computer", *Research Magazine* 435 (August 2002): 18-20.

bildung, die auf sehr lebendige Weise in einen Lifestyle-Kontext eingebettet war und auf technische Daten verzichtete. „Tech“ war out; in war die Betrachtung des Produkts aus einem lifestyleorientierten Blickwinkel.

Alles in allem verlieh RDE Hewlett-Packards Verbrauchermarketing einen neuen Fokus, der sich sehr gut zu bewähren scheint. Auf der letzten Top-Ten-Liste (zum Zeitpunkt des Buchdrucks) von *PC World* über die besten automatischen Kameras, ist HP drei Mal vertreten (darunter auch auf Platz 1).[24] Auch zwei der drei Laptops, die von der Computerzeitschrift *PC World* am besten bewertet wurden, stammen von HP.

***

Erinnern Sie sich an Allison-die-Entrepreneurin, die von Sam-I-Ams Marketinginitiativen und Erfolg tief beeindruckt und inspiriert war? Nach der Lektüre dieses Kapitels bestätigte Allison ihre Entscheidung, seine Produktideen weiterzuentwickeln. Aber sie wird seinem Ansatz, Kunden nach dem Zufallsprinzip anzusprechen, nicht folgen, so viel ist sicher! Das Beispiel von Hewlett-Packard hat sie sehr beeinflusst, und sie hat bereits über einige Marketingentwürfe nachgedacht, auf die sie die RDE-Methode erstmalig anwenden möchte. Aber das hat noch Zeit. Um eine Sache vermarkten zu können, muss man sie zunächst entwickeln und herstellen. Kann Allison Orientierung und Hilfe auf einem so ungewöhnlichen und unerforschten Gebiet wie gefärbte Eierprodukte finden? Lässt sich dieses faszinierende RDE selbst auf Nahrungsmittelprodukte anwenden?

Lesen Sie das nächste Kapitel, und erfahren Sie mehr über die Ursprünge von RDE, das – was für ein Glück für Allison – tief auf dem Gebiet der sensorischen Wahrnehmung und der Nahrungsmittelindustrie verwurzelt ist.

Wenn Sie gleich tief in RDE eintauchen wollen, rufen Sie bitte die englischsprachige RDE-Website auf: www.SellingBlueElephants.com.

---

24) „Top Ten Point-and-Shoot Cameras.“ Herausgegeben von Eric Butterfield. PCWorld.com, 13. Oktober 2006 (http://pcworld.com/article/id,123719;page,1/article.html).

Kapitel 2
Das Kaffeeprojekt von Maxwell House

Die ältesten bekannten Beispiele der Rule-Developing-Experimentation-Methode (RDE) stammen aus dem Bereich Essen und Trinken – was sicher nicht überraschend ist. Die Nahrungsmittelzubereitung ist auf dem Weg der menschlichen Entwicklung von entscheidender Bedeutung. „Kochen mit RDE" wiederum hat sich in der Nahrungsmittelindustrie als entscheidend für eine Steigerung des Unternehmenserfolgs in der wettbewerbsintensiven Welt erwiesen, die die Menschen nun einmal geschaffen haben.

Historisch gesehen hat die Entwicklung neuer schmackhafter Mahlzeiten geradezu quälend lange gedauert verglichen mit den Entwicklungszeiträumen, die wir in unserer dynamischen Welt aus anderen Bereichen gewohnt sind. Es hat wahrscheinlich viele Generationen gedauert und zahlreiche Experimente erfordert, bis schließlich die so genannte ethnische Küche entstanden ist. Die meisten der natürlichen Kochexperimente waren eigentlich nichts anderes als kleine, langsame und zufällige Tests, bei denen einfach irgendwelche Zutaten zusammengerührt wurden und das Ganze über dem Feuer gekocht und immer wieder auf Basis von Versuch und Irrtum probiert und abgeschmeckt wurde. Irgendwann hörten die Experimente mit den grundlegenden Aspekten der Lebensmittelzubereitung auf. Dennoch wurde weiter probiert, um kleine Verbesserungen zu erzielen, zum Beispiel verschiedene charakteristische Geschmacksnuancen und bestimmte optische Effekte, die bei den Menschen gut ankamen. Die Nahrungsmittelkultur reifte, und einige Produkte erhielten schließlich die Charakterisierung „typisch"; Stammesführer kämpften um den Erhalt der Tradition, aber die Experimente gingen beständig weiter – ganz so, als liege das ewige Streben nach „Verbesserung" in den menschlichen Genen.

Das ist die Geschichte der Nahrungsmittel und der Esskultur. Heute ist die Entwicklung vieler verpackter Nahrungsmittelprodukte nur noch zum Teil die Kunst großer Chefköche. Allerdings geschieht die Entwicklung neuer Nahrungsmittelprodukte eher selten zufällig und langsam. Das Geschäfts- und Gewinndenken belohnt und – noch wichtiger – erlaubt einfach keine gemütliche Gangart. Der größte Teil des Entwicklungsprozesses besteht aus wissenschaftlich geplanten Experimenten – unsere Freundin, die RDE-Methode. Der Prozess, für den der *Homo sapiens* früher Hunderte wenn nicht Tausende von Jahren brauchte, ist nun auf wenige Wochen komprimiert und führt dabei auch noch zu wesentlich zielgerichteteren Ergebnissen.

Wir sollten vorab darauf hinweisen, dass die Anwendung der RDE-Methode auf Nahrungsmittelprodukte immer noch etwas arbeitsaufwändiger und komplizierter ist als auf Konzepte, Botschaften oder Ideen. Letztere sind viel stärker automatisiert und müssen weder zubereitet noch probiert werden, wohingegen man in einer Versuchsküche echte Testgerichte kocht – was eine Menge Spaß machen kann.

Dieses und das folgende Kapitel führen Sie in die Versuchsküche und Denkweise eines Unternehmens. Wir zeigen Ihnen die Ergebnisse der Experimente mit Nahrungsmitteln und Getränken und illustrieren die Wirkungsweise von RDE anhand von Beispielen aus drei großen Unternehmen und ihren Produkten. Eine der heute auf breiter Front vertretenen Auffassungen fasst zusammen, womit wir uns gemeinsam beschäftigen wollen: „Die wichtigste und sichtbarste Äußerung der Handlungsorientierung exzellenter Unternehmen ist ihre Bereitschaft, Dinge auszuprobieren und zu experimentieren."[25]

Und experimentiert haben sie, unsere drei Beispielunternehmen! Lesen Sie weiter, und erhalten Sie einen ersten Eindruck vom Wert der RDE-Methode.

---

25) Tom J. Peters und Robert H. Waterman, in *Search of Excellence: Lessons from America's Best-Run Companies* (New York: HarperCollins, 2004).

Eine aromatischere und profitablere Mischung: RDE und der Kaffee von Maxwell House

Der größte Unterschied zwischen RDE und einem Ansatz, der auf dem Zufallsprinzip von Versuch und Irrtum basiert, besteht im aktiven, strukturierten und durchdachten Aufbau der Experimente. In unserem ersten Beispiel werden Sie sehen, wie General Foods, Inc. (inzwischen Teil des Konzerns Kraft Foods, Inc.) RDE anwendete, um mehr über Kaffee, die Entstehung neuer Geschmackspräferenzen von Kaffeetrinkern sowie die Art und Weise zu lernen, wie diese disziplinierten *und nicht immer beliebten* Experimente zu höheren Gewinnmargen und natürlich zu einem größeren Markterfolg führen.

Der Hintergrund: Die Romantik des Kaffees

Es ist geradezu verblüffend, in welchem Maße Kaffeekonsum, die Zahl der Kaffeevarianten sowie der Coffeeshops steigen. Die Starbucks-Kette ist von 55 Filialen im Jahr 1989 auf mehr als 10.000 Coffeeshops im Jahr 2006 angewachsen. Die Zahl der unabhängigen Coffeeshops in den USA ist sogar noch größer. In den letzten Jahrzehnten hat sich die Zubereitung von Kaffee stärker verändert als in der gesamten bisherigen Geschichte der Kaffeebohne. Um diese Tatsache richtig würdigen zu können, wollen wir zunächst einen kurzen Blick auf die Geschichte des Kaffees werfen.

Neuere Forschungen deuten darauf hin, dass die Kaffeepflanze *Coffea arabica* ursprünglich in Äthiopien beheimatet war und auf irgendeinem Weg in den Yemen gelangte, wo sie seit dem 6. Jahrhundert angepflanzt wird. Ausgehend von den Kaffeehäusern in Kairo und Mekka, wurde Kaffee nicht nur zu einem Wachmacher, sondern entwickelte sich zu einer echten Leidenschaft. Im 13. Jahrhundert tranken religiöse Moslems überall ihren Kaffee, und schließlich fand dieser Brauch auch in das säkulare Leben Eingang. Überall dort, wo sich der Islam verbreitete, verbreitete sich auch die Kaffeekultur: Nordafrika, die Mittelmeerländer und Indien.

Die weitere Geschichte des Kaffees ist noch faszinierender. Arabien konnte das Kaffeemonopol erfolgreich aufrecht erhalten, indem es die Exportbohnen durch Rösten oder Kochen sterilisierte, bis es dem indischen Pilgerer Baba Budan im 17. Jahrhundert gelang, einige unbehandelte Bohnen außer Landes zu schmuggeln und das Monopol zu brechen. Kurz darauf brachte ein venezianischer Händler den Kaffee nach Europa, und so begann der Wettbewerb.

Die Niederländer gründeten 1696 die erste Kaffeeplantage in europäischem Besitz, und zwar auf der Insel Java, die damals holländisches Koloniegebiet war und heute zu Indonesien gehört. Im frühen 18. Jahrhundert schenkte der Bürgermeister von Amsterdam Louis XIV eine Kaffeepflanze für den Königlichen Botanischen Garten von Paris. Einige Jahre später fanden Triebe dieser Pflanze ihren Weg nach Martinique (eine weitere geheimnisumwitterte Geschichte); in den folgenden 50 Jahren wurden daraus 18 Millionen Kaffeepflanzen. Von Martinique wanderten sie nach Brasilien, wo sie den Beginn des weltgrößten Kaffeeimperiums einläuteten. Im Jahr 1800 hatten die gewaltigen brasilianischen Ernteerträge den Kaffee „demokratisiert“: Aus dem Genussmittel für eine elitäre Gesellschaftsschicht war ein Allerweltsgetränk für die breite Bevölkerung geworden.[26]

Von der Romantik zu Chemikern im weißen Kittel: Kaffee heute

Unsere Reise zu einem RDE-Projekt im Kaffeegeschäft beginnt um 1950, ungefähr 1.500 Jahre nach der vermuteten Entdeckung der Kaffeebohne.

Wir sehen sechs bis zehn Personen um einen Tisch versammelt, von denen jede ein Tablett mit mehreren Tassen dampfenden Kaffees vor sich stehen hat. Die Tassen sind ohne eine ersichtliche Ordnung nummeriert. Wir sehen Nummern wie 473, 219 und so ähnlich. Die Tassen sind in einer bestimmten Reihenfolge angeordnet, die definitiv keiner einfachen numerischen Sortierung folgt. Vor den Tabletts liegen unbeschriebene Blätter Papier, von denen es heißt, es handele sich dabei um „Stimmzettel“. Eine Person in einem weißen Kittel – wahrscheinlich ein Labortechniker, ein Chemiker oder ein anderer Vertreter einer der zahlreichen Berufsgattungen, die auf „-ker“ enden – erteilt Anweisungen. Den Anweisungen zufolge sollen die Anwesenden jede Tasse Kaffee probieren und eine Zahl aus einer vorgegebenen Skala aufschreiben, mit der sie die Intensität ihrer Wahrnehmung beschreiben. Nach ungefähr einer halben Stunde haben die Anwesenden alle Probetassen durch – sie haben jeden Kaffee begutachtet, sein Aroma gerochen, seinen Geschmack getestet und eine Zahl nach der nächsten notiert, um ihre Wahrnehmungen festzuhalten. Gelegentlich greift ein Tester nach einem Glas Wasser, nimmt einen Schluck, spült sich damit gründlich den Mund aus und *expektoriert* (spuckt) in einen großen Trichter, der in ein bauchiges Gefäß mündet, das sich unter dem Tisch

26) Quellen: www.nationalgeographic.com/coffee/ax/frame.html und www.coffeeresearch.org/coffee/history.htm

befindet. Anschließend wendet sich der Tester mit neutralisierten Geschmacksnerven wieder seiner Aufgabe zu, um aufs Neue zu inspizieren, zu schnüffeln, zu schmecken und zu bewerten. Auch wenn das nach einer Menge Spaß aussieht, scheinen sich alle Tester streng auf ihre Aufgaben zu konzentrieren. Sie sind völlig von ihrem Tun absorbiert - sie machen einen „Job".

So beginnt das moderne RDE in der Lebensmittelindustrie; in diesem Raum, der wie ein Labor aussieht, in dem unsere Testteilnehmer pflichtbewusst die ihnen zugewiesenen Kaffeeproben verkosten. Aus diesen bescheidenen Anfängen, die von den Computern und Modellen moderner Marketingabteilungen scheinbar meilenweit entfernt sind, ist dieser neue und außergewöhnlich produktive Ansatz zur Lösung von Geschäftsproblemen entstanden. RDE hat allerdings in wesentlich kürzerer Zeit mehr Produkte und höhere Gewinne entstehen lassen.

Was Sie soeben gelesen haben, wiederholte sich in den 1950er Jahren viele Dutzend Male und geschieht noch heute zig tausend Mal, wenn auch in abgewandelter Form. Die Tassen Kaffee, die die Testteilnehmer probierten, sind „Prototypen", die die Produktentwicklung *systematisch variiert* hat, in der Hoffnung, die magische Formel für die eine Kaffeemischung zu entdecken, die Kunden mehr überzeugt als jede andere. Damals wie heute hegen Unternehmen die Hoffnung auf bahnbrechende Produkte, die im Verborgenen schlummern und nur darauf warten, entdeckt zu werden.

Aber all diese Hoffnungen, all das Wunschdenken und die wohlklingenden Artikel über Kaffeetrends haben den Produktentwicklern nicht wirklich dabei geholfen, den geheimen Kaffee-Code zu knacken. Dafür muss man seine Hausaufgaben machen. Wenn Starbucks, Folgers, Maxwell House, Lavazza, Dunkin Donuts und eine ganze Reihe anderer großer und kleiner Kaffeehersteller eine neue Mischung oder Geschmacksrichtung kreieren wollen, greifen sie zu Testmethoden, die den soeben beschriebenen auffallend ähneln. Vielleicht sind die Räume etwas moderner und geschmackvoller dekoriert oder mit Computern statt mit weißen „Stimmzetteln" ausgestattet, aber ansonsten gibt es kaum einen Unterschied zu den Testverfahren vor einem halben Jahrhundert. Der einzige entscheidende Unterschied besteht jedoch darin, dass es vor 50 Jahren nur einige wenige Wettbewerber gab, die auch nur ganz gelegentlich ein paar neue Mischungen und Geschmacksrichtungen auf den Markt brachten. Angesichts der rasant wachsenden Zahl an Wettbewerbern kann sich heute kein Unternehmen mehr den Luxus leisten, vor einer flächendeckenden Markteinführung zeitaufwändige Geschmackstests in regional begrenzten Testmärkten durchzuführen – falls sich das neue Produkt überhaupt in dem langsamen Testmarkt bewährt.

Ein weiterer Unterschied, der vielleicht sogar noch gravierender ist, plagt das Unternehmen und bereitet den Boden für die Anwendung der RDE-Methode. Die Zeiten eines einzigen „perfekten Kaffees" sind lange vorbei. Das moderne gesellschaftliche Phänomen der Kaffeetrinkerkultur und des erbitterten Wettbewerbs hat eine ständig steigende Zahl an Mischungen und Geschmacksrichtungen hervorgebracht, so zum Beispiel Java Chip Frappuccino Blended Coffee, Bourbon Streusel Cake oder Vanilla Viennese Cinnamon. Die Globalisierung hat ein Übriges getan, um die Situation zu verkomplizieren. Der Geschmack der Kunden ist von Land zu Land unterschiedlich – manchmal sind die Unterschiede nur sehr gering, manchmal sind sie dramatisch. Gibt es denn wenigstens eine einfache, effiziente Methode zur Optimierung der diversen Mischungen und Geschmacksrichtungen, um all die unterschiedlichen Geschmäcker zu treffen?

Wenn die Globalisierung ein Problem ist, dann ist die enorme Vielfalt der Auswahlmöglichkeiten ihre ebenso problematische Begleiterscheinung. Einige Unternehmen bieten ein wirklich erstaunliches Spektrum an Geschmacksrichtungen an. Die San Giorgio Coffee Company verkauft zum Beispiel mehr als 240 Kaffeesorten und Geschmacksrichtungen.[27] Den Unternehmen steht dabei angesichts der verschiedenen Geschmäcker der Verbraucher und der Bedrohung durch den Wettbewerb nur wenig Zeit zur Verfügung, um vorab das beste Angebot zur identifizieren. Auch die Zahl der Konkurrenten wächst jeden Tag und greift die Kernmarke des Unternehmens an. Gewinne lassen sich immer schwerer realisieren. Jeder steht mit jedem im Wettbewerb. Überdies konkurriert Kaffee mit anderen Getränken, die ebenfalls in einer Vielzahl an Geschmacksrichtungen angeboten werden; also konkurriert nicht nur ein Kaffee mit einem anderen Kaffee, sondern Kaffee mit Tee, Erfrischungsgetränken, Energy Drinks und einer ganzen Bandbreite an weiteren Getränken, die wie aus dem Nichts plötzlich auftauchen, um sich der Geldbörse und der Geschmacksnerven der Verbraucher zu bemächtigen.

Die Lebensmittelindustrie übernahm die RDE-Methode, die ursprünglich von Statistikern entwickelt worden war; allerdings verwandelte sich RDE angesichts der stetig drängenden Forderung nach „Performance" in eine Technologie, die „Sieger" hervorbringt und den Unternehmensgewinn steigert – ganz zu schweigen von dem Berg an Hausaufgaben, den die RDE-Methode Unterneh-

27) Quelle: www.sangiorgiocoffee.com

men aufträgt, die in der Folge damit beschäftigt waren, mehr über ihr Produkt und die Bedürfnisse ihrer Kunden zu erfahren, wodurch ganz nebenbei auch noch der eine oder andere Marktsieger entstand.

Maxwell House wendet die RDE-Methode an, um eine bessere und profitablere Kaffeemischung zu entwickeln

Wie kreieren Unternehmen wie Starbucks, Maxwell House, Folgers und Nestlé ihre wunderbaren Produkte? Und was geschieht, wenn ein Unternehmen ein noch besseres Produkt entwickeln, seinen Marktanteil ausbauen und sein Produkt angesichts hungriger Wettbewerber, die an seinen Fersen hängen, auffrischen will? Jeder, der einmal versucht hat, Kaffeebohnen zu mischen, um seine ganz individuelle Mischung herzustellen, wird bald mit einiger Bestürzung feststellen, dass das Ganze nicht so einfach ist, wie man denken möchte, auch wenn das Ergebnis – falls die richtige Kombination erreicht wird – geradezu „himmlisch" sein kann.

In den 1980er Jahren gehörte Maxwell House zu den bekannten, hoch angesehenen und erfolgreichen Lebensmittel- und Getränkemarken. Die Kaffeesorten von Maxwell House, die Jahre zuvor durch die Werbeauftritte der Schauspielerin Elsa Lanchester berühmt geworden waren, wurden in Hoboken, New Jersey in mehreren Schritten hergestellt, die mit der Verarbeitung des Rohkaffees beginnen. Die Bohnen wurden je nach Sorte bei unterschiedlichen Temperaturen unterschiedlich lang geröstet und am Ende in einem bestimmten Verhältnis gemischt. Bei korrekter Zubereitung lockte nach dem Aufbrühen eine Tasse hoch aromatischen und köstlichen Kaffees.

Angesichts veränderter Geschmacksneigungen und neuer Kaffeesorten begab sich Maxwell House auf die Suche nach einem *geschäftsbasierten System*, um im Rahmen des Herstellverfahrens ein gleich bleibendes Mischungsverhältnis von konstant hoher Qualität und Rentabilität zu gewährleisten. Es genügte nicht, sich auf eine bestimmte Kombination aus Kaffeesorten und Röstverfahren zu verlassen und dieses Rezept Jahr für Jahr sklavisch zu befolgen. Wenn die Preise für Kaffeebohnen stiegen, wurden die Jahresgewinne der Kaffeeproduzenten auf den schwankungsanfälligen Rohstoffmärkten aufgezehrt. Fielen die Preise einer bestimmten Bohne der Mischung, wie das oft der Fall war, verpassten die Kaffeeproduzenten die Chance, beträchtliche Gewinne zu realisieren. Und nicht nur der Preis war ein Problem, sondern auch die Verfügbarkeit von Kaffeebohnen. Einige Bohnen waren aus Gründen, auf die weder Maxwell House noch irgendein anderer Produzent Einfluss hatte, zeitweise einfach nicht zu bekommen. Schließlich *wurde ein System gebraucht, das das Unternehmen schützte – das Wissen muss im System liegen und nicht in den Händen einiger potenziell schwer zu ersetzender Experten.*

Die frühen Bemühungen zur Herstellung marktfähiger Mischungen, die aus der Zeit vor RDE datieren, verließen sich auf Elitefachleute mit „goldenen Zungen" – die so genannten Kaffeetester. Diese Experten, die darin geschult waren, ihre Wahrnehmungen über einen Kaffee in elaborierten Worten wie *fruchtig, butterig, starkes Röstaroma* und *karamellig* auszudrücken, traten regelmäßig zusammen, um Kaffeemischungen zu bewerten. So wie alle anderen Kaffeeproduzenten verließ sich auch Maxwell House nicht ausschließlich auf professionelle Kaffeetester. Wenn ein Kaffee die Testrunde der Experten passiert hatte, unterzogen die Konsumforscher das Endprodukt einem Verbrauchertest, um sicherzustellen, dass der soeben neu entwickelte Kaffee eine ausreichende Akzeptanz fand. Vom President über den Markenmanager bis zum Labortechniker wagte niemand, den Unternehmensschatz – die Marke Maxwell House und den Kaffee, der unter dieser Marke vertrieben wurde – irgendeinem Risiko auszusetzen.

Mitte der 1980er sowie in den darauf folgenden Jahren erlitt die Kaffeeindustrie jedoch eine Reihe von Schocks. Die Rohstoffpreise für Kaffeebohnen vollführten eine Art Jo-Jo-Bewegung: Sie stiegen und fielen und stiegen und fielen. Wirtschaftliche Unsicherheit in Verbindung mit einem zunehmend wettbewerbsintensiven Markt ist für Unternehmen immer eine schlechte Kombination. Maxwell House wurde bewusst, dass die Preisschwankungen unvermeidlich das Betriebsergebnis beeinträchtigen würden und erkannte gleichzeitig, dass RDE angesichts dieser Unsicherheit die Kaffeeformel schützen und optimieren konnte. Daher gab der Konzern *eine der ersten großen Studien über Kaffee* – beziehungsweise über Getränke überhaupt – in Auftrag, und zwar unter Anwendung der RDE-Methode als Instrument zur Wahrung der Qualität und Preisstabilität.

Nun, da Sie eine Vorstellung von der Geschäftssituation haben, wollen wir schauen, wie die RDE-Methode Maxwell House bei der Entwicklung neuer Produkte unterstützte. Sie werden sehen, wie es Maxwell House gelang, seinen Markenwert zu erhöhen, einen wesentlich aromatischeren Kaffee herzustellen und auf diese Weise die Unternehmensgewinne in den ersten fünf Jahren nach Anwendung der RDE-Methode nachhaltig zu steigern. Auch wenn wir das System als einen Prozess aus mehreren Schritten darstellen, denken Sie daran, dass nicht alle RDE-Anwendungen derart reibungslos vonstatten gehen. Die Widrigkeiten des Alltags führen ebenso wie diverse Widerstände bei der Durchführung von RDE-Projekten in Unternehmen unvermeidlich zu einigem Hin und Her. Dazu kommen wir später noch; dieses Phänomen ist nämlich sehr interessant.

Was hat Maxwell House unternommen, und warum?

RDE passiert nicht durch Wunschdenken, es muss geplant werden

Schritt 1: Erkennen Sie, dass es ein Problem gibt, und entschließen Sie sich, der Sache auf den Grund zu gehen

Das klingt nach einer Binsenweisheit. Ist es nicht offensichtlich, wenn die Produktqualität sinkt und nicht mehr den Spezifikationen entspricht, dass man das Problem erkennen und ihm auf den Grund gehen muss? In einer idealen Geschäftswelt würde kein Produkt jemals von den Spezifikationen abweichen. Alle Produkte würden die Qualität aufweisen, die von der Produktentwicklung einst festgelegt wurde. Aber die Welt ist nun einmal nicht ideal, und so führte Maxwell House – wie andere Kaffeeproduzenten und letztlich alle Hersteller von Konsumprodukten, die in einer wettbewerbsintensiven Welt agieren, auch – regelmäßig direkte Vergleichstests mit den Produkten anderer Wettbewerber durch, um zu überprüfen, ob die eigenen Produkte noch den Spezifikationen entsprachen. Eines dieser Wettbewerbsaudits deckte das Problem auf. Die Marktforschung berichtete, einige der Produkte von Maxwell House hätten nicht so gut abgeschnitten wie erwartet. Als die Testkonsumenten gebeten wurden, den Kaffee zu bestimmen, der ihnen am besten schmeckte, entschieden sich viele für ein Wettbewerbsprodukt (die Kaffees wurden in Blindtests verkostet). Tabelle 2.1 zeigt ein Beispiel der Ergebnisse. Üblicherweise werden die Daten in einer einfachen Tabelle dargestellt, ähnlich dem Bericht einer medizinischen Laboruntersuchung. Auf den ersten Blick scheinen die Ergebnisse harmlos, aber in den Händen eines interpretationskundigen Fachmanns können sie Freude oder Frust auslösen. Das ist die Sorte Daten, die Alarmsignale an die Unternehmensführung aussendet und unvermeidlich zu Zusammenkünften sorgenvoller Manager führt.

Die meisten Unternehmen vergleichen ihre Produkte mit denen des Wettbewerbs entweder in Form eines formellen oder eines informellen Audits, um die Produktprobleme ans Tageslicht zu bringen. Diese Audits sind eine Art Frühwarnsystem. Die meisten Vergleiche mit Wettbewerbsprodukten decken allerdings nur die Existenz eines Problems auf, bieten aber keine Lösung. Das Problem kann eine nachlassende Produktqualität sein – eine unvermeidliche Konsequenz ständiger Kostensenkungen. Oder, wie es oft geschieht und sich möglicherweise gar nicht vermeiden lässt, die Geschmäcker der Käufer

	Audit Test 1 MH verliert sehr deutlich gegenüber dem Wettbewerber		Audit Test 2 MH schneidet ähnlich ab wie der Wettbewerber	
	MH	Marke A	MH	Marke B
Gesamtbewertung				
Gesamtaffinität	66	71	64	63
Kaufinteresse (Top 2 Box %)	58	69	56	54
Äußere Merkmale				
Affinität gesamte äußere Merkmale	71	68	70	74
Farbaffinität	76	70	78	80
Helle versus dunkle Farbe	17	21	15	17
Aromaeigenschaften				
Aroma	58	65	61	60
Aromaintensität	58	67	55	50
Geschmackseigenschaften				
Geschmacksaffinität	59	67	63	65
Geschmacksintensität	69	64	66	60
weich	51	59	47	46
bitter	59	54	55	58
Röstgeschmack	55	52	54	59
Intensität des Nachgeschmacks	68	63	66	71
Bevorzugt (%)	43	57	51	49

Tabelle 2.1 *Beispiel eines Berichts über das Audit von Wettbewerbsprodukten. Die Teilnehmer testeten Maxwell House (MH) und einen von zwei Wettbewerbern (Marke A und B) im Blindtest. (Die Namen wurden aus Gründen der Vertraulichkeit nicht genannt; die Siegerzahlen sind grau hinterlegt.)*

haben sich verändert, und das Produkt entspricht einfach nicht mehr ihren Präferenzen.

Die Ergebnisse des Audits können auf unterschiedliche Weise interpretiert werden, abhängig von dem jeweiligen Spezialisten, seinem Job und den damit zusammenhängenden Interessen. Der Einkäufer von Maxwell House, der für die Beschaffung der Kaffeebohnen (Procurement) verantwortlich ist, hielt das Problem für eine Frage des veränderten Kundengeschmacks und keine Frage der Qualität der Kaffeebohnen als Folge einer Einkaufspolitik, die zu Lasten des Geschmacks auf Kostensenkung fokussierte. Die Bereitschaft, zugunsten kurzfristiger Kosteneinsparungen Kompromisse bei der Qualität einzugehen, ist relativ weit verbreitet, ob Unternehmen das nun zugeben oder nicht. Genauso vehement vertrat der Manager der Produktentwicklungsabteilung die Auffassung, das Produkt sei tadellos und die Qualität der Bohnen einwandfrei, aber die Produktionsspezifikationen seien nicht streng genug. Es sei eindeutig notwendig, ein neues Produkt zu entwickeln oder die Rezeptur des bestehenden Produkts zu verändern, um sich an die veränderten Geschmackspräferenzen anzupassen.

Das Marketing wiederum, das sowohl den Einkauf als auch die R&D-Produktentwicklung überwachte, wollte schlicht mehr Kaffee verkaufen, weil seine Effektivität an den Absatzzahlen gemessen wird. Die Marketingabteilung von Maxwell House wusste zwar nicht, warum das eigene Produkt so schlecht abgeschnitten hatte, aber es war ihre Verantwortung, das Problem zu lösen und dem Verlust von Marktanteilen Einhalt zu gebieten. Wenn die Verbraucher in einem Blindtest eindeutig einem anderen Produkt den Vorzug gaben und für beide Produkte annähernd die gleiche Werbung und Verkaufsförderung betrieben wurde, dann würde das weniger beliebte Produkt mit der Zeit Marktanteile einbüßen. Dieser Verlust würde langsam oder schnell vonstatten gehen, aber auf jeden Fall wäre er unvermeidlich. Das ganze war nur eine Frage der Zeit.

Schritt 2:
Entwickeln und testen Sie viele systematisch variierte Testprodukte

Die Identifizierung des Problems ist noch keine Lösung, egal, wie gut der Bericht ist, die Ergebnisse abgesichert sind oder wer den Bericht überhaupt initiiert hat. Diese Binsenweisheit ist in der Produktentwicklung doppelt wahr. Es gibt keine Zutaten für „guten Geschmack“, und die Werbeagentur kann die Verbraucher mit cleveren Kampagnen nur eine gewisse Zeit lang blenden. Die Menschen sind schließlich nicht dumm: Wenn ihnen der Kaffee nicht schmeckt, werden sie früher oder später im Regal einige Zentimeter nach rechts oder links greifen und eine andere Marke in den Einkaufskorb legen, die „besser schmeckt“. Diese Verbraucher sind möglicherweise für immer verloren, vor allem wenn das Wettbewerbsprodukt tatsächlich besser schmeckt.

Die Produktentwickler von Maxwell House erkannten, dass sie herausfinden mussten, welche besondere Kombination an Bohnen und Röstungen ihren Kunden schmecken würde. Und diese Aufgabe musste *systematisch* und nicht nach dem Zufallsprinzip gelöst werden. Die Produktentwickler von Maxwell House mussten also zunächst Regeln entwickeln für den Einkauf der Kaffeebohnen, die Mischung der Sorten und vielleicht sogar die Positionierung des Kaffees in der Wahrnehmung der Kunden. Dies alles sollte auf Basis spezifischer sensorischer Eigenschaften geschehen, die sich mit Hilfe der RDE-Methoden aufspüren ließen.

Produkt	Test 1	Test 2	Test 3	Test 4	Test 5	Maxwell House
% Bohne A	15	15	55	35	35	NA
% Bohne B	15	55	15	15	15	
% Bohne C	55	15	15	35	15	
% Bohne D	15	15	15	15	35	
Kosten der Bohne (Einheiten)	76	27	63	19	58	
Affinitätsbewertung (0 = totale Ablehnung, 100 = totale Begeisterung)						
Affinität = alle Testpersonen	47	64	56	48	58	53
Affinität = „Segment, das einen bitteren Geschmack bevorzugt"	54	56	57	62	61	48

Tabelle 2.2 *Kombinationen und Bewertungen der RDE-Studie für Maxwell House. Verbraucher bewerteten in Geschmackstests fünf unterschiedliche Testmischungen. Die jeweilige Formel ist codiert.*

Wie entscheidet die Produktentwicklung, welche Faktoren in den Experimenten verändert werden sollen? Erstens ist der Umfang der Studie wichtig. Um die besten Ergebnisse zu erzielen, sollten *möglichst viele Prototypen für das Experiment hergestellt werden, die möglichst viele verschiedene Varianten enthalten.* Denken Sie an den Sony Walkman oder an Seiko-Armbanduhren. Sony führte mehrere Hundert Versionen ein, Seiko testete mehrere Tausend Modelle, um die richtigen herauszufiltern. Und zweitens hilft die Erfahrung. Für einen Produktentwickler, der noch nicht lange im Kaffeegeschäft tätig ist, ist es ratsam, sich zunächst aus Fachbüchern, Handelsmagazinen, der Befragung von Beratern und anderen Quellen über die Zutaten zu informieren. Es empfiehlt sich, die besten Bohnen zu kaufen, die Sorten in verschiedenen Mischungsverhältnissen zu kombinieren, diese Mischungen von Verbrauchern testen zu lassen und schließlich zu bestimmen, welche Mischungen am besten bewertet werden. Die Arbeit in der Produktentwicklung bedeutet, dass die Mischung, die ein Entwickler auswählt, nicht zu teuer sein darf, eine hohe Akzeptanz finden, stabil sein und somit Aussichten auf eine bessere Marktperformance bieten sollte.

Maxwell House wendete eine unkomplizierte Entwicklungsstrategie für die drei Schritte Testen, Informationsgewinnung und erneutes Testen an, bis die richtige Mischung gefunden war. Die Produktentwickler von Maxwell House verfügten über langjährige Erfahrung und mussten daher nicht bei Punkt null beginnen. Sie wussten aus vielen Jahren des Versuchs und Irrtums bestens über das Produkt Bescheid. *Sowohl die Verbraucher als auch das Produkt mussten systematisch untersucht werden.*

Aber das Wissen, welche Schlüsselvariablen untersucht werden mussten, reichte nicht aus. Bei dieser Studie lag das Augenmerk auf der erhofften magischen Bohnenmischung. Der effizienteste RDE-basierte Ansatz in der Produktentwicklung verlangt von den Produktentwicklern eine *systematische Variation* der physischen Formel. Tabelle 2.2 zeigt fünf dieser Mischungen sowie das aktuelle Produkt von Maxwell House. Wie Sie sehen, entsprechen die vier Zeilen den vier verschiedenen Bohnensorten (A, B, C und D), die der Entwickler in verschiedenen Mischungsverhältnissen kombinierte (Prototypen). Statistiker haben Pläne und Skizzen für mögliche Kombinationen dieser Variablen erstellt. Der Produktentwickler muss lediglich diesem Experimentalplan folgen und dabei sein Wissen über Kaffeebohnen einsetzen. Darüber hinaus müssen Verbraucher, die das Testprodukt probieren, nicht unbedingt wissen, was diese Mischungen tatsächlich enthalten - sie sollen lediglich das Produkt testen und sagen, ob ihnen der jeweilige Prototyp schmeckt (oder nicht). Das RDE-Tool bestimmt die Kombinationen und zeigt dem Produktentwickler schließlich, wie er die Ergebnisse analysieren und die Formel anpassen muss, um eine höhere Verbraucheraffinität zu erzielen.

Kurz gesagt: Stellen Sie die unterschiedlichen Kombinationen zusammen, die das Design des Experiments verlangt, selbst wenn Sie glauben, dass einige Mischungen nicht angenommen werden. Die Anforderungen für ein erfolgreiches RDE sind einfach, konkret und ziemlich aufschlussreich. Machen Sie Ihre Hausaufgaben, zögern Sie nicht, viele Prototypen zu testen, und vergeben Sie die repetitiven, mühseligen Aufgaben an einen Subunternehmer, damit Sie sich auf die Kreation eines besseren Produkts konzentrieren können. Und hüten Sie sich vor allem vor einem schnellen Urteil! Die Geschichte großartiger Produkte wimmelt nur so von Beispielen an tollen Ideen, von der das Topmanagement zunächst nichts wissen wollte. *Schütten Sie das Kind nicht mit dem Bade aus - testen Sie alles.*

Schritt 3: Lassen Sie die Prototypen von Verbrauchern testen, und sammeln Sie die Bewertungen in einer Datenbank

Die Durchführung eines Geschmackstests aller Prototypen ist ziemlich einfach, abgesehen davon, dass die mit der Testdurchführung beauftragten Personen eine Menge Details beachten müssen, zum Beispiel die Vorgabe, stets frischen Kaffee zu servieren, sicherzustellen, dass jede Testperson das richtige Produkt zur richtigen Zeit erhält und natürlich darauf zu achten, dass der Test auf einem professionellen Niveau mit den angemessenen Geschmackstestkontrollen durchgeführt wird.

Bei Maxwell House führten die Marktforscher also den Test wie folgt durch: Sie führten die Teilnehmer an einen zentralen Testort, ließen jeden Teilnehmer eine unterschiedliche, nach dem Zufallsprinzip getroffene Auswahl an acht Kaffeeproben aus einer Gesamtzahl von 17 Testprodukten plus den aktuellen „blind getesteten" Kaffees von Maxwell House und seinen Wettbewerbern probieren. Die Testverbraucher bewerteten ihre Affinität zum jeweiligen Produkt und andere Eigenschaften. Trotz der betonten Seriosität entpuppte sich diese RDE-Übung als großer Spaß, wie das so oft der Fall ist. Die Verbraucher machten ihre Aufgabe gerne, und die Maxwell-House-Mitarbeiter aus Technik und Marketing erkannten, dass sie auf dem besten Wege waren, den Kaffee-Code zu knacken.

Bei RDE und Neuproduktentwicklung denken wir in der Regel nicht an etwas, das in Zusammenhang mit der menschlichen Natur steht. Vielmehr erachten wir den Prozess als streng wissenschaftlich und unternehmerisch, bar jeder Seele oder individueller Idiosynkrasien. Das ist hier jedoch nicht der Fall. Als Erstes blätterten die Entwickler von Maxwell House eilig die ausgefüllten Fragebögen durch, um zu sehen, ob die durchschnittliche Bewertung ihrer Prototypen gut genug ausgefallen war und wie sie im Vergleich zu den Produkten der beiden engsten Wettbewerber sowie den aktuellen Kaffeeprodukten von Maxwell House abgeschnitten hatten. Alle drei Produkte waren als Benchmarks in den Test integriert worden. Diese kleinen Dramen ereignen sich bei fast jedem RDE-Produkttest, weil die Unternehmensprofis, deren Job es ist, Produkte zu entwickeln und zu verbessern, größtes Interesse daran haben, zu erfahren, ob sie erfolgreich sind. Und darüber entscheidet letztlich der Verbraucher.

Für Maxwell House ergab dieser Test Daten, die mehr als ein Jahrzehnt lang verwendet wurden. Sehen Sie sich noch einmal Tabelle 2.2 an, in der die fünf Testmischungen und das aktuelle Maxwell-House-Produkt zur Zeit des RDE-Projekts aufgeführt sind. Die Zahlen in der ersten Zeile geben die Prozentsätze wieder, die vier verschiedenen Mischungen (A, B, C und D beziehen sich auf die wichtigsten Herkunftsländer der Arabica-Bohne – Brasilien, Mittelamerika und Kolumbien – sowie die Robusta-Bohne) erzielten. Ganz eindeutig bevorzugten die Testverbraucher einige dieser neuen Mischungen gegenüber den bestehenden Produkten von Maxwell House.

Schritte 4, 5 und 6: Bereiten Sie den Erfolg systematisch vor: Die Entdeckung der unterschiedlichen Geschmackneigungen der Verbraucher (Analyse, Optimierung und Segmentierung)

Die Daten in Tabelle 2.2 zeigen, dass die Anstrengungen seitens Maxwell House, möglichst viele verschiedene Kaffeemischungen verkosten zu lassen, zu einer Reihe Kaffees führten, die den Verbrauchern besser schmeckten. Aber war das schon alles? Einige Beobachtungen der Wissenschaftler von General Foods deuteten darauf hin, dass es unterschiedliche Geschmacksempfindungen in der Bevölkerung gab, die zu unterschiedlichen Präferenzen führten. Selbstverständlich gaben alle Teilnehmer des Maxwell-House-Tests an, sie bevorzugten einen „kräftigen, aromatischen" Geschmack. Die Daten sprachen jedoch eine andere Sprache. Sie enthüllten unterschiedliche Präferenzmuster. Die Grafik, die die Marktforscher von Maxwell House aus den Daten der RDE-Studie erstellten, ähnelte stark der Abbildung 2.1, die den Zusammenhang zwischen Bitterkeitsgrad und Verbraucheraffinität darstellt. *Mit zunehmender Bitterkeit schien der Kaffee den Testverbrauchern besser zu schmecken, allerdings nur bis zu einem gewissen Punkt.* Überstieg der Bittergeschmack diesen Punkt, nahm die Affinität stark ab.

Es gab aber noch ein wesentlich tiefer greifendes Ergebnis, das General Foods große Chancen eröffnete. Durch die Unterteilung der Verbraucher nach ihren Präferenzen entstanden *drei klar voneinander abgegrenzte Verbrauchersegmente.* Einige Testverbraucher bevorzugten bitteren Kaffee, andere wiederum gaben Kaffee mit einem geringeren Bittergehalt den Vorzug, und wieder andere bevorzugten eine moderate Bitterkeit (siehe Abbildung 2.2). Erstaunlich für Maxwell House war die *Aussage aller drei Teilnehmergruppen in diesem Kaffeetest, sie bevorzugten einen kräftigen, aromatischen Kaffee. In ihrer Vorstellung hatte ihr bevorzugter Kaffee ein starkes Aroma, aber da ihr Geschmacksempfinden unterschiedlich war, unterschied sich auch ihre Definition des Merkmals „stark".*

Die Ergebnisse lassen nicht zweifelsfrei erkennen, ob die Verbraucher selbst genau wussten, was sie wollten. Möglicherweise wussten sie es in dem Moment, „in dem sie es schmeckten", aber sie konnten nicht beschreiben, wonach sie suchten. Mit den Worten Malcolm Gladwells, der RDE-Probleme in seiner Rede auf der TED-Konferenz („Technology, Entertainment, Design") von 2004 in Monterey ausführlich behandelte:

> „*Die Menschen wissen nicht, was sie wollen ...* Es ist ein Mysterium und ein überaus wichtiger Schritt zum Verständnis unserer eigenen Wünsche und Geschmäcker, zu erkennen, dass *wir nicht immer erklären können, was wir tief im Innern wollen.*"[28]

---

28) Malcolm Gladwell. „What every business can learn from spaghetti." TED Conference, Februar 2004, Monterey, CA, www.ted.com

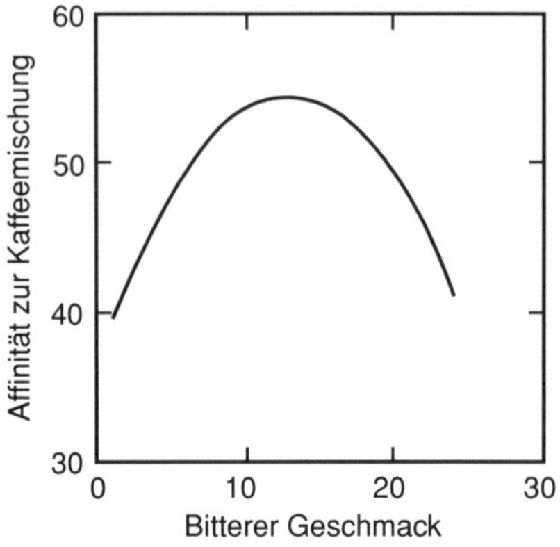

Abbildung 2.1 *Die Bitterkeit im Verhältnis zur Affinität war im Durchschnitt bei allen Kaffeetrinkern gleich. Mit zunehmendem Bittergeschmack stieg die Affinität, bis ein optimaler Punkt erreicht war, an dem der Kaffee „am besten" schmeckte. Nahm der Bittergeschmack über diesen Punkt hinaus weiter zu, wurde der Kaffee als zu bitter empfunden und stieß auf zunehmende Ablehnung.*

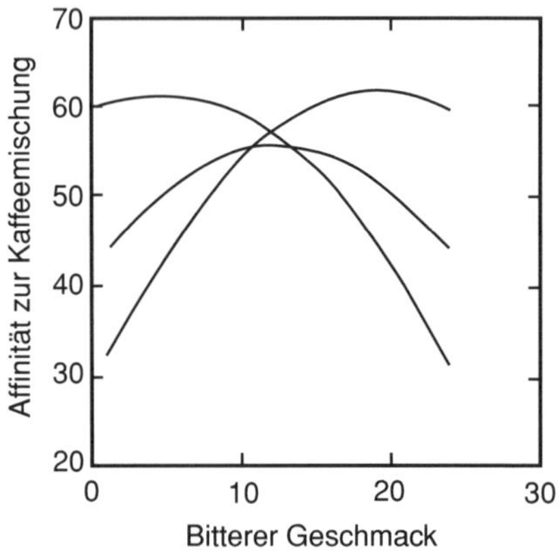

Abbildung 2.2 *Die Bitterkeit im Verhältnis zur Affinität in allen drei Testsegmenten. RDE unterteilt die Verbraucher auf Basis ihres unterschiedlichen Geschmacksempfindens in drei Segmente.*

Dies ist eine Schlüsselerkenntnis aus der Anwendung der RDE-Methode. Das Management von Maxwell House kam zu dem Schluss, dass es sich bei dem festgestellten Problem nicht allein um ein Produktproblem handelte, sondern auch um das Problem veränderter Geschmäcker. Um es mit den Worten von Sherlock Holmes zu sagen: „Das Spiel war im Gange."

Schritt 7:
Aus den Experimenten lernen: Entdecken Sie Regeln für die Zusammenstellung verbesserter Kaffeemischungen, die einen erstklassigen Kaffee ausmachen
Maxwell House ließ die Mischungen testen, sammelte die Kundenbewertungen und erstellte drei Segmente auf Basis des Geschmacksempfindens. Und dann? Wie interpretierten die Entwickler die Bewertungsergebnisse und kamen den *Regeln* für die richtige Mischung hoch aromatischer Kaffeesorten auf die Spur, die genau den Geschmacksnerv der Verbraucher trafen? Wir müssen hier nicht so weit ins Detail gehen wie die Statistiker und Marktforscher, aber wir sollten einige spezifische Richtlinien im Hinterkopf behalten, die sie bei der Anwendung der RDE-Methode im Nahrungsmittelbereich beachteten:

1. Entwickeln Sie mit Hilfe schnell verfügbarer statistischer Methoden, mit denen die Produktentwickler und Marketingspezialisten vertraut sind, ein „Kaffeemodell". Das Modell besteht aus einem Satz an Gleichungen (mathematische Regeln), die die vier Bohnensorten mit den Bewertungen der Testteilnehmer verknüpfen. Oft verwenden die Marktforscher ein Computerprogramm, um die Kombinationen und Bewertungen grafisch aufzubereiten, so wie in Abbildung 2.3 dargestellt. In Kürze werden Sie jedoch sehen, dass die RDE-Methode mit ihrem nutzerfreundlichen Computerprogramm, das die Mischung wie einen automatischen Zahlencode zusammensetzt, viel leichter funktioniert.

Das Kaffeemodell enthält sehr viele Informationen, die über die verschiedenen Kaffeemischungen und ihre Einzelbewertung hinausreichen. Die Testteilnehmer beurteilten die Kaffeeproben auch nach verschiedenen sensorischen Eigenschaften (Optik, Aroma, Geschmack/Geschmacksrichtung, Mundgefühl) und verliehen jedem Produkt seine eigene „sensorische Signatur". Die Kosten für den Rohkaffee liefert das Procurement; das Kaffeemodell sagt Maxwell House, wie teuer der Kaffee in der Herstellung sein wird. Die Abteilungen Produktentwicklung und Einkauf teilten den Marktforschern die Herstellungskosten mit, so dass diese wussten, wie viel eine Tasse Kaffee kosten würde. Die Kosten der verschiedenen Mischungen waren unterschiedlich hoch, je nach dem Preis der verwendeten Kaffeebohnen. Diese Kosten spielten bei der RDE-Studie eine große Rolle, weil sie den Entwicklern ermöglichten, die aus Verbrauchersicht beste Kaffeemischung herauszufiltern und gleichzeitig darauf zu achten, dass die Herstellungskosten eine Gewinnerzielung zuließen. Ohne die Kostenbestimmung der verschiedenen Mischungen könnte es passieren, dass sich der Kaffee, der im Verbrauchertest am besten abgeschnitten hat, später als zu teuer erweist und alle Beteiligten zwingt, wieder bei Punkt null anzufangen. Das kostenbasierte Modell der RDE-Methode sagt den Spezialisten aus Ent-

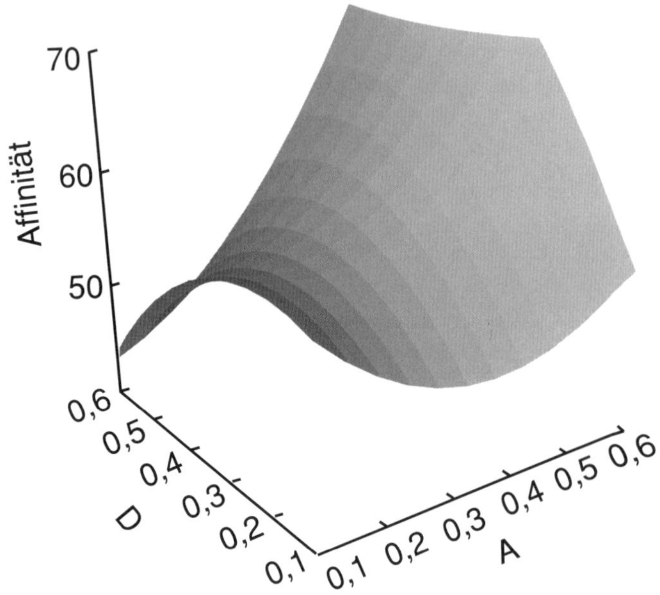

Abbildung 2.3 *Dreidimensionale Oberfläche, die zeigt, wie zwei der vier Kaffeebohnen (Variable A und D) gemeinsam die Kaffeebewertung bestimmen. Um die erwartete Bewertung zu finden, schauen Sie zunächst, wo die Werte der beiden Variablen A und D liegen und sehen dann aufwärts zu dem Punkt, an dem die Kombination die Oberfläche schneidet. Die echte RDE-Oberfläche der vier Bohnensorten ist komplizierter und lässt sich am besten mit nutzerfreundlicheren Computerprogrammen untersuchen, die dem Unternehmen numerische Formeln statt Bilder liefern.*

wicklung, Herstellung und Marketing *im Voraus*, welche Produktqualität sie anstreben, was sie kosten wird und ob sie für die bestmögliche Kaffeeformel Kostengrenzen setzen wollen.

2. Nutzen Sie das Kaffeemodell, um die beste neue Kaffeemischung zusammenzustellen. Letztlich verfolgt die RDE-Methode ein ganz einfaches Geschäftsziel: die beste Kaffeemischung zu identifizieren, die der Hersteller bezahlen kann. Für Maxwell House musste dieses Ziel ein wenig abgewandelt werden: die beste Kaffeemischung zu identifizieren, die von allen drei nach ihrem Geschmacksempfinden unterteilten Kundensegmenten gut bewertet wurde (diejenigen, die starken, bitteren Kaffee vorziehen, diejenigen, die ein kräftiges Aroma wünschen und diejenigen, die einen milderen Kaffee bevorzugen). Die Zusammenstellung der Mischung auf Basis des Modells ist ein Bürojob. Wenn der Produktentwickler die Gleichung in den Händen hält, ist der Rest ein Kinderspiel.

Tabelle 2.3 zeigt eine Momentaufnahme einer solchen Zusammenstellung, die drei unterschiedliche Alternativen offenbart. Wie bei vielen modernen Technologien laufen die Produktmodelle auf PCs und stützen sich auf relativ einfache statistische Methoden. Das Modell hilft dem Produktentwickler oder Marketingexperten herauszufinden, welche besondere Kombination an Kaffeebohnen zum aktuellen Preis eine hohe Affinität auslösen, bezahlbar sind und die sensorische Signatur des Produkts bewahren.

Bohnenmischung	Beste Gesamtbewertung	Beste Gesamtbewertung und dabei kostengünstiger	Beste Bewertung von Liebhabern eines bitteren oder sehr kräftigen Geschmacks
A	20%	30%	33%
B	39%	30%	27%
C	20%	20%	20%
D	21%	20%	20%
Kosten der Kaffeebohnen (Einheiten)	65	50	46
Affinität			
Gesamte Stichprobe (alle Testteilnehmer)	59	56	55
Segment, das einen bitteren oder kräftigen Geschmack bevorzugt	60	65	68

Tabelle 2.3 *Die Zusammenstellung einer Mischung unter Verwendung von RDE*

Rückblick auf die Lektionen, die Maxwell House aus dem RDE-Projekt zog – über Kaffee, Konsumenten und das eigene Unternehmen

Die Unternehmensführung von Maxwell House analysierte dieses sehr erfolgreiche Projekt noch einmal in der Rückschau. Die Anstrengungen, die sie unternommen hatten, waren größer als gedacht. Das Projekt hatte als relativ direkte Initiative begonnen. Die anfänglichen Berichte über ein mögliches Produktproblem hatten sich bestätigt, aber die Natur des Problems war nicht klar, bis Maxwell House das RDE-Projekt startete.

Der anstrengendste Teil des Projekts bestand darin, dem Produkt die „richtigen" Eigenschaften zu geben, um es so weit verbessern zu können, dass sich die

Marke weiterhin erfolgreich gegen den Wettbewerb behaupten konnte. Die Aktivitäten zur Informationsbeschaffung konnten ausnahmslos als „einwandfrei" bezeichnet werden. Tatsächlich haben die meisten Unternehmen die Identifikation eines Produktproblems bereits perfektioniert. Aber obwohl sich das Problem klar beschreiben ließ, wurde eine indirekte Darstellung von zahlreichen *wenn* und *aber*, emotionalen Ahs und Ohs und allen möglichen rituellen Verrenkungen begleitetet, die den Anschein erweckten, als handele es sich bei dem Problem quasi um eine naturgegebene Eigenschaft dieser Produktkategorie.

Letztlich war die RDE-Methode aber sehr erfolgreich, da sie das Problem aus dieser unerträglichen Situation befreite, in der sich nur schwer eine konkrete Lösung finden lässt, und stattdessen eindeutige Schritte zur Wissensgewinnung definierte. Das RDE-Tool erzeugte schnell, effizient und kosteneffektiv die nötigen Regeln und empfahl entsprechende wissensbasierte Handlungsschritte, die zu einem verbesserten Produkt führten. Wie sah das Ende der Geschichte aus? Mit den Worten von Malcolm Gladwell:

> „Wenn ich Sie alle bitten würde, zu versuchen, eine Kaffeemarke zu entwickeln – eine Kaffeesorte, eine Form der Zubereitung –, die Sie alle glücklich machen soll, und ich Sie dann bitten würde, den Kaffee zu beurteilen, dann betrüge die durchschnittliche Punktzahl in diesem Raum ungefähr 60 auf einer Skala von 0-100. Wenn Sie mir jedoch erlauben würden, Sie in Kaffeecluster zu unterteilen – vielleicht drei bis vier Cluster –, und ich für jedes Cluster einen eigenen Kaffee herstellen könnte, würde Ihre Gesamtbewertung von 60 auf 75 oder 78 steigen. Der Unterschied zwischen Kaffee mit einer Bewertung von 60 und einem Kaffee mit einer Bewertung von 78 ist der Unterschied zwischen Kaffee, der Sie das Gesicht verziehen lässt, und Kaffee, der Sie zu Begeisterungsstürmen veranlasst ... die schönste Lektion von Howard Moskowitz ist, dass wir einen sicheren Weg zum Glück finden, wenn wir die Unterschiedlichkeit der Menschen begrüßen und berücksichtigen."[29]

Maxwell gelang es, seinen Kaffeeabsatz zu Lasten seiner Wettbewerber um mehr als 15 Prozent zu steigern.

***

29) Malcolm Gladwell. „What every business can learn from spaghetti." TED Conference, Februar 2004, Monterey, CA, www.ted.com

Wow! Das ist genau das, wonach Allison-die-Entrepreneurin gesucht hat - ein reales RDE-Beispiel aus der Entwicklung von Nahrungsmittelprodukten. Allison verstand die Idee sofort, auch wenn sie aus weiteren Beispielen und praktischer Umsetzung noch profitieren konnte. Sie wird später erkennen, dass eine Anwendung der RDE-Methode auf Nahrungsmittelprodukte etwas komplizierter ist als auf Ideen und Botschaften. Aber davon wird sie sich nicht aufhalten lassen. Allison hat mehr Energie und Entschlusskraft als ihre Kollegen in wesentlich größeren Unternehmen. Und anders als diese kann es sich Allison nicht leisten, die Verantwortung auf dem Gebiet der Sensorik den Wissenschaftlern und Statistikern zu überlassen. Die Anwendung eines strukturierten RDE-Ansatzes erscheint daher als ihre einzige Chance, um ein überzeugendes und erfolgreiches Produkt zu entwickeln.

Wir sind ziemlich zuversichtlich, dass Allison und auch Sie, die Leser, im nächsten Kapitel diesen Ansatz besser verstehen werden. Allison wird erleben, wie sich RDE bei einer Essiggurke bemerkbar macht - oder besser gesagt, wie RDE bei der Suche nach der besten Essiggurke Wunder bewirkt.

Das nächste Kapitel schließt die Geschichte der RDE-Methode im Bereich der Nahrungsmittelprodukte mit der Demonstration ab, dass RDE *über die Identifizierung besserer Produkte hinaus völlig neue Geschäftschancen eröffnet.* Lehnen Sie sich zurück, entspannen Sie sich, und genießen Sie die Welt der Essiggurken der Marke Zesty Pickles des Herstellers Vlasic sowie der Nudelsauce Prego von Campbell's.

Kapitel 3:

Köstliche Neukreationen zu entwickeln ist so einfach wie das Tippen eines Zahlencodes: Wichtige Erkenntnisse aus den Projekten Vlasic und Prego

So viele Essiggurken, so viele Chancen

Nun wollen wir uns vom Reich des Kaffeegenusses in die Welt der Essiggurken begeben, diese wunderbaren in Salzlake, Pfefferkörnern, Dill und anderen aromatischen Zutaten marinierten Gurken. Essiggurken sind nicht so glamourös wie Kaffee. Dennoch muss erwähnt werden, dass es wahre Essiggurkenfans gibt, die dem Objekt ihrer Verehrung sogar große Veranstaltungen wie das jährliche internationale Essiggurken-Festival in New York widmen.[30]

30) *New York Times*, 30. September 2005.

Die Geschichte der Essiggurke

Ihre Geschichte ist wesentlich älter als die des Kaffees. Essiggurken reichen so weit in die Antike zurück, dass sich kein genauer Zeitpunkt für ihr erstes Auftreten festlegen lässt. Schätzungen zufolge sind sie mehr als 4.000 Jahre alt. Dem Food Museum von New York zufolge gehörten einige der faszinierendsten historischen Persönlichkeiten zu den großen Verehrern der Essiggurke. Um der bescheidenen Essiggurke die gleiche Aufmerksamkeit zu widmen wie dem Kaffee, hier ein kurzer Abriss über ihre verblüffende Geschichte und einige merkwürdige Fakten.[31]

Gurken finden mindestens an zwei Stellen Erwähnung in der Bibel (11:5 und Jesaja 1:8). Historisch ist ihre Verwendung vor mehr als 3.000 Jahren in Westasien, dem alten Ägypten und in Griechenland belegt. Im Jahr 2030 v. Chr. wurden die Gurken, die ursprünglich indischer Herkunft waren, ins Tigris-Tal gebracht, wo sie erstmalig konserviert und als Essiggurken verzehrt wurden.

Aristoteles pries beispielsweise die heilende Wirkung von eingelegten Gurken. Cleopatra schrieb einen Teil ihrer Schönheit den Gurken zu – auch wenn wir nicht sicher wissen, welchen Teil. Einige Wissenschaftler glauben, dass sie in Salzlake eingelegte Wassermelonen verwendete statt des würzigen Gurken-Essig-Mixes, den wir heute kennen. Egal, in jedem Fall handelt es sich um eingelegtes Gemüse. Der römische Herrscher Tiberius aß täglich Essiggurken. Auch Julius Cäsar hielt Essiggurken für kräftigend und gesundheitsfördernd; folglich aßen er und seine Legionen sie regelmäßig. Schließlich verbreitete sich der Genuss von Essiggurken in ganz Europa.

Auch Queen Elizabeth mochte Essiggurken. Und schon Napoleon schätzte sie als gesundheitsförderndes Lebensmittel für seine Armeen so sehr, dass er jedem, der eine Methode entwickelte, mit der sich derartige Lebensmittel sicher konservieren ließen, den Gegenwert von 250.000 Dollar versprach. Der Mann, der diese Belohnung im Jahr 1809 gewann, war ein Zuckerbäcker namens Nicholas Appert, der die Essiggurken als erster in Gläser abfüllte und verkaufte.

31) Quellen: Kenneth F. Kiple und Kriemhild Coneé Ornelas, *The Cambridge World History of Food* (Cambridge: Cambridge University Press: 2000); Don Brothwell und Patricia Brothwell, *Food in Antiquity* (Baltimore: Johns Hopkins University Press, 1998); www.nyfoodmuseum.com; www.mtolivepickles.com; www.ilovepickles.org; www.foodtimeline.org.

Was wäre die Geschichte der Essiggurke ohne einige Worte der göttlichen Inspiration von William Shakespeare? Shakespeare würzte seine Theaterstücke nicht nur mit Verweisen auf die Essiggurke - oder „Pickles", wie sie auf Englisch heißen –, sondern auch mit seiner Verwendung als Metapher:

„Oh, Hamlet, how camest thou in such a pickle?" (*Hamlet*, 5. Akt, 1. Szene)

„Tis a gentle man here a plague o' these pickle-herring! How now, sot!" (*Was Ihr wollt*, 1. Akt, 5. Szene)

„What say you? Hence, Horrible villain! or I'll spurn thine eyes like balls before me; I'll unhair thy head: Thou shalt be whipp'd with wire and stew'd in brine, Smarting in lingering pickle." (*Antonius und Cleopatra*, 2. Akt, 5. Szene)

Eine Vorliebe für Essiggurken ist von jeher eine Nationaleigenschaft der Amerikaner gewesen. Immerhin war der Namensgeber dieses Landes, Amerigo Vespucci, ja auch ein Essiggurkenhändler aus Sevilla. Er versorgte Schiffe mit eingelegtem Gemüse, damit die Seeleute auf den langen Reisen kein Skorbut bekamen. Zwar wird Kolumbus die Entdeckung Amerikas zugeschrieben, aber Vespucci verfügte anscheinend über die größeren PR-Fähigkeiten. Sonst hätten die Vereinigten Staaten von Amerika ja auch Vereinigte Staaten von Kolumbus oder Vespucci heißen können.

George Washington war ebenfalls ein Liebhaber von Essiggurken, genau wie John Adams und Dolly Madison. Und Essiggurken waren es auch, die Thomas Jefferson zu folgenden Worten inspirierten:

„An einem heißen Tag in Virginia gibt es nichts Besseres als gute, würzige Essiggurken, die man wie Forellen aus den funkelnden Tiefen des Gurkenglases fischt, das unter der Treppe in Tante Sallys Keller steht."

Viele heutige Prominente sind angeblich leidenschaftliche Essiggurkenfans. Der Schauspieler Bill Cosby, seine Kollegin Fran Drescher (*The Nanny*), der ehemalige Bürgermeister von New York, Ed Koch, und der Gründer der Bürgerinitiative „Guardian Angel" zur Bekämpfung der Straßenkriminalität, Curtis Sliwa, sind nur einige der bekannten Persönlichkeiten, die gerüchteweise Essiggurken-Connoisseurs sind. Selbst Elvis Presley liebte frittierte Essiggurken.

In den USA werden ungefähr 2,7 Milliarden Pfund verschiedene Sorten Essiggurken pro Jahr verzehrt. Das sind neun Pfund pro Einwohner und Jahr! Es gibt eine ganze Essiggurkenindustrie, die vom Branchenverband Pickle Packers International repräsentiert wird. Hinter den Essiggurken steht eine Wissenschaft und eine Armada an Profis, die Jahrzehnte darauf verwendet haben, die Essiggurkenrezeptur zu verfeinern. Essiggurken sind in der Tat ein großes Geschäft. Sehen Sie sich nur einmal in irgendeinen Supermarkt um, der über eine große Auswahl an Gewürzen und Eingelegtem verfügt, und Sie werden alle möglichen Sorten Essiggurken und eine Vielfalt bekannter Markennamen entdecken. Als Konsument stehen Sie vor der Qual der Wahl zwischen verschiedenen Darreichungsformen, von ganzen über halbe Gurken, Gurkenstiften, Gurken in Längsscheiben, eingelegten Gurkenscheiben aus der Kühltheke und so weiter. Wie lässt sich das Essiggurkenuniversum ökonomisch sinnvoll betreiben – und wie verdient man damit Geld?

Wenn der Käufer vor dem Essiggurkenregal steht

Viele Jahre lang waren Essiggurken hausgemacht und wurden üblicherweise lokal verkauft, oft mit großer Betonung der Tradition und der entsprechenden Folklore, die Essiggurken zu ihrer Legende verhalfen. Betrachten Sie zum Beispiel das berühmte Spezialgeschäft Guss' Pickles in New York. Vlasic ist in gewisser Hinsicht das Guss' Pickles des Mittleren Westens. The Vlasic Company, seit Jahrzehnten Hersteller von Essiggurken mit Sitz in einem Vorort von Michigan, hatte begonnen, moderne Marketingprinzipien zu verwenden, um seine Gurkenrezeptur zu entwickeln und zu vermarkten. Alles verlief nach Plan. Vlasic errichtete vor den Toren Michigans seine neue Unternehmenszentrale, heuerte talentierte Marketingexperten und Produktentwickler an und begab sich mit Volldampf in den Dschungel des Verbrauchermarketings.

Vlasic hatte nur ein einziges kleines Problem: mangelndes Produktwissen und fehlende Kenntnis der Kundenpräferenzen. Die meisten Menschen essen eingelegte Gurken, allerdings tun sie das nicht besonders häufig – es sei denn, jemand sei süchtig nach Essiggurken. *Außerdem haben die meisten Menschen gegenüber Essiggurken nicht dieselbe Markenloyalität wie zum Beispiel gegenüber Kaffee, Cola oder Zigaretten.* Essiggurken sind Essiggurken sind Essiggurken. Viele Restaurantmahlzeiten enthalten eingelegte Gurken, ohne dass der Gast wüsste, welche Marke verwendet wurde. Möglicherweise fällt einem Gast der ausgezeichnete Geschmack einer Essiggurke auf und er lobt diesen sogar, aber deswegen würde wahrscheinlich niemand extra nachfragen, von welcher

Marke die Essiggurke stammt. Eine Essiggurke steht einfach nie im Mittelpunkt, egal, wie großartig sie schmeckt.

Der Markenmanager und der Vice President für Marketing von Vlasic, beide langjährige Experten im Essiggurkengeschäft, entdeckten darin eine große Chance. Man wusste einfach nicht genug über die Art der Essiggurken, die die Konsumenten gerne aßen. Es wurde beschlossen, der RDE-Methode die Chance zu geben, eine bessere Essiggurke zu entwickeln. Die Manager von Vlasic trafen keine Entscheidungen im Vorbeigehen – sie machten sich daran, ein neues Terrain in der Welt der Essiggurken zu erobern und mussten auf Anhieb ins Schwarze treffen. Die Ergebnisse der RDE-Methode reichten schließlich weit über die Entwicklung einer besseren Essiggurke hinaus und hielten für Vlasic eine sehr angenehme Überraschung bereit.

Wie zuvor im Fallbeispiel über das Kaffeeprojekt von Maxwell House, begann die Geschichte mit einem Vergleichstest der Wettbewerbsprodukte. Diese „Due Diligence“ ergab, dass die Essiggurken von Vlasic durchaus schmackhaft waren, aber dass irgendetwas fehlte. Auf einer Skala von 100 Punkten erreichten die Essiggurken eine Bewertung im niedrigen bis mittleren 50-Punkte-Bereich. Für das trainierte Marktforscherauge hieß das, dass die Gurken gut, aber nicht herausragend schmeckten. Bei näherer Betrachtung der Daten stießen die Marktforscher jedoch auf ein interessantes Detail, das zuvor niemandem aufgefallen war – wahrscheinlich nicht einmal einigen Essiggurken-Experten. Fast alle der am Markt verfügbaren Essiggurken, die im Massengeschäft über die Supermarktregale vertrieben wurden, schmeckten entweder sehr mild oder leicht aromatisch, aber nie richtig würzig. Und dennoch bewertete mehr als die Hälfte der Testkonsumenten, die an den insgesamt drei Geschmackstests teilgenommen hatten, die wenigen verfügbaren würzigen Essiggurken mit hohen Punktzahlen, wohingegen sie die eher milden Essiggurken niedrig bewerteten. Aus irgendeinem Grund hatten sich die Produktentwickler und Marketingspezialisten ohne es zu merken auf die Entwicklung von Essiggurken konzentriert, die nur ungefähr 40 Prozent der Konsumenten zusagten. Die wenigen sehr würzigen Essiggurken, die es überhaupt gab, wurden von den übrigen 60 Prozent sehr hoch bewertet. Aus Gründen, die im Rückblick durchaus plausibel wirken, hatten sich die Produktentwickler für eine mittlere Geschmacksversion entschieden, die zwar keine Ablehnung hervorrief, aber auch niemanden zu Begeisterungsstürmen hinriss.

Unter Anwendung der RDE-Methode schufen die Produktentwickler von Vlasic *durch Experimentaldesign 40 verschiedene Prototypen, die sie von Konsumenten testen ließen.* Dabei untersuchten sie Essiggurken, die einen starken geschmacklichen Eindruck hinterließen – Essiggurken mit Pep –, der allen anderen Essiggurken auf dem Markt fehlte. Die Experimente machten keine Vorgaben hinsichtlich der Zutaten und der Salzlake, um den erwünschten Pep zu erzeugen. Die Magie der richtigen Rezeptur ist das Ergebnis vieler Jahre Arbeit mit Essiggurken, einer genauen Kenntnis von Gurken und Salzlaken sowie eines Gefühls für die Präferenzen der Konsumenten. RDE verarbeitete die Eingabe der Zutaten Salz, Knoblauch, Pfeffer, Gewürze und Essig und erstellte daraus unterschiedliche Kombinationen, die als Prototypen im Test verkostet wurden.

Es schien jedoch ratsam, die Produkte, oder zumindest die verschiedenen Salzlaken, vor dem Verbrauchertest selbst zu probieren, um zu gewährleisten, dass die Prototypen auch wirklich anders schmeckten als die bisherigen Essiggurken und nicht einfach nur leichte Abwandlungen der bestehenden Produkte waren. Ein informeller und unvergesslicher Testnachmittag, der im Admirals Club am Flughafen von Detroit unter Beteiligung des Autors sowie dreier Manager – Marketingexperten und Produktentwickler von Vlasic – stattfand, und an dem 40 verschiedene Salzlaken probiert wurden, machte schnell deutlich, dass das Projekt auf dem richtigen Weg war. Einige der Salzlaken waren sehr mild, andere schmeckten dagegen ganz ausgezeichnet und hatten den richtigen würzigen Pep. Den vier Testern, die an jenem Oktobertag in Detroit Salzlaken schlürften, wurde schnell klar, dass aus diesem Projekt möglicherweise ein Marktschlager hervorgehen würde, *weil RDE sie gezwungen hatte, verschiedene Produkte mit radikal anderen Geschmacksrichtungen auszuprobieren, von denen einige richtig gut waren.*

Und in der Tat schlug das Projekt ein. In den Verbrauchertests, die einige Monate später folgten, ergab sich eindeutig, dass die Konsumenten würzigere Essiggurken bevorzugten. Die RDE-Studie deckte aber noch etwas auf, das für Vlasic viel wichtiger war, auch wenn es für Sie, die Sie „Das Kaffeeprojekt von Maxwell House“ in Kapitel 2 gelesen haben, inzwischen ein „alter Hut“ ist: Es gab nicht nur eine Essiggurken-Zielgruppe sondern drei verschiedene Kundenzielgruppen, die sich dadurch unterschieden, dass sie entweder milde, mittlere oder stark würzige Essiggurken bevorzugten, wobei sich alle knackige Gurken wünschten. Als Beweis führte Vlasic kurz darauf seine Essiggurken-Produktlinie ein, die von Gurken mit geringem Salzgehalt („Low Salt“) bis pikant („Zesty“) reichten. Die Zesty-Gurke, die von allen am würzigsten schmeckt, *ist bis heute und möglicherweise für alle Zeiten die meistverkaufte Essiggurke. Durch die Anwendung der RDE-Prinzipien und die Zusammenarbeit mit Technologen und Verbrauchern gelang es Vlasic, das Geheimnis des Essiggurkenkonsums zu knacken.*

Den Marketingexperten von Vlasic war außerdem klar, dass sie die neue Tatsache, dass es Essiggurken in unterschiedlichen Geschmacksrichtungen von mild bis sehr pikant gab, zunächst in der Wahrnehmung der Konsumenten verankern mussten. Das erscheint heute als banal, aber wenn Sie das erste Unternehmen sind, das diese sensorische Segmentierung und die neuen „Regeln" erkennt, die eine Produktkategorie wirklich bestimmen, dann liegt das nicht unbedingt auf der Hand. Wie kommunizieren Sie Ihre Entdeckungen an die Verbraucher, die ihre Zeit nicht damit verbringen, sehnlichst auf eine neue Essiggurke zu warten? Die Marketingexperten von Vlasic entwarfen das *Geschmacksthermometer*, das auf jedes Glasetikett gedruckt wurde und die Geschmacksintensität der jeweiligen Gurkenvariante anzeigte. Vlasic konnte mit RDE also nicht nur eine neue Essiggurke entwickeln, sondern auch ihre Verpackung und die gesamte Produktkommunikation. Diese Art Geschmacksskala ist in der Nahrungsmittelindustrie inzwischen weit verbreitet. Abbildung 3.1 zeigt ein Beispiel einer modernen Variante dieser Geschmacksskala zur Anzeige der Pfefferschärfe. Diese Skala ist leicht verständlich und zeigt dem Verbraucher auf einen Blick, welche Geschmacksintensität er erwarten kann. Sie ist einprägsam, leicht zu vermitteln und der Beweis, dass sensorische Unterschiede Einfluss auf den Unternehmensgewinn haben. Der Rest ist, wie es so schön heißt, Geschichte und ein wenig Legende.

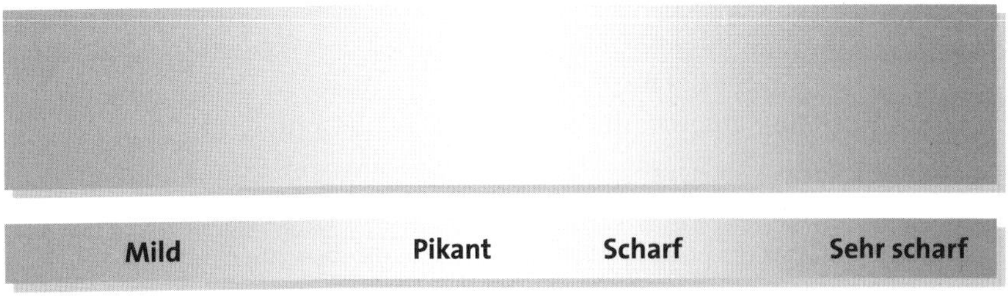

Abbildung 3.1 *Beispiel für eine optische Darstellung des Schärfegrades. Die Skalenform wurde ursprünglich von Vlasic entwickelt, ist heute aber als Hinweis auf die Geschmacksintensität beziehungsweise Schärfe weit verbreitet. Die Farbe verändert sich von grün (mild, linke Seite) über gelb (Mitte) bis hin zu rot (sehr scharf, rechte Seite).*

Eine Nudelsauce, wie Sie sie lieben: Die Geschichte von Prego

Unsere letzte Geschichte über RDE-basierte Nahrungsmittelentwicklung liegt dem Autor besonders am Herzen, weil eines ihrer Ergebnisse ganze Ladenregale voller Nudelsaucen sind. So zeigte Howard Moskowitz seinen Studenten an der University of Gastronomic Sciences von Pollenza, wie man Nudelsaucen *wissenschaftlich* herstellen kann, selbst wenn sie nicht aus original-italienischen *pomodoro* - oder „goldenen Äpfeln“, wie die Tomaten in Italien heißen - gemacht wird.

Manche sagen „Tomato“

Technisch gesehen ist die Tomate eine Frucht[32], auch wenn das oberste Bundesgericht der USA - der Supreme Court - 1893 in seinem Urteil in der Sache *Nix vs. Hedden*[33] befand, die Tomate sei ein Gemüse. Laut dem US-Landwirtschaftsministerium USDA (United States Department of Agriculture) verzehrt jeder Amerikaner ungefähr 22 Pfund Tomaten pro Jahr. Mehr als die Hälfte des Tomatenkonsums entfällt dabei auf Ketchup und Tomatensauce.[34] In der Tat verzehren die Amerikaner mehr Tomaten als irgendeine andere Obst- oder Gemüsesorte.

Die Tomate, die bereits seit 700 v. Chr. von den Azteken und Inkas angebaut wurde, ist also auf dem amerikanischen Kontinent beheimatet; die italienische Kompetenz in der Herstellung von Tomatenprodukten geht also auf deren Import zurück. Auf Kolumbus' Expeditionen wurde die Tomate 1493 erstmalig von Europäern entdeckt. Diese nahmen die Tomate aber erst richtig wahr, als Entdecker im 16. Jahrhundert Tomatensamen aus Mittelamerika mit in die Alte Welt brachten. In den Mittelmeerländern wurde sie sehr schnell populär, aber bei ihrer Verbreitung in Richtung Nordeuropa traf sie auf Widerstand. Vor allem die Briten hielten die Tomate für schön, aber giftig. Diese Sorge teilten auch die amerikanischen Kolonien, und es dauerte noch Jahre, bis die Tomate eine breite Akzeptanz fand. Anfang des 19. Jahrhunderts verwendeten die Kreolen in New Orleans Tomatenwürfel für ihre Cajun-Gerichte, aber in den übrigen Gegenden der USA und Europas blieb die Tomate fast ausschließlich eine dekorative Gartenpflanze. Erst Mitte des 19. Jahrhunderts breitete sich ihr Verzehr allmählich in den USA aus.[35]

---

32) Das ist das gereifte Ovarium einer Pflanze.
33) Ein Zollstreitfall aus dem Jahr 1893, als der Supreme Court entscheiden musste, ob es sich bei Tomaten um Obst oder Gemüse handelt. (A.d.Ü.)
34) Siehe www.fsa.usda.gov.
35) Maguelonnne Toussaint-Samat, *History of Food* (New York: Barnes & Noble Books, 2003); und James Trager, *The Food Chronology: A Food's Lover's Compendium of Events and Anecdotes from Prehistory to the Present* (New York: Henry Holt and Company, Inc., 1995).

Die Geschichte der RDE-Anwendung auf die Kreation besserer Nudelsaucen beginnt wie die beiden anderen Geschichten: mit einem enttäuschenden Ergebnis eines Geschmackstests, den Campbell Soup durchgeführt hatte. Wenn sich irgendjemand mit Tomaten auskennt, dann ist es Campbell Soup. Aber zu der Zeit, als das Projekt initiiert wurde, lag Campbells ganzes Augenmerk auf Suppen; Campbells tastete sich erst langsam in die Welt der Nudelsaucen vor, die damals noch von der Marke Ragú dominiert wurde. Der Versuch, eine „authentische italienische Nudelsauce" in den USA zu kreieren, war durchaus eine Herausforderung. Das war nicht nur eine Frage der Echtheit. Natürlich ließen sich Nudelprodukte entwickeln, die genauso authentisch waren wie die Saucen, die Hausfrauen und Chefköche über Jahrzehnte in Italien gekocht hatten. Das Problem war der *US-amerikanische Geschmack*. Es war nicht klar, welchen Geschmack amerikanische Konsumenten bei einer Nudelsauce bevorzugten. Das gleiche Problem haben Sie schon bei Maxwell House und den Essiggurken Zesty Pickles gesehen – wahrscheinlich aus demselben Grund. Wir haben es hier mit Identitätsstandards zu tun, beziehungsweise damit, was es aus sensorischer Sicht bedeutet, wenn eine Nudelsauce, ein Kaffee und eine Reihe anderer Produkte „authentisch" und „wohlschmeckend" sein sollen. Malcolm Gladwell traf in seinem erkenntnisreichen Artikel „The Ketchup Conundrum" (in etwa: „Das Rätsel des Ketchup", A.d.Ü.) den Nagel auf den Kopf.[36] Es gibt Identitätsstandards, und manchmal wissen wir einfach nicht, wie wir es anstellen sollen, ein neues Produkt zu entwickeln und dabei nicht nur den Standard zu wahren, sondern ihn sogar ein wenig zu verbessern.

Nach dem Geschmackstest erkannte Campbell Soups Entwicklungsteam, dessen Mitglieder Experten in Tomatenverarbeitung waren, dass eine gute Nudelsauce offensichtlich mehr erforderte als die Verarbeitung von Tomaten. Aber was genau? Man war sich unsicher, was fehlte, was zu tun war. Bei Nudelsaucen gibt es *viele, viele Alternativen*. Das ist nicht dasselbe wie Kaffeemischungen, bei denen es eine begrenzte Zahl – sagen wir drei oder vier – Bohnensorten gibt, die man in ein entsprechendes Mischungsverhältnis bringen muss. Es ist auch nicht dasselbe wie Essiggurken, wo es im Wesentlichen darauf ankommt, Essig, Knoblauch, Pfeffer und einige andere Gewürze zu mischen.

Im Falle der Nudelsaucen boten die Beobachtung der Konsumenten in ihrem häuslichen Umfeld (Ethnographie) sowie Gespräche mit Konsumenten (Fokusgruppen) denjenigen, die nach schnellen Antworten suchten, ein alarmierendes und etwas verwirrendes Muster. Es stellte sich nämlich heraus, dass

36) Malcolm Gladwell, „The Ketchup Conundrum", *The New Yorker* (6. September 2004): 128-135.

viele der befragten Konsumenten und Fokusgruppen angaben, sie würden die fertigen Nudelsaucen lediglich als Grundlage verwenden und weiter verfeinern. Jeder der Teilnehmer wollte sein persönliches Rezept vorstellen. Alle wandelten die Saucen auf irgendeine Weise ab – manche mehr, manche weniger –, so dass das Produkt, das sie ihrer Familie zum Abendessen servierten, nicht mehr viel mit der Nudelsauce gemein hatte, die sie ursprünglich im Geschäft gekauft hatten. Ihre höchstpersönliche Nudelsauce war eine Kombination aus einer Fertigsauce und eigener Kreativität – *ihre eigene Interpretation.*

„Es ist heute nach 15 Jahren, da jede Marke in einer Vielzahl an Variationen erhältlich ist, schwer vorstellbar, welche bahnbrechende Erkenntnis dies damals bedeutete", schrieb Malcolm Gladwell im Jahr 2004. „Ragú und Prego wollten eine ‚originale' Spaghettisauce herstellen ... so wie sie in Italien gemacht wurde ... Sobald man aber nach den Quellen der menschlichen Variabilität sucht, verliert die orthodoxe Auffassung ihre Gültigkeit."[37]

Die eigentliche Arbeit mit Prego begann ein wenig anders. Anstatt mit den bekannten Zutaten zu arbeiten, machte das Entwicklungsteam zunächst die notwendige Fleißarbeit. Bei der Untersuchung, wie die Konsumenten die Nudelsaucen verwendeten und abwandelten, erkannten sie schnell, dass es nicht darum ging, irgendwelche Zutaten zu verändern. Und es ging auch nicht darum, der privaten Nudelköchin beziehungsweise dem Nudelkoch die Arbeit abzunehmen und eine komplette, fertige Nudelsauce mit allen Zutaten anzubieten – zumindest zunächst. Die Entwicklungsstrategie, komplexere Nudelsaucen mit allem Drum und Dran herzustellen, kam erst Jahre später auf, nachdem die schnellen Gewinne abgeschöpft waren – aber wir wollen nicht den zweiten Schritt vor dem ersten machen. *Die eigentliche Aufgabe bestand zunächst vielmehr darin, zu identifizieren, was genau zu tun war – und erst dann zur Tat zu schreiten.* Die Herausforderung lag in der Vorwegnahme, und das auf einem Gebiet, auf dem es keine Vorlagen gab, die sich kopieren ließen. Kaffee und Essiggurken sind da vergleichsweise einfach; das Spektrum der sensorischen Erfahrungen, die sie vermitteln, ist viel enger – egal, was Experten meinen. Darüber hinaus sind weder Kaffee noch Essiggurken Produkte, die sich durch eine ganze Reihe an Zutaten ergänzen, abwandeln oder verfeinern lassen.[38] Nudelsaucen bieten eine ganze *Symphonie* an Eigenschaften, und zwar sowohl diejenigen, die der Hersteller dem Produkt verleiht, als auch diejenigen, die der Konsument während der Zubereitung hinzufügt. Neben der

---

37) Malcolm Gladwell, „The Ketchup Conundrum", *The New Yorker* (6. September 2004): 128-135.
38) Inzwischen gibt es auch bei Kaffee zahlreiche Varianten durch Zusatz von Sirup, Eis, Sahne, Alkohol, Schokolade oder anderen Gewürzen. (A.d. Ü.)

Intensität des Tomatengeschmacks kommt es auf die Konsistenz der Nudelsauce an, auf die Art der Tomatenstücke oder anderer stückiger Zutaten und ihrer Geschmacksnoten - ganz zu schweigen von ihrer Süße, Säure und Schärfe, die sich alle stark von der eigentlichen Geschmacksintensität der Tomate unterscheiden.

Die Geschichte verläuft relativ geradlinig, zumindest was die Entwicklungsphase betrifft, und enthält einige pragmatische Kompromisse hinsichtlich des Aufwands im Verhältnis zu den erwarteten Ergebnissen. Campbell Soups Produktentwickler, die die Komplexität des Problems schnell erkannt hatten, identifizierten sechs Zutaten, die ihrer Meinung nach die Affinität bestimmten, kombinierten sie zu *45 verschiedenen Prototypen*, die das RDE-Design verlangte, und führten im Anschluss die Umfrage durch. Die RDE-Logik blieb ganz einfach. Das Ziel war die Bestimmung der besten Kombination an Nudelsaucenzutaten anhand einer einfachen Regel, die alle sensorischen Erfahrungen steuerte. Mehr ist nicht unbedingt besser - mit zunehmender sensorischer Intensität (zum Beispiel süßer Geschmack) nimmt auch die Affinität der Verbraucher zu, wobei irgendwann ein Geschmacksniveau erreicht ist, auf dem die Affinitätskurve ihren höchsten Punkt erreicht („Sweetspot"). Wird diese optimale Produktsüße übertroffen, sinkt die Affinität wieder. Um diesen Kurvenverlauf, der wie ein umgedrehtes U aussieht, angemessen zu berücksichtigen, testeten die Produktentwickler für jede Zutat mindestens drei verschiedene charakteristische Intensitätsstufen. Bei insgesamt sechs Zutaten, von denen jede über drei Intensitätsstufen getestet wurde, ergibt sich eine schwindelerregende Gesamtzahl an Kombinationen von 3 x 3 x 3 x 3 x 3 x 3 = 729. Zum Glück für die Entwickler und das RDE gibt es Abkürzungen zum Ziel, und es müssen nicht alle 729 Kombinationen hergestellt werden. Mit dem richtigen statistischen Aufbau genügen 45 oder sogar 29 Varianten. Die Herstellung von 45 Prototypen an Nudelsaucen war zwar ein ziemlicher Aufwand, aber wir werden sehen, dass sich die Mühe mehr als gelohnt hat.

Ein derart umfangreiches Experiment wie die Verkostung von 45 verschiedenen Nudelsaucen stellt jeden Produktentwickler vor ein ganz anderes und meist großes Problem. Wie genau soll man die 45 verschiedenen Saucen testen? Das lässt sich überhaupt nicht mit einem Kaffeetest vergleichen, bei dem der Kaffee einfach mit verschiedenen Kaffeemaschinen zubereitet wird - so wie die Entwickler von Maxwell House es taten. Und es lässt sich auch nicht mit einem Essiggurkentest vergleichen, bei dem man einfach ein Glas aufschraubt, eine Gurke in vier längliche Scheiben schneidet und jeder Testperson eine Scheibe zum Probieren reicht. Nudelsaucen müssen schnell zubereitet und vor allem frisch (in ungefähr zwei bis drei Minuten) über heiße Nudeln gegossen und einer wartenden Testperson serviert werden. Stellen Sie sich die Testsituation folgendermaßen vor: drei Herde mit jeweils vier Kochfeldern, auf denen jeweils fünf der 45 Nudelsaucen gleichzeitig zubereitet werden. Anschließend werden den wartenden Testpersonen alle fünf Saucen gleichzeitig gereicht; diese Prozedur wiederholt sich insgesamt neun Mal.[39] Schließlich war der Test, der in verschiedenen Städten und mit unterschiedlichen Anweisungen für die Zubereitung durchgeführt wurde, beendet, und Campbell's verfügte über Daten von mehr als 300 Teilnehmern.

Bei jedem RDE-Projekt halten alle Beteiligten den Atem an, bis die Ergebnisse feststehen. Wird das Produkt gut abschneiden? Befindet sich unter den Nudelsaucen-Prototypen vielleicht ein neuer Verkaufsschlager? Im Falle von Prego war die Story beeindruckender, als irgendjemand für möglich gehalten hätte. Die Nudelsaucen waren unterschiedlich – so weit so gut –, wobei einige besser abschnitten als andere. Das aufregendste Ergebnis war jedoch, dass es *drei eindeutige Segmente an Nudelsaucenkonsumenten* gab, wobei sich jedes Segment von einer Sauce überzeugen ließ, die 65 oder mehr Punkte auf der 100-Punkte-Skala erreichte. Das waren ausgezeichnete Nachrichten; dieselbe Art Erfolgsnachrichten, die auf Maxwell House und Vlasic gewartet hatten. Aber das war noch längst nicht alles. Auf die Frage, was sie von einer neuen Nudelsauce erwarteten, antworteten viele Testteilnehmer: neue Zutaten.

Um es kurz zu machen: Der Rest ist Geschichte. Prego brachte nicht nur eine Sauce, sondern *eine ganze Produktlinie an Nudelsaucen* auf den Markt, darunter eine traditionelle Variante, eine pikante Variante für alle diejenigen, die einen intensiven Geschmack bevorzugen, und eine dritte mit einer stückigeren Konsistenz. Die unterschiedlichen Verbrauchersegmente stellten auch unterschiedliche Anforderungen an eine Nudelsauce. Und alle drei waren bereit für neue Saucenvarianten. Von allen drei Segmenten war das letzte am wichtigsten. Warum? Weil es damals keine stückigen Nudelsaucen gab. *Die meisten Menschen wussten nicht einmal, dass sie stückige Nudelsaucen bevorzugten, bevor sie sie probiert hatten!*

In den folgenden Jahren wendeten das Management und die Produktentwickler von Prego das RDE-Modell immer wieder an, um sich neue Saucen mit neuen Zutaten zusammenstellen zu lassen, genauso wie sich General Foods und Vlasic dank RDE weitere neue Kaffeemischungen beziehungsweise Essiggurkenrezepturen zusammenstellen ließen. Das Ganze glich dem automati-

39) Jeder Testteilnehmer probierte pro Testrunde eine Sauce (insgesamt neun von 45 Prototypen pro Testteilnehmer).

schen Anwählen verschiedener Telefonnummern, wobei RDE die „Tastenkombinationen“ lieferte. In der Tat ist das Bild des „automatischen Anwählens“ eines der herausragendsten Ergebnisse der RDE-Anwendung, weil diese Methode Regeln für die Neuproduktentwicklung liefert. Das RDE-Modell sorgte auf diese Weise für eine laufende Weiterentwicklung und für Rentabilität, während die Konsumforschung die Akzeptanz von Saucen mit immer neuen und zunehmend komplexeren Zutaten wie Pilzen, Fleisch, Gartengemüse und anderen Ingredienzien bestätigte.

Auch die Wettbewerber erkannten den Wert von Pregos RDE-gesteuerten Tests. Um eine Verdrängung zu verhindern, ahmten sie die Strategie von Prego bald nach und begannen ebenfalls Produkte zu entwickeln, die sich an die identifizierten Verbrauchersegmente richteten. In einigen Fällen griffen die Wettbewerber auf die Methode des Reverse Engineering der Prego-Produkte zurück, so dass sie ebenfalls von der boomenden Produktkategorie profitieren konnten. Inzwischen ist der Markt für Nudelsaucen hart umkämpft, angetrieben von der RDE-Erfahrung, die Prego zu seinem Markterfolg verhalf. Laut der Marktforschungsgesellschaft Mintel International betrug der US-Markt für Nudelsaucen im Jahr 2004 stolze 1,6 Milliarden Dollar und soll bis 2007 um weitere 6 Prozent zunehmen.[40] Werfen Sie nur mal einen Blick auf Ragú, den ursprünglichen „Herrscher“ über die Nudelsaucen, der zusehen musste, wie Prego sein angestammtes Territorium eroberte. Durch Pregos Erfolg war Ragú gezwungen, sein Produktangebot drastisch zu erhöhen, um wettbewerbsfähig zu bleiben. Heutzutage stellt Ragú 36 verschiedene Nudelsaucen her, die unter sechs Untermarken an die diversen Verbrauchersegmente und ihre Geschmackspräferenzen vertrieben werden. Zu der schwindelerregenden Vielfalt gehören Old World Style, Chunky Garden Style, Robusto, Light, Cheese Creations und Rich & Meaty, was bedeutet, dass es beinahe für jeden US-Konsumenten eine optimale Nudelsauce gibt.

Der Sektor, der 15 bis 20 Jahre zuvor nur wenig Auswahlmöglichkeiten bot, hat sich zu einer eigenen boomenden Branche entwickelt. Angesichts einer wachsenden Zahl an Saucenvarianten, die um einen Regalplatz kämpfen, erleben Einzelhändler mit Hinblick auf Regalflächen und den Absatz von Nudelsaucen eine signifikante Expansion. „Wir haben allein 19,5 Meter Regallänge den Spezialnudelsaucen gewidmet – doppelt so viel wie letztes Jahr“, sagt Joe D'Alessandro, Geschäftsführer von Verducci's Food Market in Ringoes, New Jersey. „Es gibt inzwischen eine riesige Auswahl an qualitativ hochwertigen Spezialsaucen. Die Kunden probieren alle möglichen Varianten und kaufen

40) Mintel Reports, „USA, Food and Foodservice: Pasta Sauces“, April 2005.

mehr als vorher." Der Supermarkt Turco's in Hartsdale, New York, bietet mehr als 20 Nudelsaucenmarken, inklusive seiner eigenen Handelsmarke. Bei einem Preis von 5,99 Dollar für ein großes Glas verkaufen sich pro Woche etwa 18,9 Hektoliter frischer Saucen![41]

Probieren geht über Studieren – oder aber über das Marketing. Wer heute durch den Gang eines US-Supermarkts geht, findet dort zig Dutzend verschiedener Nudelsaucen, von denen viele unter Verwendung der ersten, zweiten und dritten Generation an RDE-Daten entwickelt wurden. Viele Saucen sind lecker, einige sind köstlich, und wieder andere repräsentieren die Zukunftsvisionen dieses Segments und lassen einen über neue Varianten nachdenken, wie zum Beispiel Nudelsaucen mit Meeresfrüchten – undenkbar zu einer Zeit, als die Kategorie noch jung und Prego der Pionier auf diesem neuen Terrain war.

Und warum ist das so wichtig? Malcom Gladwell, der in seiner Rede anlässlich der in Kapitel 2 erwähnten TED-Konferenz im kalifornischen Monterrey im Jahr 2004 über RDE-bezogene Themen sprach, beantwortete diese Frage folgendermaßen:

> „Es ist in der Tat enorm wichtig ... Howard [Moskowitz] hat die Art und Weise, wie die Nahrungsmittelindustrie darüber nachdenkt, wie sie ihre Kunden glücklich machen kann, grundlegend verändert. Die Annahme Nummer eins in der Nahrungsmittelindustrie lautete bis dahin, dass man den Konsumenten fragen müsse, was ihn glücklich macht, um herauszufinden, was er essen möchte. Jahrelang setzten Ragú und Prego Fokusgruppen ein ... Und in all den Jahren ... sagte kein Teilnehmer der Fokusgruppen, dass er eine besonders stückige Nudelsauce wollte. Und zwar, obwohl sich das mindestens ein Drittel der Konsumenten tief in ihrem Herzen wünschten. *Die Menschen wissen nicht, was sie wollen.*"[42]

Wie sah das Ergebnis dieser Geschichte aus? Im folgenden Jahrzehnt erwies sich die neue Produktkategorie für Prego als *viele hundert Millionen Dollar* wert. Monica Wood, die damals für die Marktforschung von Campbell's verantwortlich war, erinnert sich: „Hier hatten wir dieses dritte Verbrauchersegment – Menschen, die Nudelsaucen mit vielen Zutaten und Stücken mögen – und es war völlig unerschlossen. In der Zeit von 1989 bis 1990 brachten wir Prego „ex-

41) Nicole Potenza Denis, „Pasta Sauce goes American", *Specialty Food Magazine*, Nov/Dez 2004: 44-48, www.specialtyfood.com.
42) Malcolm Gladwell, „What every business can learn from spaghetti sauce." TED-Konferenz 2004, Februar 2004, Monterey, CA, www.ted.com.

tra-chunky“ mit extra vielen Stücken auf den Markt. Diese Variante war ein Riesenerfolg.“[43]

Was bewirkte die RDE-Methode, und wie wurden diese Ergebnisse erzielt?

Inzwischen sollte klar geworden sein, dass RDE mehr ist als eine nachmittägliche Wohlfühlveranstaltung in einem Büro für Unternehmenstherapie, in dem die Teilnehmer ihre geschäftlichen Zwänge und Ketten abstreifen und eine neue, kreative Haltung entwickeln. Was würde ein Außenstehender über das RDE-Verfahren sagen? Es gibt keine magischen Zauberformeln und keine Aha-Effekte. Vielmehr erinnert das RDE-Verfahren an die anstrengende Vorbereitung auf ein Examen oder – vielleicht noch treffender – das intensive, konzentrierte Training eines Athleten zur Vorbereitung auf einen großen, langen und anstrengenden Wettkampf.

Die drei Geschichten, die Sie in diesem und dem vorhergehenden Kapitel über den Kaffee von Maxwell House, die Essiggurken von Vlasic und die Nudelsauce Prego gelesen haben, sind nicht das Ergebnis der Vision eines einzelkämpferischen Topmanagers über Kaffee, Gurken und Nudelsaucen, die wie von Zauberhand ihren Weg vom Regal in die Einkaufskörbe, Haushalte und hoffentlich in die Herzen der Konsumenten finden. Diese drei Produkte entstanden aufgrund eines gewissen Unbehagens ihrer Hersteller und deren Experimentierbereitschaft. Eine ganz normale Bewertung des jeweiligen Produkts ergab auf ganz normale Weise, dass das Produkt nicht so gut war, wie alle dachten. Kein Magier tauchte plötzlich auf und zauberte neue Produkte aus dem Hut. Es gab keinen Punkt null und keinen „großen Knall“, mit dem sich alles für immer veränderte, weil ein neuer Kaffee, neue Essiggurken und neue Nudelsaucen auf den Markt kamen. Vielmehr veränderten sich die Verbraucher. Das geschieht ständig. Die Menschen haben irgendwann keine Lust mehr, das zu kaufen, was sie immer gekauft haben. In einer Ökonomie der Wahlmöglichkeiten, in der Dutzende von Herstellern darauf warten, ihre Produkte an wechselfreudige Kunden zu verkaufen, geschieht das Unvermeidliche. Die Verbraucher entscheiden sich für andere Kaffees, Essiggurken und Nudelsaucen, und ihre Geschmackspräferenzen verändern sich ganz einfach.

Und was konnte RDE dabei leisten? Wir können keinen Beweis für massive Veränderungen in Unternehmen entdecken. Es gab kein groß angelegtes Ge-

43) Aus Malcolm Gladwells Beitrag „The Ketchup Conundrum“, siehe Anmerkung 6.

heimprojekt für Essiggurken, keine wirklich umwälzenden Anstrengungen zur Entwicklung eines neuen Kaffees oder einer neuen Nudelsauce. Ganz im Gegenteil – es war „business as usual". Der einzige Unterschied bestand darin, dass die Beteiligten diesmal beschlossen, *das Problem zu lösen, indem sie die Funktionsweise ihres Produkts näher kennen lernten, auf Basis eines Experimentaldesigns eine Vielzahl an Prototypen herstellten, die ein breites Spektrum an Alternativen abdeckten, umfangreiche Experimente durchführten und versuchten, daraus zu lernen und ihre Strategie an die neu gewonnenen Erkenntnisse anzupassen.* In der Quintessenz war das RDE- Verfahren ein geordneter, einfacher Vorgang, der auf disziplinierte Weise entworfen, durchgeführt und datentechnisch analysiert wurde. Richtig spannend wurde das Ganze erst, als sich die erhobenen Daten in Durchschnittswerte und anschließend in Ergebnisse verschiedener Verbrauchergruppen mit unterschiedlichen sensorischen Präferenzen und zum Schluss in Gleichungen verwandelten. Der spannendste Moment am Ende des Verfahrens entsprang der Fähigkeit des jeweiligen Unternehmens, mit Hilfe des RDE-basierten Modells – vergleichbar einer Telefontastatur – eine neue Produktkombination „anzuwählen" und sie einem jungen Produktentwickler oder Markenmanager mit nicht mehr als zwei oder drei Jahren Berufserfahrung zu überantworten – der Juniorgarde der Produkthüter, die ihre ersten Erfahrungen mit den greifbaren Ergebnissen des Experimentierens machten. Und was für Ergebnisse das in den Folgejahren sein sollten!

Praktische Hinweise und Lernerfahrungen für Unternehmen

Keine geschäftliche Erfolgsstory ohne Schlusswort, ohne ein paar weise Sätze nach eingehender Reflexion. Was lässt sich hier sagen? Dass der Prozess *ach, was soll's, eben einfach* war? Dass es sich dabei lediglich um wissenschaftliche Vorgänge handelte, die auf die Nahrungsmittelbranche angewendet wurden? Dass wir unseren Erfolg unseren Müttern verdanken? Nicht wirklich. Wenn wir sagen müssten, was wir gelernt haben, dann wäre das Folgendes: Man sollte keine vorschnellen Urteile fällen, das Budget nicht überziehen und die Idee des Experimentierens um Himmels willen nicht einfach begraben, nur weil sie so riskant erscheint. Folgen Sie stattdessen der wissenschaftlichen Methode, und versuchen Sie, mit zahlreichen Alternativen zu experimentieren – je größer die Anzahl der Alternativen, desto besser. Das ist überhaupt nicht riskant. Sicher, es wurden Stunden mit der Zubereitung von Kaffee, Essiggurken und Nudelsaucen verbracht, die zu einigen schauderhaft schmeckenden Produkten führten, aber die Unternehmen waren dem richtigen Muster auf der Spur, dem Leitfaden, der ihnen ermöglichte, wirklich Erfolg versprechende neue

Produkte zu entwickeln. Wenn sie etwas gelernt haben, dann dies: Je mehr vorschnelle Urteile sie fällten, desto weniger wussten sie.

Die wichtigste Lernerfahrung ist vielleicht „NOLF" - No One Lives Forever - alles ist vergänglich. Die Entwicklung einiger schlechter Produkte im Verlauf des Experimentierens wird weder die Unternehmensbilanz ruinieren noch den Produktentwickler oder Marketingexperten für den Rest seines Lebens verfolgen. IDEO, eines der innovativsten Unternehmen der USA, pflegt folgende Devise: „Produzieren Sie viele Misserfolge, um früher erfolgreich zu sein."[44] Misserfolg ist die Kehrseite des Experimentierens und des Muts zum Risiko. Wer keine Risiken eingeht, wird wahrscheinlich nie erfolgreich sein. Charles Schwab scheiterte zum Beispiel mehrmals, bevor er seine Erfolgsformel für e-Schwab entdeckte. Die ganze Unternehmensgeschichte von Charles Schwab ist eine Serie an Risiken, Misserfolgen, Korrekturen, Neuversuchen - und großen Erfolgen. Nach so vielen Fehlversuchen prägte Schwab höchstpersönlich den Begriff des „vornehmen Misserfolgs", der dafür sorgte, dass sich das Unternehmen stets an der Spitze der Entwicklungen hielt und die Messlatte immer höher legte. Das Konzept, eine Vielzahl von Prototypen zu testen, hilft bei der Eliminierung der mentalen Barriere, die nichts anderes ist, als die Angst davor, Fehler zu machen. Die meisten Prototypen *müssen* die Grenzen der Akzeptanz ausloten (und überschreiten), um den „Sweetspot" der Kundenpräferenz zu finden!

Die Lernerfahrung, mit der die Unternehmen vielleicht am wenigsten gerechnet hatten, war die Tatsache, dass die Entwicklung neuer Produkte großen Spaß machen konnte. Nichts war spannender, als die spürbare Aufregung, wenn die Unternehmen feststellten, dass sie sich dank der RDE-Produktregeln auf der Zielgeraden befanden. Die beeindruckende Regelmäßigkeit der Natur, die Tatsache, dass sich mit diesem disziplinierten und scheinbar so rigiden und wissenschaftlichen Prozess herausragende Produkte entwickeln lassen, war Teil der Magie, die in jenen Tagen zu spüren war. Diese Art der Magie begleitet die Teilnehmer des RDE-Verfahrens ein Leben lang und gehört oft zu den Ereignissen, an die sie sich gerne erinnern - und natürlich ist sie Thema zahlreicher ausgeklügelter Storys über erfolgreiche Unternehmensgefechte.

44) Tom Kelley, *The Art of Innovation: Lessons in Creativity from IDEO, America's Leading Design Firm* (NY: Currency, 2001).

Ein Kommentar aus der Blogosphäre: Was haben Spaghettisaucen mit dem iPod gemeinsam?

Eugene Wallingford sieht aus wie ein typischer Professor, selbst auf dem Bild, das die Vorderseite der Frühstücksflockenschachtel „Wheaties Cereal" ziert, die auf seiner Website abgebildet ist („Nach dem Chicago-Marathon wurden wir neben dieser riesigen Schachtel Frühstücksflocken fotografiert", sagte er Alex Gofman mit sanfter, aber energischer Stimme, als Alex ihn in seinem Büro anrief.) Wallingford ist außerordentlicher Professor und Leiter des Fachbereichs Computerwissenschaft an der University of Northern Iowa sowie ein begeisterter Marathonläufer. Um nicht mit einem sportwissenschaftlichen Trainer verwechselt zu werden (was ohnehin fast unmöglich ist), hat Wallingford auf seiner Website neben seinem eigenen Foto das Bild des Denkers von Rodin platziert. Wallingford ist ein leidenschaftlicher Verfechter des Extreme Programming (XP, eine der effektivsten, aber eher inspirierenden und *experimentellen* Programmierungsarten im Gegensatz zur exakt geplanten, bürokratischeren und meist – zumindest außerhalb von Bangalore – teureren und wesentlich langsameren Softwareprogrammierung.)

Eines Tages, als Wallingford auf den Beginn eines Basketballspiels wartete, schrieb er ein Blog, das unsere Aufmerksamkeit weckte. In dem Blog mit dem Titel „Was haben ein iPod und Spaghettisauce gemeinsam?"[45], analysierte er Malcolm Gladwells zuvor erwähnten Artikel „The Ketchup Conundrum" sowie Paul Grahams Aufsatz *Made in USA*[46], den Graham für die japanische Ausgabe seines Buches *Hackers & Painters*[47] verfasst hatte. In diesem Buch versucht Graham zu erklären, warum die US-Amerikaner einige Dinge gut, andere hingegen ziemlich schlecht machen. In seinem Blog schrieb Wallingford, er sei „überrascht, in beiden Beiträgen auf dieselbe Grundidee zu stoßen, wenn auch in unterschiedlicher Form: Ein gutes Design erfüllt die Bedürfnisse der Verbraucher, von deren Existenz diese selbst nichts wussten."

45) Wallingford, Eugene, „What Does the iPod have in Common with Prego Spaghetti Sauce?" Blog: 22. November 2004 (http://www.cs.uni.edu/~wallingf/blog/archives/monthly/2004-11.html#e2004-11-22T09_45_54.htm).

46) Paul Graham, „Made in USA", November 2004, www.paulgraham.com/usa.html.

47) Paul Graham, *Hackers & Painters: Big Ideas from the Computer Age* (Sebastopol, CA: O'Reilly Media, 2004).

Die erste Methode zur Entwicklung eines großartigen Designs ist Steve Jobs iPod. Graham beschreibt, wie er sich fühlte, nachdem er einen iPod gekauft hatte (die kursive Hervorhebung stammt von den Autoren):

„Ich habe soeben einen iPod gekauft, und dieses Gerät ist nicht einfach nur gut. Es ist überraschend gut. Denn um mich zufrieden zu stellen, muss ein Produkt *Erwartungen erfüllen, von denen ich selbst nicht wusste, dass ich sie hatte. Keine Fokusgruppe wird diese Erwartungen je entdecken. Das können nur herausragende Designer.*"

Eine andere Methode ist genau das Gegenteil von Steve Jobs Ansatz, einen genialen Designer neue Standards setzen zu lassen und ein Produkt zu entwerfen, das bisher unentdeckte Bedürfnisse erfüllt. Die Optimierungsmethode von Prego folgt laut Wallingford eher der philosophischen Tradition von *Art & Fear*[48], eine ganze Bandbreite an Alternativen herzustellen und zu testen. Viele davon werden nie den Weg in die Regale der Supermärkte finden, aber die vielen Alternativen erhöhen die Wahrscheinlichkeit, dass sich darunter ein neuer Produktstar befindet.

Das Beispiel von Prego birgt aber noch einen weiteren versteckten potenziellen Nutzen des RDE-Ansatzes, so Wallingford. *Durch die Entwicklung vieler verschiedener Prototypen überwinden die Designer die Angst vor der Kreation, insbesondere von Produkten und Varianten, die sich von dem bestehenden Angebot unterscheiden. Durch das Experimentieren mit einer Vielzahl an Optionen beginnen sie darüber hinaus ein Gefühl dafür zu entwickeln, was sich bewähren könnte und was nicht.*

Graham versucht zu verstehen, warum die USA gut im Design bestimmter Dinge - wie zum Beispiel Software - sind, und schlecht im Design anderer Dinge, wie zum Beispiel Autos. Seine Diagnose des Autoproblems: Anstatt sich auf ein Gefühl für gutes Design zu verlassen, verlassen sich US-amerikanische Automobilhersteller bei der Bestimmung und Erfüllung von Kundenbedürfnissen auf die Informationen, die sie von Fokusgruppen erhalten.

48) David Bayles und Ted Orland, *Art & Fear* (Eugene, OR: Image Continuum Press, 2001).

Und warum sind die USA gut im Design von anderen Produkten wie zum Beispiel Software? Die Amerikaner sind tempogetrieben, fährt Graham fort. Und manche Produkte sind besser, wenn sie schnell entwickelt werden und nicht zu viel Zeit darauf verwendet wird, sie „perfekt" zu machen.

„Wenn man langsam und akribisch vorgeht, endet das in einer perfekten Umsetzung der ursprünglichen unausgegorenen Idee. Eine langsame, akribische Entwicklung ist letztlich eine voreilige Optimierung. Es ist viel besser, schnell einen Prototyp herzustellen und zu sehen, welche neuen Ideen man daraus gewinnt."[49]

Graham: „Führen Sie viele Experimente durch, machen Sie sie schnell und mit dem Ziel, daraus zu lernen."

***

Eine der zentralen Lektionen aus den in diesem und dem vorhergehenden Kapitel zitierten Beispielen lautet, dass *die meisten Menschen nicht wussten, dass sie ein bestimmtes Produkt mögen, bevor sie es getestet haben.* Allison-die-Entrepreneurin lernte das aus der Erfahrung ihres Buchhelden und freute sich, dass sie eine wissenschaftliche Bestätigung dafür erhielt. Welche weiteren Erkenntnisse bot dieses Kapitel ihr noch auf der Suche nach einer Verkaufsförderung für ihr geliebtes neues Produkt? Allison hat weder die Mittel, eine umfangreiche zeit- und kostenintensive qualitative Marktforschung zu betreiben, noch glaubte sie, dass sich ihr Nischengeschäft Experimente nach dem Zufallsprinzip oder ein paar Fokusgruppen leisten kann. Was würde geschehen, wenn sich ihre Idee als falsch herausstellen sollte und sie nach monatelanger Arbeit und der Investition eines kleinen Vermögens (das sie noch gar nicht hatte) eine „optimale" Version eines unverkäuflichen Produkts – also die beste Umsetzung einer schlechten Idee – entwickelt hätte?

Um ihre Erfolgsaussichten zu verbessern, sollte Allison eine breite Serie an Prototypen des angestrebten Produkts herstellen, die über unterschiedliche Merkmale verfügen. Und sie sollte keine Angst davor haben, die ganze Bandbreite dieser Eigenschaften auszuschöpfen. So könnte sie die ganze Farbpalette von zartem Hellblau bis zu ganz dunklem Tiefblau durchspielen und (einem einfachen Experimentaldesign folgend) verschiedene Muster kombinie-

49) Paul Graham, „Made in USA", siehe Anmerkung 15.

ren. Eine relativ einfach Analyse würde zum Schluss die Kombination herausfiltern, die den Testverbrauchern am meisten zusagt. Mit Hilfe der RDE-Methode könnte Allison zum Beispiel auch herausfinden, dass sich das neue Produkt mit einem weitaus geringeren Aufwand und vielleicht sogar höheren Gewinnspannen verkaufen lässt.

Kapitel 4

Wie es Ihnen gelingt, Kunden ein gutes Gefühl zu geben, selbst wenn sie mehr bezahlen

Aus einer Pressemitteilung der Alfa-Bank (Moskau, 19. September 2006):

> Die Alfa-Bank und das Aeroflot-Programm gewinnen die Auszeichnung MasterCard 2006 European Co-Brand Partners of the Year Award – Moskau, Russland.
>
> MasterCard Europa gab die Gewinner des 2006 European Co-Brand Partners of the Year Award bekannt. Das Programm Aeroflot-MasterCard-Alfa-Bank wurde als „beste Produkteinführung des Jahres 2005/2006“ ausgezeichnet.[50]

Wenn eine Bank eine neue Kreditkarte herausgibt, wird sie weder lauthals das Ziel verkünden, aus der Karte den größten Erfolg aller Zeiten zu machen, noch wird sie alle Details der Kreditkarte in einer Pressemitteilung preisgeben. Das Geschäftsziel lautet, die Karte *erfolgreich* zu machen. Alles Übrige ergibt sich aus den Gewinnen, die diese Karte generiert.

---

50) Pressemitteilung der Alfa-Bank, „Alfa-Bank and Aeroflot Programm Win the MasterCard 2006 European Co-Brand Partners of the Year Award“, Moskau, 19. September 2006.

Der Kreditkartenmarkt ist riesig und nimmt angesichts des stetigen Wachstums der neuen Mittelschicht in Asien und anderen Schwellenländern jeden Tag weiter zu. Die US-Amerikaner stehen bei Kreditkartenunternehmen pro Monat durchschnittlich mit 800 Milliarden Dollar[51] in der Kreide – das ist mehr als das Bruttoinlandsprodukt von Australien.[52] Die Amerikaner sind jedoch nicht die Einzigen. Die Briten schulden ihren Kreditkartenunternehmen 97 Milliarden Dollar (fast so viel wie das Bruttoinlandsprodukt von Neuseeland) und die Australier 19 Milliarden Dollar (das entspricht dem Bruttoinlandsprodukt von Panama). Auf Basis der Bevölkerungszahlen von 2004 kann man sagen, dass auf jeden US-Amerikaner 2.311 Dollar, jeden Briten 1.616 Dollar und jeden Australier 950 Dollar Kreditkartenschulden kommen – Männer, Frauen und Kinder eingerechnet.[53]

Der Wettbewerb um Kreditkartenkunden ist erbittert. Wie können Sie einer neuen Karte zum Erfolg verhelfen? Was sagen Sie einem potenziellen Neukunden, um ihn dazu zu bewegen, die neue Karte zu beantragen? Welche Anreize bieten Sie in einer Kategorie, die zu einem austauschbaren Standardprodukt geworden ist und angesichts der zahlreichen Banken, die ständig neue Kreditkarten und Werbekampagnen entwickeln? Die meisten Bemühungen sind letztlich zum Scheitern verurteilt.

Szenenwechsel. Wenn Sie statt Kreditkarten Schmuck verkaufen, wie finden Sie heraus, womit Sie die Herzen Ihrer potenziellen Kunden erobern können, so dass Ihr Mailing Kauflust weckt? In diesem Kapitel untersuchen wir zwei dieser Kommunikationsprobleme, die mit Hilfe von RDE gelöst werden konnten und zu einigen glücklichen und überraschenden Ergebnissen führten. Die RDE-Methode spornte sowohl MasterCard als auch Kay Jewelers dazu an, ihre notwendige Fleißarbeit zu machen, die sie bisher zu tun versäumt hatten. Daraufhin stellten sich innerhalb weniger Wochen sehr schöne, greifbare Resultate ein.

Wie Sie aus den Beispielen aus der gastronomischen Welt in Kapitel 2 („Das Kaffeeprojekt von Maxwell House“) und Kapitel 3 („Köstliche Neukreationen zu entwickeln ist so einfach wie das Tippen eines Zahlencodes: Wichtige Erkenntnisse aus den Projekten Vlasic und Prego“) ersehen konnten, ist RDE keine Zauberkunst, sondern vielmehr eine disziplinierte Methode, um die Produktentwicklung so zu strukturieren, dass ihr Erfolg gewährleistet ist, vor allem

51) Quelle: www.cardweb.com
52) Quelle: www.cia.gov
53) Quelle: www.cardweb.com

wenn die Kunden sich nicht einmal darüber bewusst sind, dass sie die neuen Produkte brauchen und wollen. Die Disziplin, zahlreiche Prototypen (entweder als echte Produkte oder als Konzepte) herzustellen, wie sie das Experimentaldesign jeweils vorschreibt, diese in einem breit angelegten Verbrauchertest bewerten zu lassen, auf Basis der Bewertungsmuster verschiedene Kundengruppen zu identifizieren (Segmentierung) und schließlich Regeln aufzustellen, die zur Entwicklung eines erfolgreichen Produkts führen, lässt sich auch auf die Optimierung einer ganzen Bandbreite an Botschaften (Wertangebote) aus den unterschiedlichsten Konsumbranchen anwenden.

Kreditkarten in Hongkong: Wie es HSBC gelang, das richtige Wertangebot zu entwickeln

Kreditkarten tauchen nicht einfach aus dem Nichts auf. Üblicherweise sind sie das Ergebnis von Abkommen zwischen einem Kreditkartenunternehmen wie MasterCard und verschiedenen Banken.

In den frühen Abendstunden eines kalten Novembertages versammelte sich vor einigen Jahren das Co-Branding-Team des Kreditkartengiganten MasterCard, Inc., der 2006 an die Börse ging, unter der damaligen Leitung von Robert Wesley, unterstützt von Mava Haffler, im Erdgeschoss des Firmengebäudes. Beide Führungskräfte waren Marketingveteranen, und ihre Aufgabe lautete, ein Abkommen zwischen MasterCard und der Hong Kong Shanghai Bank (HSBC) herbeizuführen.

Das Abkommen, mit dem sich MasterCard beschäftigte, beinhaltete die Herausgabe einer gemeinschaftlich vermarkteten Co-Branding-Kreditkarte beziehungsweise einer so genannten Affinity Card, die mit der bevorstehenden Fußballweltmeisterschaft verknüpft war und sich mit bestimmten Zusatzleistungen versehen vornehmlich an alle Fußballinteressierten wenden sollte. MasterCard sucht stets nach themenbasierten Chancen für die Entwicklung einer neuen Kreditkarte. Diese auf Fußballfans abzielende Affinity Card war nur eine aus einer ganzen Reihe von Kreditkarten, die in diesem Jahr auf den Markt gebracht werden sollten. Die Hongkong-Story ist jedoch von besonderem Interesse, weil MasterCard großen Nutzen aus der Anwendung der RDE-Methode ziehen konnte, die dem Unternehmen ein Vielfaches der zu Projektbeginn erwarteten Kreditkartenanträge einbrachte.

Die Kombination der Ideenphase mit der RDE-Methode zur Entwicklung eines überzeugenden Wertangebots an HSBC

Angesichts des Zeitrahmens von zwei Wochen war klar, dass das MasterCard-Team, das für die Ausarbeitung des Wertangebots verantwortlich war, sehr schnell handeln musste. Es reichte nicht aus, mit Fokusgruppen in Hongkong zu sprechen, am Montag und Dienstag ein paar Verbraucher zu befragen und bis Freitag eine entsprechende Kreditkarte zu planen. Bisher war man diesem Standardvorgehen gefolgt, das allerdings nie zu bahnbrechenden Ergebnissen geführt hatte.

Es ist wahrscheinlich keine große Überraschung, dass MasterCard für die Entwicklung der neuen Affinity Card zur RDE-Methode griff. Was uns hier interessiert, ist das *Wie* dieser Vorgehensweise, da das RDE-Verfahren anschließend als Blaupause für zahlreiche weitere erfolgreiche Projekte diente. Lassen Sie uns die einzelnen Schritte nachvollziehen, um zu sehen, wie die Bank die RDE-Methode in einem heiß umkämpften Markt und einer nervenaufreibenden Situation einsetzte, die nach einer schnellen, soliden und ergebnisorientierten Denkweise und Entwicklung eines Wertangebots verlangte.

Schritt 1:
Ideengenerierung – das Problem identifizieren, Ideen sammeln und bearbeiten und die überarbeiteten Ideen in Silos anordnen[54]

Die RDE-Methode zwingt zu intensivem Nachdenken. In der Quintessenz brachte sie MasterCard und HSBC dazu, festzulegen, was sie anbieten und wie sie ihr Wertangebot kommunizieren konnten, und zwang sie dann, diese Ideen in „Silos" anzuordnen. Tabelle 4.1 zeigt die grundlegende Anordnung der Silos für Kreditkarten sowie überzeugende und nicht überzeugende Elemente. Mit RDE lassen sich eine Menge aussagekräftiger Daten generieren. Sie vermitteln uns ein Gefühl für die Bandbreite an Ideen, die mit Hilfe von RDE getestet wurden – Ideen zu Strategie und Durchführung, grundlegende Ideen sowie Methoden zur Vermittlung dieser Ideen.

Vergessen Sie nicht das typische Merkmal einer RDE-Studie: Mit der zunehmenden Zahl an Elementen, die MasterCard testete, wuchs auch die Wahrscheinlichkeit, dass die Ergebnisse zu einer Kreditkarte führten, die von der anvisierten Zielgruppe wirklich angenommen werden würde. Die Herausgabe

54) Gruppen ähnlicher Ideen (*Elemente* oder *Botschaften)* wie Zinssätze oder Logos. Diese Gruppen werden auch *Silos* oder *Kategorien* genannt.

Code	Botschaft/Bildmaterial (Visual)	Nutzen (Wirkung)
	Additionskonstante (Maßeinheit des grundsätzlichen Interesses)	14
Bildmaterial		
BM7	Banklogo, Logo der Fußballweltmeisterschaft, weißer Fußball	**6**
BM12	Bild von Pelé	4
Testimonial		
TS2	Von Pelé beworben	4
TS3	Von Au Wai Lan beworben	-3
Dauernutzen		
DN5	Karteninhaber können Punkte für Gratis-Telefonkarten sammeln	**8**
DN10	Karteninhaber erhalten einen Rabatt auf das Abonnement einer Sportzeitschrift	-1
Emotionale Nutzen		
EM4	Mit jedem Karteneinsatz zeigt der Karteninhaber seine Unterstützung der Fußballweltmeisterschaft und erhält ein Geschenk.	**6**
EM5	Mit jedem Karteneinsatz zeigt der Karteninhaber seine Unterstützung der Fußballweltmeisterschaft und leistet eine Spende an ein lokales Jugendsportprogramm.	3
Allgemeine Nutzen		
AN9	Bonuspunkteprogramm – der Karteninhaber kann Bonuspunkte sammeln und damit seine Jahresgebühr senken, sie für Reiseermäßigungen einsetzen/in Flugmeilen, Bargeld oder Produkte tauschen.	**13**
AN5	Versicherung gegen Verlust, Diebstahl oder Beschädigung bis zu 30.000 Hongkong-Dollar (HKD) innerhalb von 30 Tagen nach Kauf	**11**
AN6	Spezielle Rabatte bei Hertz	-2
Kartenname		
KN8	„Sports Fan Privilege Card"	3
KN2	„98 World Cup Commemorative Card	3
Anwendung		
AW4	Mit der Beantragung der Kreditkarte erhält der Antragsteller eine Armbanduhr zum Andenken an die Fußballweltmeisterschaft	**13**
AW7	Mit der Beantragung der Kreditkarte erhält der Antragsteller einen Bargeld-Restaurantgutschein über 20 Hongkong-Dollar (HKD)	*-6*
Akquisition		
AQ17	Teilnahme an einer Tombola – 25 Gewinner erhalten einen All-inclusive-Trip für zwei Personen nach Frankreich zu einem Erst- oder Zweitrundenspiel der Fußballweltmeisterschaft	**13**
AQ18	Teilnahme an einer Tombola – 5 Gewinner erhalten einen All-inclusive-Trip für zwei Personen nach Frankreich zum Eröffnungsspiel der Fußballweltmeisterschaft	**12**

Tabelle 4.1 *Testergebnisse einiger überzeugender (hoher Nutzen, in fettgedruckter Schrift), nicht überzeugender (hohe Ablehnung, in kursiv gedruckter Schrift) und neutraler (normale Schrift) Elemente der HSBC-Kreditkarte. Die Spalte „Nutzen" gibt die Prozentzahl der Testteilnehmer wieder, die ihre Bewertung von „nicht an der Karte interessiert" zu „an der Karte interessiert" veränderten, wenn dieses Element verwendet wurde. Die Additionskonstante ist die grundsätzliche Prozentzahl an Verbrauchern, die ohne weitere Kommunikation an der Kreditkarte Interesse haben.*

Abbildung 4.1 *Drei repräsentative grafische Entwürfe, die im Rahmen der RDE-Studie verwendet wurden*

einer neuen Kreditkarte auf Basis von Tests einiger weniger Kartenoptionen ist dagegen keine gute Idee. Wenn das Wertangebot nicht überzeugt, wenn die grafische Kartengestaltung nicht ankommt und den Ideen die Zugkraft fehlt, werden die Verbraucher die Karte links liegen lassen. Als Erstes muss das Unternehmen also seine Hausaufgaben machen. Das ist zwar nicht sehr beliebt, üblicherweise aber sehr produktiv und immer erfolgsentscheidend.

Eine der zentralen Aufgaben, die MasterCard lösen musste, war die optische Gestaltung der Kreditkarte. MasterCard arbeitet mit einer Reihe von Künstlern zusammen, die sich auf Kreditkartendesign spezialisiert haben. Abbildung 4.1 zeigt die Vorschläge zur Kartengestaltung. Niemand im Entwicklungsteam hatte eine klare Vorstellung, wie wichtig der „Look" der Karte war beziehungsweise wie die Karte überhaupt aussehen sollte. Aus diesem Grund wurden 15 verschiedene Optionen mit einer mehr oder weniger komplexen Optik getestet. Sie werden sehen, dass sich diese Entwürfe als ein weiteres Set an Elementen entpuppten.

Schritt 2: Kombination der Elemente zu kurzen Testkonzepten (Mix-and-Match) und Anleitung der Testkunden zur Bewertung der verschiedenen Kombinationen

Die Idee der systematischen Erstellung vielfältiger Varianten werden wir an späterer Stelle in diesem Kapitel (siehe die folgende Zusatzinformation) und in Kapitel 5, „Erfahren Sie mehr über Ihre Wettbewerber, als diese selbst wissen – und zwar ganz legal!" (anhand des Beispiels eines Internetportals/Newsletters im interaktiven Magazinstil für Teenager – „E-Zine" genannt) noch ausführlicher untersuchen. An dieser Stelle wollen wir uns mit der Erklärung begnügen, dass es sich dabei um eine systematische Methode zur Erstellung unterschiedlicher Kombinationen an Elementen handelt, mit der MasterCard die Wirkung jedes einzelnen Elements auf das Verbraucherinteresse bestimmen kann. Prägen Sie sich einfach ein, dass *RDE die Kombinationen systematisch erstellt*. Der Schlüssel liegt in der Systematik, weil daraus die Fähigkeit resultiert, den Beitrag zu bestimmen, den jedes einzelne Element bei der Überzeugung der Kunden leistet, diese Kreditkarte zu beantragen - und zwar auf individueller Ebene.

Das spezifische RDE-Experimentaldesign beinhaltete auch die Bewerbung der verschiedenen Kartenoptionen, die den üblichen Werbemails ähnelte. Jede Werbung für eine Kartenoption beziehungsweise ein Testkonzept enthielt ein Element aus den verschiedenen Silos, in denen jeweils bis zu fünf Elemente angesiedelt waren. In der Ideenphase hatte das Entwicklungsteam acht verschiedene Silos generiert, aber das in diesem Projekt verwendete RDE-Experimentaldesign wählte jeweils drei, vier oder fünf Silos für eine bestimmte Kombination aus und verwendete jeweils ein Element aus jedem Silo.[55] Das auf statistischen Methoden basierende Experimentaldesign gewährleistete, dass die Testteilnehmer im Verlauf des Tests alle Elemente bewerteten.

Eines der unvermeidlichen Ergebnisse einer Globalisierung der RDE-Methode ist die Notwendigkeit, alle Testmaterialien in der richtigen Sprache zur Verfügung stellen zu können, damit alle Beteiligten verstehen, was sie tun. Das galt auch für das Kreditkartenprojekt. MasterCard übersetzte die Elemente für die verschiedenen Konzepte in die chinesische Sprache und ließ die chinesischen Sätze von anderen Übersetzern wieder in die englische Sprache rückübersetzen. Diese Strategie bewirkt bei jedem RDE-Projekt wahre Wunder, weil sie aufdeckt, ob die Ideen der Konzeptelemente ausreichend deutlich sind, so dass sie bei einer Übersetzung nicht verzerrt werden oder verloren gehen. Wenn die Rückübersetzung ein Kauderwelsch ergibt, dann ist das ein Alarmsignal, dass die betreffende Idee nicht deutlich genug formuliert ist.

Abbildung 4.2 zeigt ein Konzept der Fußballweltmeisterschaft-Kreditkarte, und Abbildung 4.3 zeigt ein anderes Konzept auf Chinesisch. All diese Kombinationen wurden in Hongkong während der RDE-Interviews von einem Computer erzeugt.

---

55) Um den Teilnehmern die Aufgabe zu erleichtern, begrenzt RDE die Zahl der Silos eines Konzepts. In dieser Fallstudie waren es fünf. Bei anderen Fallstudien kann die Zahl variieren (zum Beispiel drei, vier oder sechs, je nachdem, wie das RDE-Design angelegt ist).

Abbildung 4.2 *Beispiel eines Konzepts der Fußballweltmeisterschaft-Kreditkarte, das von einem Computerprogramm erstellt wurde, wobei die Konzeptelemente nach dem von RDE spezifizierten Design gemischt und miteinander kombiniert werden*

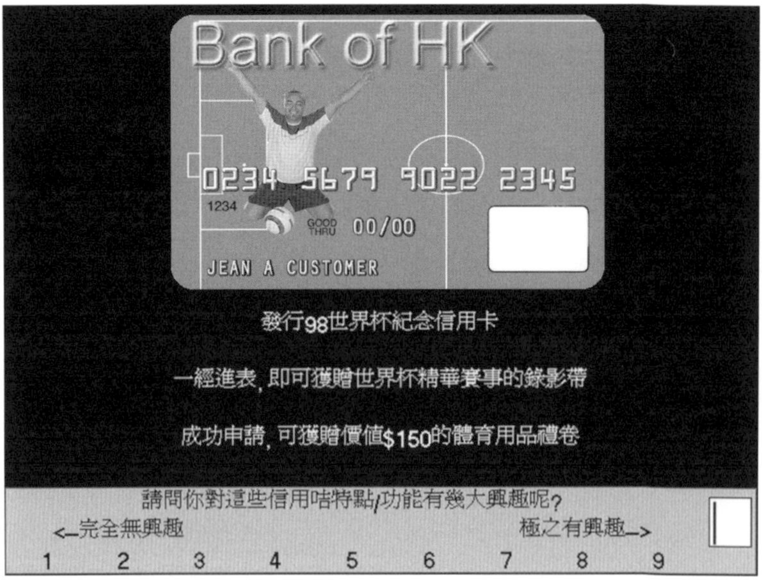

Abbildung 4.3 *Ein weiteres Beispiel der Fußballweltmeisterschaft-Kreditkarte auf Chinesisch.*

Technische Details: Zusätzliche Information für den „technisch interessierten Leser“

Anmerkung: Die folgenden Informationen zu Schritt 2 sind für diejenigen Leser gedacht, die das RDE-Verfahren besser verstehen wollen. Dieses Verständnis ist nicht zwingend notwendig, um von der herausragenden Wirkung der RDE-Methode profitieren zu können – das Verfahren wurde bereits mit einem Webtool automatisiert. Wenn Sie jedoch einige Minuten darauf verwenden wollen, werden Sie feststellen, dass das RDE-Verfahren nicht kompliziert und in gewisser Hinsicht sogar elegant ist.

Wir illustrieren den Ansatz mit einem leicht verständlichen Standardprojekt, das 36 Elemente enthält. Das spezifische Experimentaldesign umfasst sechs Silos mit jeweils sechs Elementen[56]; dabei handelt es sich um eine *festgelegte Struktur.* Jedes Mal, wenn ein Design gewählt wird (ein Design kann mehrmals auf jeden individuellen Testteilnehmer angewendet werden, je nach der Gesamtzahl aller Elemente), erstellt das RDE-Tool eine *andere Kombination*[57] *an Silos und Elementen* je Silo. Diese Grundarchitektur wird immer beibehalten, wobei jede Testperson eine andere Variante beziehungsweise Anordnung der Grundarchitektur testet.[58] Die 36 Elemente generieren 48 einzigartige[59] Kombina-

Konzeptnummer	Elemente			
1	A5	B5	D3	F6
2	A2	B5	D4	F4
3	B2	C3	E4	
4	A4	B1	E1	
5	A1	C5	D6	F3
6	A5	B1	D2	F3
7	A3	B4	C1	F6
8	A3	B3	C4	F2
9	B2	D3	E4	
10	A3	C2	D2	E1

Tabelle 4.2 *Beispiel einer Experimentaldesignstruktur aus sechs Silos (A-F) mit jeweils sechs Elementen (1-6)*

56) Es steht eine große Zahl an verschiedenen Designs zur Verfügung.
57) Und/oder in unterschiedlicher Reihenfolge.
58) C. Marketo, A. Gofman, H. R. Moskowitz, „A New Way to Estimate Interactions in Conjoint Analysis“, Konferenzberichte der 7. Sensometrics Conference, Davis, CA, 2004.
59) Bis zur statistischen Grenze. Es ist möglich, dass sich eine bestimmte Kombination an Elementen über den gesamten Teilnehmerkreis nicht wiederholt.

tionen für jeden Testteilnehmer. Tabelle 4.2 bildet die (partielle) Grundarchitektur für eine Testperson ab. Zum Beispiel bezieht sich B5 auf Element 5 aus Silo B. Leere Zellen bedeuten, dass dieses Konzept nur aus drei Elementen besteht. Wir zeigen nur die ersten zehn Zeilen dieses Designs, um Ihnen ein Gefühl für dessen Aufbau zu vermitteln.

Schritt 3: Durchführung der Studie in Hongkong und Erhebung der Verbraucherdaten

Das Gute an RDE ist, dass das Verfahren automatisch, schnell und produktiv vonstatten geht, sobald das Design ausgewählt und die Interviews vorbereitet sind. Unsere Kreditkartenstudie in Hongkong dauerte nur drei Tage und erforderte lediglich einen minimalen Aufwand; computerbasierte Interviews gewährleisteten eine einfache Umsetzung.

Schritt 4-7: Welche Erkenntnisse wurden aus dem Test gezogen, und wie sah das Ergebnis aus?

Das Ergebnis war eine neue Kreditkarte, die rechtzeitig zur Fußballweltmeisterschaft auf den Markt gebracht wurde. Innerhalb eines Monats erfüllte sie die Erwartungen, die für das gesamte erste Jahr gesetzt worden waren, wobei die Zahl der Anträge doppelt so hoch war wie geplant. Zu dieser Zeit brachten insgesamt sechs Banken verschiedene Affinity-Kreditkarten im Zusammenhang mit der Fußballweltmeisterschaft heraus. Von allen diesen Karten überlebte dank der schnellen, einfachen und kostengünstigen RDE-Technik allein die HSBC-Karte.

Lassen Sie uns nun die Lektionen aus dem Projekt und die Gründe für seinen Erfolg betrachten. Wir wollen die zentralen Erkenntnisse zusammenfassen, Regeln generieren und spezifische Empfehlungen aussprechen (die wahren Vorzüge des RDE):

1. Die Daten ließen sich schnell von zahlreichen lokalen Kreditkartennutzern – den Testpersonen – erheben. Dabei stellte sich heraus, dass nur ein Teil der Testteilnehmer HSBC-Kunden waren. Diese glückliche Erkenntnis bedeutete, dass sich mit der neu entwickelten Kreditkarte Kunden von anderen Banken abwerben und in den Kreis der zufriedenen HSBC-Kunden integrieren ließen.

2. Die Additionskonstante war mit 14 Punkten sehr niedrig. Das bedeutete, dass *die Grundidee einer Kreditkarte für diese potenzielle Kundenzielgruppe überhaupt nicht attraktiv war.* Lediglich einer von sieben Testteilnehmern (14%) glaubte, die Karte würde - ohne eine entsprechende Werbebotschaft - eine Bewertung von 7-9 (sehr an der Kreditkarte mit den aufgeführten Nutzen/Merkmalen interessiert) erhalten. *Die Botschaft musste also genau ins Schwarze treffen, oder die Karte würde ignoriert werden.* Genau das geschieht in den USA praktisch routinemäßig. Kreditkarten sind ein austauschbares Standardprodukt. Werbemailings oder Werbung für so genannte Take-one-Kreditkarten, die unabhängig von Einkommenssituation und Solvenz jedem angedient werden, werden automatisch weggeworfen, ohne dass daran ein zweiter Gedanke verschwendet wird.

3. Aus der Segmentierung ergaben sich zwei Kreditkartenmentalitäten, und mit ihnen natürlich zwei Arten motivierender Botschaften - *Shopping-orientierte Kunden* und *Lifestyle-orientierte Kunden.* HSBC konnte die richtige Kombination dieser Ideen als „Köder" für seine neue Kreditkarte verwenden. Drei dieser Segmentierungsideen locken „Shopper" und „Lifestyler" gleichermaßen an; sie sind für alle Testteilnehmer interessant (jeweiliger Gebrauchswert von 13). Diese drei Ideen empfahl RDE im Verlauf des Wertangebotszyklus als „Muss":

Bonuspunkteprogramm - der Karteninhaber kann Bonuspunkte sammeln und damit seine Jahresgebühr senken, sie für Reiseermäßigungen einsetzen/in Flugmeilen, Bargeld oder Produkte tauschen.	13
Mit der Beantragung der Kreditkarte erhält der Antragsteller eine Armbanduhr zum Andenken an die Fußballweltmeisterschaft.	13
Teilnahme an einer Tombola - 25 Gewinner erhalten einen All-inclusive-Trip für zwei Personen nach Frankreich zu einem Erst- oder Zweitrundenspiel der Fußballweltmeisterschaft.	13

4. Unsere Hongkong-Teilnehmer schienen von zwei Mentalitäten getrieben zu sein. Das erste Element, das Bonuspunkte verspricht, erfüllt den Wunsch nach einer Leistung, die man umsonst bekommt. Das zweite und dritte Element (Gedenkuhr und Reise nach Frankreich) kombiniert den Wunsch nach greifbaren Konsumartikeln mit dem Wunsch, die Fußballweltmeisterschaft live zu erleben. Wie zuvor erwähnt, kristallisierten sich diese beiden Segmente klar heraus, als MasterCard *die Testteilnehmer nach ihren bevorzugten Nutzenmustern segmentierte.* Ungefähr die Hälfte der Testteilnehmer

gehörten zum Shopping-Segment und die andere Hälfte zum Lifestyle-Segment. Ganz eindeutig fühlen sich auch die Shopper von einigen der Lifestyle-Ideen angesprochen, und umgekehrt. Daher *muss die Strategie die Kommunikation für diese zwei unterschiedlichen Segmente zusammenführen, weil die beiden Segmente nicht einander entgegengesetzt sind* (siehe Tabelle 4.3).

5. Die Segmentierung beflügelte sowohl die sofortige Einführung der neuen Kreditkarte als auch die spätere fortgesetzte Kommunikation mit den Kunden. Das schöne Ergebnis war eine Kombination an Botschaften, von denen sich beide Segmente angesprochen fühlten, und, wie die Zeit zeigte, eine überdurchschnittlich profitable Kreditkarte, die von Kunden intensiv genutzt wurde, anstatt als eine weitere lästige Karte wahrgenommen zu werden.

	Gesamt	Shopping/ Konsumartikel	Lifestyle
Additionskonstante/Grundinteresse	14	16	9
Überzeugende Elemente für das Segment der Shopping-orientierten Kunden			
Mit dem genehmigten Kartenantrag erhält der Karteninhaber ein elektrisches Haushaltsgerät im Wert von 300 Hongkong-Dollar.	11	16	7
Bonuspunkteprogramm – der Karteninhaber kann Bonuspunkte sammeln und damit seine Jahresgebühr senken, sie für Reiseermäßigungen einsetzen/in Flugmeilen, Bargeld oder Produkte tauschen.	13	16	11
Mit der Beantragung der Kreditkarte erhält der Antragsteller eine Armbanduhr zum Andenken an die Fußballweltmeisterschaft	13	15	11
Überzeugende Elemente für das Segment der Lifestyle-orientierten Kunden			
Teilnahme an einer Tombola – 25 Gewinner erhalten einen All-inclusive-Trip für zwei Personen nach Frankreich zu einem Erst- oder Zweitrundenspiel der Fußballweltmeisterschaft	13	9	19
Teilnahme an einer Tombola – 5 Gewinner erhalten einen All-inclusive-Trip für zwei Personen nach Frankreich zum Eröffnungsspiel der Fußballweltmeisterschaft	12	9	17
Mit dem genehmigten Kartenantrag erhält der Karteninhaber einen Geschenkgutschein für ein lokales Sportgeschäft im Wert von 300 Hongkong- Dollar.	12	8	16

Tabelle 4.3 *Die Kreditkartenelemente, die im Verbrauchertest in Hongkong am besten bewertet wurden, sowie zwei wichtige Mentalitäten, die sich im Verlauf des Tests herauskristallisierten*

Karteninhaber können Punkte für Gratis-Telefonkarten sammeln.

Mit dem genehmigten Kartenantrag erhält der Karteninhaber ein elektrisches Haushaltsgerät im Wert von 300 Hongkong-Dollar.

Teilnahme an einer Tombola – 5 Gewinner erhalten einen All-inclusive-Trip für zwei Personen nach Frankreich zum Eröffnungsspiel der Fußballweltmeisterschaft.

Mit der Beantragung der Kreditkarte erhält der Antragsteller eine Armbanduhr zum Andenken an die Fußballweltmeisterschaft.

Abbildung 4.4 *Die optimierte Kreditkarte zur Einführung mitsamt den erfolgreichsten Botschaften und einer repräsentativen optischen Gestaltung.*

6. In Abbildung 4.4 sehen Sie die *„optimierte" optische Gestaltung der Kreditkarte zum Zeitpunkt der Markteinführung mitsamt den Botschaften, die aus der MasterCard-Studie hervorgingen.* Denken Sie daran, dass die optische Gestaltung für die Akzeptanz der HSBC-Karte nachrangig ist. Es kommt im Wesentlichen auf die Botschaften an – und zwar die richtigen Botschaften. Es zahlt sich aus, sensibel für die Sprache und Besonderheiten der identifizierten Segmente zu sein, statt sich auf eine Betrachtung der Gesamtdaten zu beschränken.

Ein Schmuckstück zum Muttertag: Wie Kay Jewelers den Wert eines typischen Muttertagsgeschenks um 500 Dollar pro Kauf steigerte

Wenn die Kreditkarte den *homo economicus* in uns wachruft, dann weckt Schmuck die andere Seite in uns, die in erster Linie auf Gefühle reagiert. Schmuck drückt Zuneigung, Erfolg und gelegentlich auch Macht aus. Menschen haben Eroberungsfeldzüge gestartet, geplündert, getötet und noch vieles mehr verbrochen, um an Schmuck zu kommen. Und gleichzeitig kann ein Schmuckstück Ausdruck zartester Gefühle sein.

Tom Kelley von IDEO, der oft als der Mann bezeichnet wird, der US-amerikanischen Unternehmen den Weg zu Innovation gezeigt hat, glaubt, dass es „heute darauf ankommt, welche Erfahrungen mit einem Produkt gemacht werden und dass Serviceleistungen die Beziehungen fördern."[60] Wie kann man wertvolle Kunden gewinnen? Von welchen Botschaften fühlen diese sich emotional angesprochen, und mit welchen Botschaften lassen sich langfristige Kundenbeziehungen knüpfen und pflegen?

Nach dieser leicht beängstigenden Einführung wollen wir uns dem zweiten Beispiel über die Formulierung der richtigen Botschaften widmen, das emotionale und ökonomische Gesichtspunkte zu einer Erfolgsstory verwebt. Shaw's ist ein US-amerikanischer Schmuckhersteller, der zu Sterling Jeweler's, Inc. gehört und Teil der Signet Group ist, der weltweit größten Einzelhandelskette für edlen Schmuck. Unter dem Dach von Sterling gibt es in den USA zwölf Marken (Kay Jewelers, JB Robinson, Belden, Friedlander's, Goodman, LeRoy, Marks & Morgan, Osterman, Rogers's, Shaw's, Weisfield und Jared, the Galleria of Jewelry). Darüber hinaus besitzt Sterling in den USA etwa 1.100 Einzelhandelsgeschäfte. Die britische Muttergesellschaft betreibt in Großbritannien mehr als 600 Geschäfte (darunter H. Samuel, Ernest Jones und Leslie Davis).

Nach dem Boom Ende der 1990er Jahre, als sich die Schmuckindustrie während einiger Jahre zweistelliger Zuwachsraten erfreute, stagnierte das Wachstum.[61] Der Wettbewerb verschärfte sich, und die Rentabilität sank.

Das Ziel des RDE-Projekts in der Schmuckbranche lautete, ein Set an Botschaften zu entwickeln, mit dem sich die Wahrscheinlichkeit erhöhen ließ, dass Shaw's Kunden zum Muttertag ein *teures Schmuckstück* erwerben würden. Das zweite Ziel lautete, den durchschnittlichen Wert eines Schmuckkaufs zu steigern. Unsere Story enthält außerdem in gewisser Hinsicht einen Umweltschutzaspekt. Fast jeder US-Bürger über 18 Jahre wird täglich von verschiedenen Angeboten angesprochen. Schätzungen zufolge werden jedes Jahr 17 Milliarden Kataloge an Privathaushalte versendet – das sind ungefähr 59 Kataloge pro Person (Greise und Kleinkinder eingeschlossen) oder fast 190 Kataloge pro US-Haushalt und Jahr! Allein Victoria's Secret druckt mehr als *eine Million Kataloge pro Tag*[62]. Die Direktmarketingindustrie verbraucht jährlich 3,6 Millionen Tonnen Papier – das sind 13 Prozent des gesamten Druck- und Schreibpa-

---

60) Tom Kelley, *The Art of Innovation: Lessons in Creativity from IDEO, America's Leading Design Firm*, (Currency; NY, 2001)

61) „Jewelry Sales Stay Even for 2002", *Professional Jeweler*, (13. Oktober 2003); www.professionaljeweler.com/archives/news/2003/101303story.html.

62) Daniel Farey-Jones, „U.S. Environmentalists Target Victoria's Secret over Catalogue Waste", *Brand Republic*, (18. April 2005); www.brandrepublic.com/login/index.cfm?fuseaction=Login&resource=BR_News&articleType=news&article=471049.

piers. Genau wie bei Kreditkarten bleiben diese Warenangebote meist unbeantwortet, so dass das für die Mailings aufgewendete Geld direkt im Papierkorb landet. *Wie können Unternehmen den Erfolg ihrer Katalog- oder Verkaufsförderungsangebote steigern?* Gibt es einen magischen Zauberspruch, der Kunden anlockt und ihre Portemonnaies öffnet? Müssen unterschiedliche Kunden mit unterschiedlichen Botschaften angesprochen werden?

RDE und der Schmuckkatalog

Inzwischen ist Ihnen das Vorgehen sicher vertraut: Definieren Sie Silos oder Basiskategorien, und entwickeln Sie für jedes Silo oder jede Kategorie einfache Botschaften. Die Silos für dieses RDE-Projekt waren Kundenwahrnehmung, emotionaler Nutzen, Wiedererkennungswert der Marke, Display-Beschreibung, Schmuckbeschreibung, Kundenservice, Inventar, Versicherung, Wert und Verkaufsförderung und enthielten insgesamt 167 Elemente. Die wahre Kunst der RDE-Methode besteht in der Erzeugung dieser Elemente. Tabelle 4.4 zeigt einige Textbeispiele der Elemente ausgewählter Silos, Abbildung 4.5 entsprechende Bildbeispiele.

Emotionaler Nutzen
Für ganz besondere Anlässe In diesem Geschäft werde ich auch mein nächstes Schmuckstück kaufen Ich fühle mich gut, wenn anderen mein Schmuck auffällt
Wiedererkennungswert der Marke
Amerikas vertrauenswürdigste Schmuckgeschäfte Zertifizierte Schmuckzentralen
Schmuckbeschreibung
Diamanten, wenn es weniger nicht sein darf Klassischer Schmuck im trendigen Look Schmuck im klassischen Look

Tabelle 4.4 *Beispiele ausgewählter Silos und Elemente für Schmuck*

Die Tests der Schmuckbotschaften mittels RDE folgten beinahe dem gleichen Ablauf wie der Test der Kreditkarte; nur das Thema und die Teilnehmer unterschieden sich. Der Ansatz ist jedoch der gleiche: Die Testteilnehmer wurden aus einer Kundenliste ausgewählt und kontaktiert. Sie kamen zum Testort und betrachteten die unterschiedlichen Konzepte auf dem Computerbildschirm – wie zum Beispiel das Konzept in Abbildung 4.6. Die Bewertungsskala war einfach anzuwenden; der Test machte großen Spaß. Das Ziel war nicht, den Teilnehmern ein Schmuckstück zu verkaufen, sondern herauszufinden, welche Botschaften die Kunden in die Geschäfte locken würden.

Abbildung 4.5 *Repräsentatives Bildmaterial: Diese Bilder betonen Emotionen; die Produktmerkmale stehen im Hintergrund. Bei den Produktabbildungen steht der Gesamteindruck im Vordergrund und nicht die einzelnen Produktdetails.*

Das Kernziel des RDE-Schmuckprojekts bestand darin, Botschaften zu formulieren, die zu vermehrten Schmuckkäufen führten. Wie im Kreditkartengeschäft findet man auch bei Schmuck mindestens zwei radikal unterschiedliche Kundenmentalitäten. Für unsere Zwecke wollen wir sie hier Optimisten (Segment 1) und Pessimisten (Segment 2) nennen. Sie werden später sehen, wie diese Segmente identifiziert werden. Im Marketing ist es hilfreich, sich konkrete Vorstellungen von einem Segment zu machen, indem man ihm eine Bezeichnung gibt.

Abbildung 4.6 *Beispiel eines Konzepts zu einem Schmuckgeschäft (die Abbildung – das so genannte „Visual" – ist repräsentativ). Das Konzept enthält Botschaften, die Kunden in ein Schmuckgeschäft locken sollen, anstatt Produkte in den Mittelpunkt zu stellen.*

Die Bedeutung des RDE-Ansatzes ist hier nicht auf die Identifizierung der zwei unterschiedlichen Segmente begrenzt. Wahrscheinlich lassen sich mit anderen Methoden ähnliche Segmente erzeugen. Vielmehr war Shaw's daran interessiert, welche *spezifische Botschaft* Kaufanreize auslöst. Das heißt, sobald die Segmente identifiziert sind, wissen wir, was die Botschaft ausdrücken, wie sie verpackt sein und an wen sie sich richten muss.

Sie können die radikalen Unterschiede zwischen den Segmenten in Abbildung 4.7 (bestes Wertangebot für Optimisten) und Abbildung 4.8 (bestes Wertangebot für Pessimisten) ablesen.

Abbildung 4.7 *Darstellung des Schmuckgeschäfts für Segment 1 (Optimisten)*

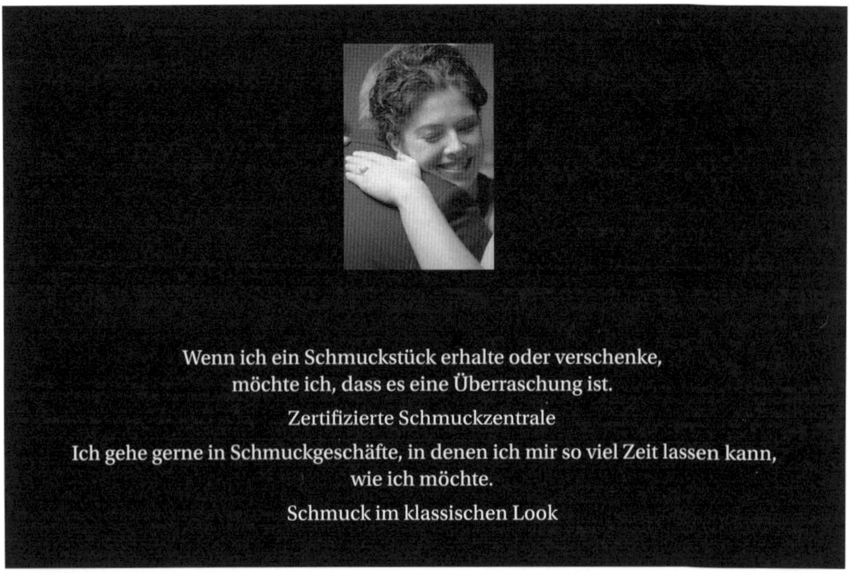

Abbildung 4.8 *Darstellung für Segment 2 (Pessimisten)*

Wie sah das Ergebnis aus? War es wichtig, ob die Botschaften richtig gewählt waren?

Kay Jewelers unterwarf die Ergebnisse des RDE-Verfahrens einem rigorosen Test. Die Validierung der Ergebnisse folgte einem Protokoll, das viele Direktmarketingexperten anwenden. Dieses Vorgehen glich in mehrfacher Hinsicht dem Unilever(Brasilien)-Projekt, das in der Einleitung vorgestellt wurde. Im ersten Schritt des Protokolls wurden zusätzliche Informationen über die 169 Testteilnehmer gewonnen. Dabei handelte es sich nicht um sehr private Informationen: Die meisten Direktmarketingspezialisten verfügen bereits über diese Informationen, darunter die Zahl der Personen eines Privathaushalts, ihr Alter, Geschlecht, ihr Einkommen und Ähnliches. Diese Art der Informationen kann man üblicherweise kaufen; sie gelten daher als öffentlich (auch wenn uns das vielleicht nicht gefällt).

Im zweiten Schritt wurde eine „Entscheidungsregel" oder Methode geschaffen, mit der jeder Testteilnehmer einem der zwei Segmente zugeordnet wird. Es war wichtig, diese Regel zu entwickeln und zu validieren, damit jeder weitere potenzielle Zielkunde dem wahrscheinlichsten Segment zugeordnet werden konnte. Das heißt, bei jedem neuen Zielkunden würde die Entscheidungsregel anhand der verfügbaren öffentlichen Information über diesen Kunden entscheiden, welchem der beiden Segmente er zugeordnet werden soll. Solche Zuordnungen sind natürlich nie perfekt, aber sie sind meist wesentlich besser als eine Zuordnung auf gut Glück.

Im dritten Schritt wurden zwei Mailings konzipiert, jeweils abgestimmt auf die beiden Segmente Optimisten und Pessimisten.

Im vierten Schritt wurden die Testteilnehmer in vier Zielgruppen unterteilt: je zwei Gruppen an Optimisten und Pessimisten:

- **10.000 Optimisten**, die eine für **Optimisten** erstellte Broschüre erhielten
- **10.000 Optimisten,** die eine für **Pessimisten** erstellte Broschüre erhielten.
- **10.000 Pessimisten**, die eine für **Optimisten** erstellte Broschüre erhielten.
- **10.000 Pessimisten**, die eine für **Pessimisten** erstellte Broschüre erhielten.

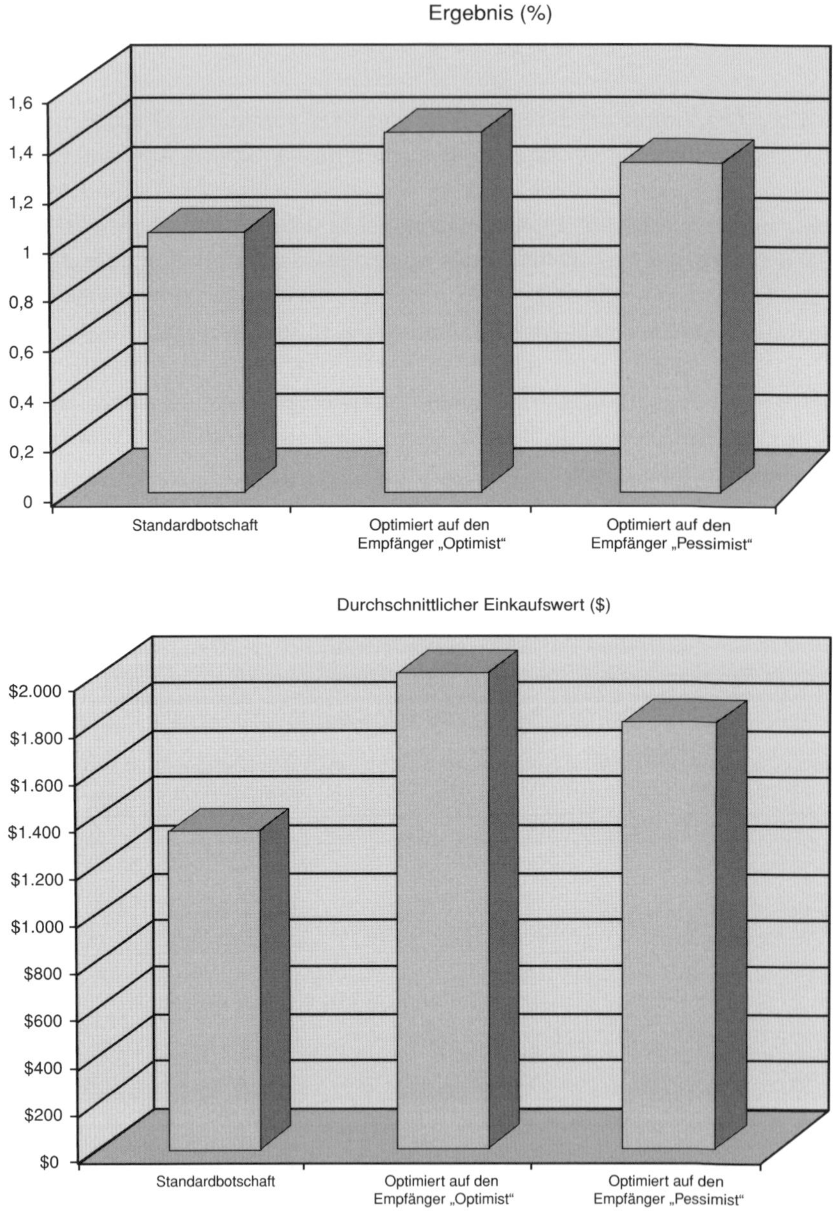

Abbildung 4.9 *Ergebnisse des Direktmail-Experiments in einem Schmuckunternehmen, mit Hilfe der RDE-Methode sowie einer Segmentierung der Testteilnehmer in zwei unterschiedliche Mentalitätsgruppen. Das obere Diagramm gibt den Prozentsatz an Kunden wieder, die nach Erhalt des Katalogs ein Geschäft aufgesucht haben. Das untere Diagramm gibt die durchschnittliche Kaufsumme in Dollar pro Einkauf wieder.*

Die Ergebnisse dieses kontrollierten Experiments bestätigten in äußerst eindrucksvoller Weise die Wirkung der RDE-Technik auf die Formulierung von Botschaften. Bisher generierten typische Mailings eine Rücklaufquote von ungefähr 1 Prozent (ein Empfänger von 100 kaufte anschließend tatsächlich etwas), wobei der durchschnittliche Einkaufswert 1.339 Dollar betrug. Der Versand der richtigen Broschüre mit der richtigen Botschaft an das richtige Segment steigerte die Zahl der Käufer drastisch (*42% Zunahme* bei Optimisten, *27% Zunahme* bei Pessimisten). Auch die Steigerung des Werts pro Einkauf war dramatisch – sie betrug *mehrere hundert Dollar*. In Abbildung 4.9 sehen Sie die überaus positiven Ergebnisse dieses Projekts im Detail.

Zusammenfassung: Wie RDE bei der Formulierung von Botschaften funktioniert

Bei der Formulierung von Botschaften lässt sich mit Hilfe der RDE-Methode identifizieren, *wie der Inhalt der Botschaft beschaffen sein muss, wie die Botschaft verpackt werden und an wen sie sich richten soll.* In den Kommunikationsindustrien, vor allem in denen, die besonderen Wert auf Kreativität legen – zum Beispiel Werbung – hört man oft, dass es unmöglich sei, Botschaften zu systematisieren, da die Formulierung von Botschaften ein *künstlerischer Akt* sei. Die Anwendung der RDE-Methode auf den Bereich Kommunikation widerlegt jedoch dieses emotionale Argument. Es kann schon sein, dass die Formulierung ganz bestimmter Sätze für Kommunikationszwecke eine Kunst ist. *Die Identifizierung der Elemente, die das Kundeninteresse wecken und die Reaktion maximieren, lässt sich jedoch perfekt mit dem Einsatz systematischer Methoden realisieren.* Das Vorgehen ist bereits bekannt: Machen Sie Ihre Hausaufgaben, entwerfen Sie eine Vielzahl an Botschaften, lassen Sie die Botschaften unter Verwendung eines Experimentaldesigns von Verbrauchern testen, und schrecken Sie dabei selbst vor verrückten Ideen nicht zurück. Die Ergebnisse können durchaus überraschend sein. Unser Kreditkartenbeispiel zeigt, dass sich diese Art des Experimentierens in der Welt des *homo oeconomicus* sehr gut bewährt. Und unser Schmuckbeispiel zeigt, dass sich diese Art des Experimentierens ebenso gut in emotionsbestimmten Bereichen bewährt.

***

In Kapitel 2 entdeckte Allison-die-Entrepreneurin, wie sie überzeugende Produkte erschaffen kann, indem sie mit Hilfe der RDE-Methode eine Vielzahl von Prototypen ihrer innovativen Produktidee entwickelt. Doch wie soll sie diese den Kunden anbieten? Aus offensichtlichen Gründen kann Allison-die-Entrepreneurin die Methode des persönlichen, von individueller Leidenschaft geprägten Verkaufs nicht auf eine breite Käuferschicht ausdehnen; sie ist einfach nicht skalierbar. Allison überlegt, ihr Produktangebot mit Hilfe von Medien zu präsentieren - vielleicht über Kataloge, wie das bei Schmuck üblich ist. Eine andere Option ist der Versand von Postkarten oder E-Mail-Einladungen (wesentlich kostengünstiger und breiter gestreut) wie im Kreditkartenbeispiel. Eine noch radikalere Idee (vielleicht für eine spätere Verwendung) ist eine Co-Branding-Kreditkarte (bei deren Einsatz man zum Beispiel in bestimmten Restaurants und Geschäften Preisnachlässe erhält). Allison sollte ihre Hausaufgaben sehr sorgfältig machen, um ein gutes Verkaufsergebnis zu erzielen. Sie kann nicht einfach davon ausgehen, dass sich ihre einzige Erfahrung aus der Lektüre des inspirierenden Buchs auf jeden möglichen potenziellen Kunden extrapolieren lässt. Ihre Kunden wissen ja noch nicht einmal, dass sie ihr Produkt kaufen möchten. Was Allison-die-Entrpreneurin tun sollte, ist, *eine Reihe möglicher Botschaften (Wertangebote) zu formulieren - je mehr, desto besser -, sie mit Hilfe des RDE-Verfahrens in einem breit angelegten Verbrauchertest von möglichen Kunden testen zu lassen, die Mentalitäten der Kunden zu identifizieren und anschließend auf diese Segmente maßgeschneiderte Botschaften zu formulieren.* Diese Aufgabe gleicht im Wesentlichen ihrer Arbeit während der Produktentwicklungsphase, aber angewendet auf die Formulierung von Botschaften/Wertangeboten. So leicht ist das!

Im nächsten Kapitel werden Sie anhand eines interaktiven Teenager-Internetportals/Newsletters - auch E-Zine genannt - sehen, wie sich dieser Ansatz auf das Cyberspace übertragen lässt. Wir dekonstruieren die Websites der Wettbewerber und analysieren, was funktioniert und was nicht. (Ja, wir wenden eine völlig legale Methode der Wirtschaftsspionage an! Manchmal lernt man über diesen Weg mehr über seine Wettbewerber, als diese selbst wissen.) Könnte das auch eine Chance für Allison-die-Entrepreneurin sein?

Kapitel 5

Erfahren Sie mehr über Ihre Wettbewerber, als diese selbst wissen – und zwar ganz legal!

Dieses Kapitel handelt nicht von abenteuerlichen „Mission-Impossible"-ähnlichen Formen der Wirtschaftsspionage, wenngleich die Ergebnisse für Unternehmen wesentlich aufregender sein können. Lassen Sie uns einen Szenenwechsel zu der oft frenetischen und dauererschöpften Abteilung für Marketing und Content Programming eines webbasierten Broadcasters vollziehen, der sich auf Internetportale bzw. elektronische Newsletter – so genannte E-Zines – für die Zielgruppe der Teenager spezialisiert hat. Anders als bei den Wissenschaftlern, die an den bereits beschriebenen Projekten beteiligt waren, ist hier weit und breit keine wissenschaftliche Methode zu entdecken. Schon die Erwähnung statistischer Modelle lässt die kreativeren Mitglieder des Teams vor – echten oder vorgetäuschten – Schmerzen aufstöhnen. Und selbst im optimistischsten Fall war die Deadline immer gestern. Schmerzen oder nicht, technologisch oder künstlerisch getrieben, es ist wichtig zu wissen, welcher Inhalt und welche Botschaften bei der Zielgruppe ankommen, und welche nicht. Und dieses Mal muss das Ganze in „Internet-Zeit" geschehen – soll heißen: in Lichtgeschwindigkeit (nun, beinahe).

Bevor wir zu den Details der Anwendung von RDE kommen, wollen wir zunächst einige Begriffe klären. Der Begriff *E-Zine* steht für ein *elektronisch vertriebenes Internetportal beziehungsweise einen elektronischen Newsletter mit Schwerpunkt auf redaktionellen Inhalten und Community- und Kommentar-Funktionen.* Die Idee der E-Zines ist im heutigen Internet- und Google-Zeitalter ziemlich leicht zu verstehen, die Ursprünge des Wortes *E-Zine* dagegen nicht. Zur Zeit der Entstehung dieses Buches gab es in der Ikone der englischen Sprache, der *Encyclopedia Britannica* nicht einmal einen Eintrag dazu. Wie ist dieser Begriff also entstanden? Die meisten glauben, dass *E-Zine* eine Kurzform aus den Worten *electronic magazine* ist. Nehmen Sie den Anfangsbuchstaben des ersten und die letzte Silbe des zweiten Wortes, und schon haben Sie *E-Zine.* Zwar ist diese Erklärung fast überall akzeptiert, aber wahrscheinlich ist sie dennoch *falsch*!

Die wahre Geschichte ist wesentlich interessanter. Erstens ist ein E-Zine eher ein Internetportal beziehungsweise ein elektronischer Newsletter und *keine* elektronische Zeitschrift. Das *z*, das angeblich dem Wort *magazine* entnommen ist, kommt in den Bezeichnungen Newsletter und Internetportal nicht einmal vor. Hier die Gegentheorie.[63] Ein *Fanzine* ist eine Publikation mit einer kleinen Zahl von Abonnenten (vielleicht zwischen fünf bis maximal 1.000). Bei Fanzines handelt es sich um Special-Interest-Publikationen, die sich an Menschen mit speziellen Interessen wie zum Beispiel Sci-Fi, Fantasy und Footballclubs richten. Häufig werden sie von engagierten Fans selbst herausgegeben. Ein solches Fanzine kann durchaus Kultstatus erlangen, wobei die Fans selbst Beiträge schreiben, und zwar üblicherweise in ihrer nicht professionellen, redseligen Insidersprache. Solche gedruckten Publikationen werden Fanzines genannt, oft aber auch abkürzend als „Zines" bezeichnet. Wenn man nun an den Anfang des Wortes ein *e* anhängt, hat man ein *E-Zine.* Und das bietet uns eine wesentlich logischere Erklärung für die Entstehung dieses neuen „(d)englischen" Begriffs.

Die Verbreitung von E-Zines ist äußerst beeindruckend. Dem E-Zine- und Newsletter-Experten Michael Green zufolge gab es im Jahr 2005 mehr als 500.000 verschiedene E-Zine-Titel, die um jugendliche Leser buhlen.

Während E-Zines ursprünglich in der Fanzine-Tradition geschrieben wurden (von begeisterten Fans, die über ein Thema schrieben, das sie *liebten*), werden die meisten der heutigen E-Zines mit der Absicht der *Gewinnerzielung* ver-

---

63) Quellen: Michael Green, „From ‚Fanzine' to ‚Ezine': A Brief History of Ezines", How to Corporation, 2005; www.easyezinetoolkit.com/artiles/briefhistoryofezines.html

öffentlicht. Ein anerkannter Forscher auf dem Gebiet der E-Zines, Dr. Mani Sivasubramanian, merkt dazu an: „E-Zines gelten als effektivstes Marketinginstrument, das den höchsten Return on Investment bietet. Einfach ausgedrückt, erhalten Sie mit wenig Aufwand großartige Ergebnisse."[64]

E-Zines und Wettbewerbsanalyse: Was kommt bei Teenagern an?

Wir wollen nun die Schritte betrachten, die viele Unternehmen wählen, *um eine Produktkategorie des Wettbewerbs zu verstehen* – in diesem Fall ein E-Zine für Jugendliche. Der gleiche strukturierte Ansatz wird übrigens auch von Automobilherstellern verwendet, um die Werbung des Wettbewerbs zu analysieren, von Computerherstellern, um die neuesten Laptops der Konkurrenz auf ihre Wettbewerbsvorteile zu untersuchen, von Nahrungsmittelherstellern, die verstehen wollen, welche spezifischen Botschaften des Wettbewerbs widerspenstige Kunden überzeugen und welche Botschaften als uninteressant ignoriert werden.

Die Strategie der *Dekonstruktion* ist einfach und unkompliziert. Etwas zu dekonstruieren bedeutet, die Aktivitäten der Wettbewerber unter die Lupe zu nehmen und herauszufinden, was funktioniert und was nicht. Eine schnelle Suche bei Google wirft viele hundert unterschiedlicher E-Zines und Links zu anderen ähnlichen Websites aus. Es ist ziemlich einfach, sich viele dieser legal abrufbaren Informationen über das veröffentlichte Thema zu beschaffen. Der beharrliche Sammler solcher Informationen kann gut und gerne Hunderte solcher Screenshots sammeln, von denen jeder seinen „Look" und seine eigenen Merkmale und Botschaften aufweist. Die Frage, die sich einem elektronischen Verlag stellt, lautet: Welche dieser unterschiedlichen Merkmale und Botschaften kommen bei der Zielgruppe an, und welche nicht? Außerdem muss man immer daran denken, dass das Material, das von den verschiedenen E-Zine-Verlegern ins Web gestellt wird, das Ergebnis ihrer eigenen Einschätzung ist. Die Untersuchung der Wettbewerbsangebote ist also immer eine Betrachtung der Inhalte und Botschaften, von denen der jeweilige Verleger *glaubt*, dass sie bei der Zielgruppe ankommen und keine wilde Spekulation darüber, was sich *eventuell* als erfolgreich erweisen könnte.

---

64) Mani Sivasubramanian, „How to Publish the Perfect Ezine", in *The Ezine Masters,* Dr. Mani Sivasubramanian (Hrsg.) (MediKnow Publishing Company: Madras, Indien, 2002)

Was ist realistisch betrachtet so besonders daran, das Angebot des Wettbewerbers zu kennen? Schließlich haben wir keine Kontrolle darüber, was unsere Konkurrenz macht. Für alle, die sich bisher noch nicht mit RDE beschäftigt haben, hat es den Anschein, als seien die Inhalte der Druckwerbung des Wettbewerbs unveränderlich und als könnten wir nur im allgemeinsten Sinne, ähnlich einer Gesamtnote im Zeugnis, erfahren, ob unsere Wettbewerber erfolgreich oder erfolglos sind. Diese Novizen erkennen noch nicht, dass sich durch die *systematische Zerlegung des Wettbewerbsangebots in seine Bestandteile und ein systematisches Testen der dahinter stehenden Ideen* ziemlich leicht herausfinden lässt, welche Kommunikation des Wettbewerbs gut und welche schlecht ist. Bei denjenigen, die neu sind in der Welt der Wettbewerbsbeobachtung, hat die Vorstellung, mehr über seine Wettbewerber zu erfahren als die simple Gesamtperformance noch keinen Eingang in das Denken gefunden. Für diese Gruppe ist die Erfahrung mit einem systematischen Ansatz ein wahrer Augenöffner. Durch Wettbewerbsbeobachtung kann man – wie eine Biene den Nektar – von anderen Unternehmen, die bereits Zeit und Geld in die Umsetzung von Ideen investiert haben, die nach ihrer Meinung gut bei Jugendlichen ankommen, potenziell gute Ideen einholen. Warum sollte man diese ergiebige Informationsquelle nicht anzapfen?

RDE reicht aber über die Informationsgewinnung hinaus. Nach der Sammlung von Informationen über die Aktivitäten des Wettbewerbs besteht der nächste Schritt darin, das „Wie“ und „Wie stark“ herauszufinden. Mit Hilfe der RDE-Methode lassen sich die Websites der Wettbewerber in ihre Komponenten dekonstruieren (*Content-Analyse der Ideen* genannt), und anschließend lassen sich die Ideen herausfiltern, die wirklich erfolgreich sind. Wir müssen die Ideen der Unternehmen nicht wirklich verwenden; dafür würden wir unsere eigenen Fokusgruppen und Ideengenerierungsgruppen bilden. Das *Ziel lautet hier aber nicht, neue Ideen zu generieren, sondern herauszufinden, ob die Wettbewerber – und vor allem welchen spezifischen Wettbewerber – die richtigen Ideen gefunden haben und sie richtig vermarkten.* Oft fördert RDE erstaunliche Ergebnisse zutage, und gelegentlich sind sie sogar ziemlich erfreulich.

Und so wird das E-Zine „seziert“

Um sich die RDE-Technik vorzustellen, denkt man am besten an eine umfangreiche Excel-Tabelle. Jede Zeile enthält eine der Aussagen, die ein E-Zine des Wettbewerbs verwendet, und zwar in auf die Basisidee komprimierter Form. Durch diese Rückführung auf die Grundidee wird der Aussage die Komplexität genommen, ihr Sprachduktus aber beibehalten.

Am Ende dieser Übung wurden die unterschiedlichen Botschaften oder *Elemente* (hier 36, es können bei Bedarf aber auch viel mehr sein) in einer Art Tabelle zusammengefasst. Die einzelnen „Schnipsel" der Wettbewerber umfassten 30 Textelemente und 6 Titelseiten (für den Look des E-Zines). Diese Elemente boten ein Spektrum an Merkmalen und Nutzenaussagen, das von rationalen bis emotionalen Aspekten reichte. Tabelle 5.1 gibt Ihnen einen Eindruck über die Informationsfülle, die Sie allein durch die richtige Content-Analyse erhalten. Die wahre Substanz liefert allerdings die anschließende RDE-Analyse.

Code	Silos/Elemente	E-Zine-Quelle
Visuals		
A5	Screenshot der Homepage von Teenvoices.com	Teenvoices.com
Trends/Stil/Medien		
B3	Gib uns deine Meinung über die neuesten Filme ... Musik ... Videos	TeenInk.com
Bietet		
C1	... die heißeste und hippste Info von unseren Redakteuren	YM.com
Fun/Spiel		
D4	Lies alles über den „Lipslip"-Peinlichkeitsmesser für peinliche Versprecher	React.com
Diskussion/Chat		
E5	Der heißeste Teenager-Talk im Web	InSite ezine
Ausbildung/Karriere		
F3	Plane deine erfolgreiche Zukunft	Studentcenter.org

Tabelle 5.1 *Beispiele textbasierter Botschaften von E-Zines für Jugendliche*

Eine mögliche Strategie könnte darin bestehen, Teenager die einfachen Sätze und Bilder der Website nacheinander bewerten zu lassen. Eine solche Bewertung erzeugt ein Erfolgsranking und gibt wieder, welches die besten und schlechtesten Ideen sind. Viele Marketingexperten geben sich mit der Bewertung und der Erstellung eines Rankings zufrieden, weil sie ausschließlich nach „guten versus schlechten" Ideen Ausschau halten. Wenn nicht mehr gewünscht ist, dann lässt sich mit dieser Übung das momentane Problem lösen, und man macht weiter wie bisher. Wenn das Ziel aber sein soll, neue E-Zines zu dekonstruieren, Zielgruppensegmente zu identifizieren und *Regeln* für die neuen Angebote *zu entwickeln*, dann ist die konsekutive Testmethode, bei der die verschiedenen Angebote nacheinander betrachtet werden, einfach ungeeignet. Der Grund dafür ist einfach. Man geht immer davon aus, dass Testteilnehmer bei der Beantwortung von Fragebogen rational und konsistent vorgehen. Wenn

Sie sie bitten, zwei sehr unterschiedliche Ideen zu vergleichen, dann fällt ihnen das mehr oder weniger leicht. Hier zwei Beispiele an Ideen, die von einem jugendlichen Tester verlangen, sich klar auszudrücken:

> Experimentiere mit deinem Look ... probiere einfach unsere digitale Verwandlungs-Demo.

versus

> Alles was du brauchst, um aufs College zu kommen.

Die Entscheidung, welche der beiden Botschaften interessanter ist, fällt sehr schnell. Lassen Sie uns nun versuchen, Botschaften mit einem Content-Element zu vergleichen, in denen die Idee eine bekannte Persönlichkeit oder ein bekannter Star ist:

> Indigo Girls, Shanice und andere

Nun, welches Element ist besser? „Experimentiere mit deinem Look ... probiere einfach unsere digitale Verwandlungs-Demo" oder „Indigo Girls, Shanice und andere"? Geben Sie diesen Vergleich einem Teenager – oder irgendeiner anderen Testperson –, und die Chancen, dass diese Sie für verrückt erklären, sind ziemlich groß. Die Frage ergibt nämlich keinen Sinn. Und dennoch hat jede dieser unterschiedlichen Ideen – der Selbstausdruck versus einem Teenie-Idol – seinen eigenen Nutzen und seine eigene Wirkung. Es ist nur einfach sehr schwer, sie *direkt* miteinander zu vergleichen. Wenn Sie die Testteilnehmer darum bitten, eine Bewertung vorzunehmen, werden die meisten Teenager tun wie geheißen, aber sie werden es nicht verstehen – zumindest werden sie Ihnen nicht sagen, nach welchen Kriterien sie die Bewertung vorgenommen haben.

Dasselbe Vergleichsproblem haben wir bei den einfachsten Situationen wie dem Verständnis der relativen Wirkung von Preis, Marke und Nutzen, wenn es sich um Ideen als zerlegte und aus dem Kontext herausgelöste Einzelteile eines Gesamtkonzepts handelt. Üblicherweise werden Verbraucher den günstigeren Preis höher bewerten, wobei der Preis oftmals auch eine bestimmte Qualität kommuniziert, und dann entscheidet sich der Testverbraucher für den höheren Preis. Die Testteilnehmer können zwischen zwei Botschaften über Produktmerkmale wählen, wobei ihnen manchmal bewusst ist, warum sie eine Botschaft vorziehen, und manchmal auch nicht.

Wenn Sie jedoch beginnen, Preise, Produktmerkmale, Markennamen und selbst Bilder in einer sequenziellen Liste zu testen, die Beispiele eines jeden Elements in mehr oder weniger zufälliger Reihenfolge enthält, werden Sie schnell feststellen, dass es den meisten Ihrer bereitwilligen Testpersonen sehr schwer fällt, zwischen einem Produktmerkmal und einem Markennamen zu wählen. Testverbraucher und auch erfahrene Profis mögen mit dieser Art Umfragen vertraut sein, aber sie müssen sich auf eine Liste ähnlicher Elemente konzentrieren können, um ohne Mühe eine Rangliste an Ideen zu erstellen.

Der Schlüssel zu einer erfolgreichen Anwendung der RDE-Methode liegt darin, den Testverbrauchern einen bedeutungsvollen Stimulus zu geben und ihre „Bauch"reaktion einzuholen - die Spontanreaktion, die sie auch auf eine echte Werbung zeigen -, und keine intellektualisierte Antwort. Es gibt für den Testteilnehmer absolut keine Notwendigkeit, seine Gefühle zu analysieren und genau zu bestimmen, welcher Teil des Produkts oder der Kommunikation ihn anspricht. Dabei besteht nämlich das Risiko, dass er es nicht weiß oder falsch interpretiert. Nichtsdestotrotz ist sein intuitives Gefühl gegenüber dem Gesamtprodukt oder der Gesamtkommunikation normalerweise ziemlich verlässlich, weil die spontane Reaktion eine ganz normale Alltagserscheinung ist. Menschen reagieren auf Gesamteindrücke, nicht auf einzelne Bestandteile.

Lassen Sie uns das Projekt von Anfang bis Ende verfolgen. Die Phase, in der Botschaften zerlegt werden, haben wir bereits hinter uns. Und wir haben gesehen, wie man Informationen zusammenträgt. Nun widmen wir uns dem Mittelteil des Projekts, in dem der verantwortliche Projektleiter diese Informationen aus den komprimierten Botschaften der Wettbewerber herausfiltert und mit den Interviews, der Analyse und den übrigen Schritten fortfährt.[65]

Anmerkung

Lassen Sie sich nicht von den mathematischen Verweisen bei einigen der folgenden Schritte entmutigen. Die gute Nachricht ist, dass sich das Verfahren mit nutzerfreundlichen Webtools leicht automatisieren lässt (was bereits geschehen ist), wie wir an späterer Stelle in diesem Kapitel zeigen werden.

65) Zum Beispiel IdeaMap®.Net, ein komplett gehostetes „Do-it-yourself"-Tool für die Online-Optimierung von Botschaften, das an späterer Stelle noch vorgestellt wird. Alle Screenshots in diesem Buch wurden mit einer Variante des IdeaMap®.Net-Tools gemacht. Bei Wharton Publisher registrierte Leser haben die Möglichkeit, eine Testversion dieses Tools zu nutzen.

Schritt 1:
Sammlung und Kategorisierung des Materials in Silos

1. Mit dieser Übung lässt sich eine Menge Wettbewerbsmaterial generieren, oft viel mehr, als man sich vorstellen kann. Woody Allen soll gesagt haben: „Zu 80 Prozent stellt sich der Erfolg ein." Eine erfolgreiche Anwendung RDE-gesteuerter Zerlegung von Wettbewerbsbotschaften erzeugt in 80 Prozent der Fälle auf Anhieb das richtige Ausgangsmaterial.

2. Definieren Sie *Silos* oder *Kategorien* verwandter Ideen (zum Beispiel Preis, Service und Verkaufsförderung), und ordnen Sie diesen Silos die verschiedenen Elemente zu. Die Unterteilung in Silos und die Zuordnung von Elementen dient sozusagen buchhalterischen Zwecken. Der Testverbraucher wird gar nicht merken, dass es diese Silos überhaupt gibt.

3. Bearbeiten Sie das Ausgangsmaterial, so dass sich die Ideen innerhalb der Silos voneinander unterscheiden und für den Leser einen Sinn ergeben. Verbraucher sind keine analytischen Roboter, die allein auf den Inhalt einer Botschaft reagieren; die Gefühle spielen eine große Rolle. Zu oft werden die Ideen bei der Dekonstruktion so weit reduziert, dass sie keine echten Gefühle mehr ansprechen. *Das sollten Sie unter allen Umständen vermeiden, oder Sie werden wenig Neues herausfinden.*

Schritt 2:
Wählen Sie ein RDE-Design aus (mischen und kombinieren Sie die Elemente im Mix-and-match-Verfahren)[66]

Experimentaldesigns sind in vielen Lehrbüchern zu finden oder bereits in bestimmte Tools integriert. In den meisten Fällen brauchen Sie die statistischen Details des Designs, die hinter der Zahl an Silos und Elementen pro Silo stehen, nicht unbedingt verstehen. Wer dennoch wissen möchte, was sich dahinter verbirgt, findet diese Zusatzinformation unter „Der statistische Hintergrund" an späterer Stelle in diesem Kapitel.

66) Wie zuvor erwähnt, verstecken sich alle mathematischen Formeln und die Komplexität dieses Schritts in Tools wie IdeaMap®.Net.

Schritt 3: Holen Sie die Bewertungen der Testteilnehmer ein

1. Laden Sie die Testteilnehmer ein (zum Beispiel per E-Mail). Der beste Weg, um interessierte Testteilnehmer zu gewinnen, ist, ihnen eine angemessene Belohnung zu versprechen und die Studie interessant zu gestalten. Sie müssen die Testteilnehmer nicht bezahlen, aber es ist eine gute Idee, die Einladung mit einer fairen Chance auf den Gewinn eines Preises zu verbinden.

2. Beginnen Sie das Interview mit einer einfachen, überzeugenden Beschreibung, worum es bei dem Projekt geht. Organisatoren mit Experimentalerfahrung wissen, dass ein Testteilnehmer, dem es egal ist, was er macht, oder der den Test nicht versteht, inkorrekte oder irreführende Ergebnisse abliefert. Es ist immer gut, wenn Sie einem Testteilnehmer zu Beginn für seine Teilnahmebereitschaft danken und das Projekt in einfachen Worten beschreiben. Bei RDE-gesteuerten Projekten brauchen die Teilnehmer nur das Konzept lesen und den Gesamteindruck bewerten.

3. Führen Sie die Interviews im Internet durch. Das RDE-Tool erzeugt jede Kombination, die das Design vorgibt, präsentiert sie dem Testteilnehmer und speichert die Daten. Jeder Testteilnehmer bewertet 48 unterschiedliche Kombinationen (beim E-Zine-Projekt). Der Prozess ist schnell und macht Spaß (siehe Musterkombinationen in Abbildung 5.1).

4. Finden Sie während des Interviews mehr über den Testteilnehmer heraus. Am Ende der RDE-gesteuerten Konzeptbewertung beantworteten die Testteilnehmer eine Reihe zusätzlicher Fragen zu ihrer eigenen Person und ihrer Einstellung zu E-Zines für Jugendliche. *Die Verknüpfung der Wahrnehmung mit der Person ermöglicht die Entwicklung einer stärkeren Kommunikation und besserer Ideen für die richtige(n) Zielgruppe(n).* Konsumforscher, die nach konventionellen Methoden vorgehen, würden *ausschließlich* diese Art Fragen über Leser von E-Zines für Teenager stellen. Die konventionelle Konsumforschung gibt uns umfassenden Aufschluss darüber, wie sich der Testteilnehmer selbst beschreibt. RDE gibt uns jedoch Aufschluss darüber, wie der Testteilnehmer auf die Idee beziehungsweise das Produkt reagiert, was er wichtig findet und welche Merkmalskombinationen ein echtes Interesse wecken. Genau hier können wir dramatische Unterschiede zwischen der *Selbstbeschreibung* und der *Reaktion auf Stimuli* erkennen, die das Ziel hat, „Regeln" zur Funktionsweise der Wahrnehmung zu entwickeln.

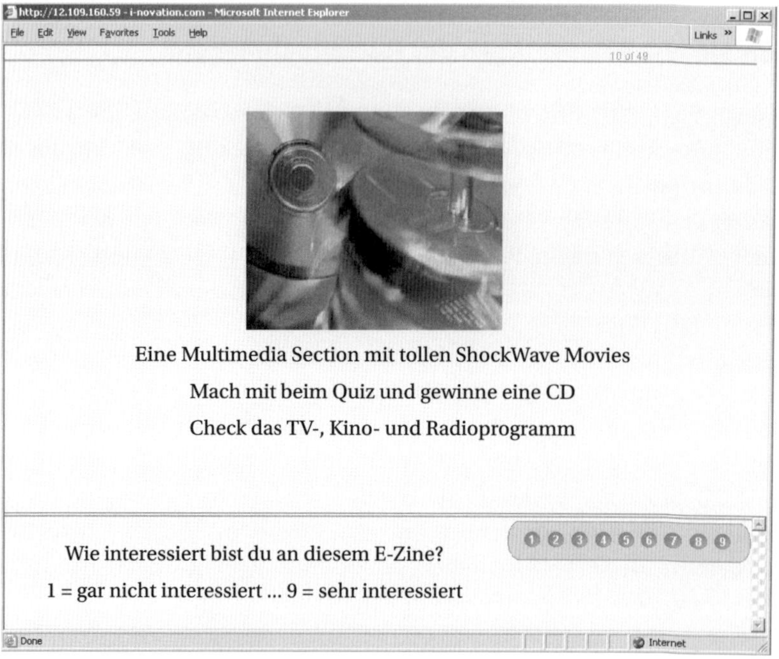

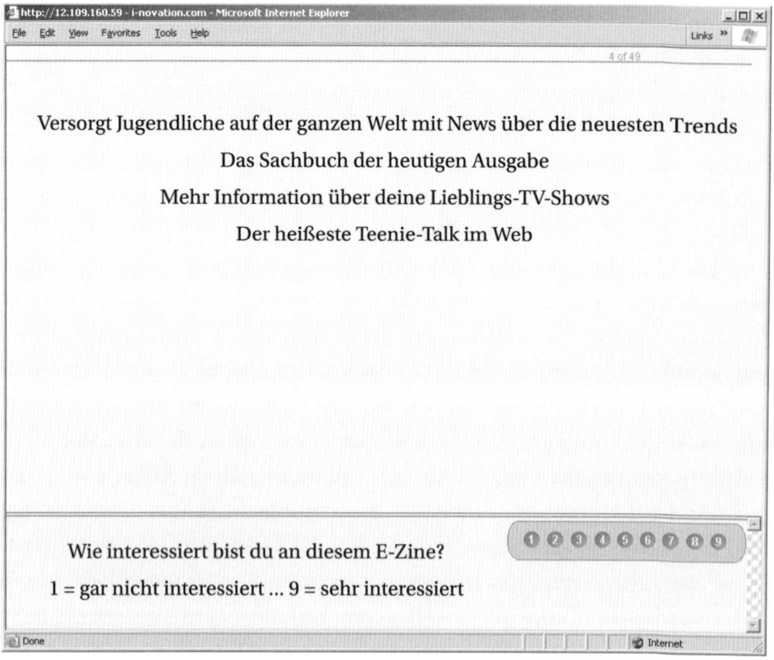

Abbildung 5.1 *Zwei Testkonzepte aus dem E-Zine-Projekt*

Schritt 4: Datenanalyse

Zuerst erzeugt RDE eine umfangreiche Datenbasis[67], so dass man sich nicht mit den einfachen und wenig aufschlussreichen Ergebnissen des „Beauty Contests" begnügen muss, wie er so schön genannt wird, der sich auf die Frage beschränkt: „Welches der beiden Konzepte ist besser?" Die Internetanwendung und der Webserver haben hier die ganze Arbeit übernommen, indem sie Konzepte beziehungsweise Vignetten erstellt, die Bewertungen der Testteilnehmer eingeholt und, wie Sie in Kürze sehen werden, eine automatische Analyse durchgeführt haben.

Der statistische Hintergrund

Nachfolgend ein kurzer Blick hinter die Kulissen der Conjoint-Analyse; sie ist weniger Ehrfurcht gebietend, als Sie vielleicht denken.

Die Conjoint-Analyse ist eine statistische Methode, die ihre Wurzeln in der mathematischen Psychologie hat und von der Wharton School der University of Pennsylvania in eine praktische Marketingtechnik verwandelt wurde. Auf statistischer Ebene verwendet RDE Methoden der Conjoint-Analyse, allerdings in abgewandelter Form. Später werden wir diesen Ansatz auf einer Ebene beleuchten, die technischer ist als der Rest des Buches.

In Kapitel 4 „Wie es Ihnen gelingt, Kunden ein gutes Gefühl zu geben, selbst wenn sie mehr bezahlen" (siehe Tabelle 4.2) haben wir eine allgemeine Vorstellung über Experimentaldesign (eine Komponente der Conjoint-Analyse) gewonnen. Die Details des Designs lassen sich zudem ganz einfach zusammenfassen.

Stellen Sie sich die Daten als umfangreiche Kalkulationstabelle vor. Jede Zeile der Tabelle entspricht einem der Testkonzepte. Wir hatten 386 verschiedene Experimentaldesigns (ein Design für jeden unserer 386 jugendlichen Testteilnehmer). Jedes dieser 386 Designs enthält 48 Testkonzepte. Das heißt, wir hatten eine sehr große Datenbasis von 386 x 48 oder 18.528 Zeilen. Machen Sie sich keine Sorgen über eine manuelle Dateneingabe;

67) Die Gesamtzahl der Konzepte, die von unseren jugendlichen Testteilnehmern bewertet wurden, lautet: (48 Konzepte pro Testteilnehmer) x (386 Testteilnehmer) = 18.528 Konzepte. Einige Konzepte können sich wiederholen, das hängt vom Umfang und der Struktur des Designs sowie der Anzahl der Testteilnehmer ab.

das geschieht alles automatisch, wenn Sie ein Programm wie IdeaMap®. Net verwenden, das wir für die Datenerhebung benutzt haben.

Zu jeder Zeile sind in den Spalten die betreffenden Elemente angegeben (36 Spalten, entsprechend der 36 Elemente, die wir in diesem Test bewerten ließen). Werfen Sie einen Blick auf Tabelle 5.2, in der einige der 18.528 Datenzeilen abgebildet sind.

1. Wenn das Element im Konzept auftaucht, steht in der entsprechenden Spalte eine 1.

2. Wenn das Element nicht auftaucht, steht in der entsprechenden Spalte eine 0.

3. Sie werden sehen, dass die 0 oft vorkommt, weil in einem Konzept nicht viele Elemente enthalten sind, eine 1 taucht dagegen nur gelegentlich in einer Zeile auf, nämlich wenn ein Element im Konzept enthalten ist.

4. Die nächste Spalte gibt die Bewertung des Konzepts wieder und zeigt, wie interessiert der Testteilnehmer an dem Konzept ist. Die Bewertungsskala reicht von 1 (gar nicht interessiert) bis 9 (sehr interessiert).

5. Und zum Schluss machen wir aus den Bewertungen 1-6 eine 0 und aus den Bewertungen 7-9 eine 100. Der Grund für die Transformation der Bewertung in einen binären Wert (0 oder 100) hat mit der Art und Weise zu tun, wie Menschen Daten interpretieren. Auch wenn unsere jugendlichen Testteilnehmer den Grad ihres Interesses anhand einer abgestuften Skala angegeben haben, sind wir eigentlich daran interessiert zu erfahren, ob sie die Idee grundsätzlich interessant fanden (Bewertung 7-9) oder nicht (Bewertung 1-6). Der Wert 100 hilft uns, die Ergebnisse der Regressionsanalyse als Prozentsatz der Antwortgeber zu interpretieren. Sie werden diese Interpretation an späterer Stelle dieses Kapitels wiederfinden. Diese neuen Werte, die das Interesse an dem Konzept wiedergeben, stehen in der Spalte „Bewertung" der Tabelle 5.2.

6. Nun ist die Matrix bereit für eine sehr einfache Analyse mittels der Regressionsmethode.[68] Die Regressionsanalyse, ein sehr beliebtes und

68) P. E. Green und V. A. Srinivasan, „A General Approach to Product Design Optimization via Conjoint Analysis", *Journal of Marketing* 45 (1981: 17-37)

weithin verfügbares statistisches Analyseinstrument, verknüpft unabhängige Variablen (Elemente) mit einer abhängigen Variable (Bewertung). Was wir hier eigentlich versuchen wollen, ist, das Vorhandensein/Nichtvorhandensein jedes der 36 Elemente in unserem Newsletter-Testkonzept mit der Bewertung durch die Testteilnehmer über ihr Interesse oder Desinteresse zu verknüpfen (entsprechend 0 oder 100).

7. Die Zahlen, die sich aus der Regressionsanalyse ergeben, geben Aufschluss über die Chancen beziehungsweise die so genannte *bedingte Wahrscheinlichkeit*, dass eine Zielperson das Konzept interessant findet.

Konzept	Silo A						Silo B							Silo D						Bewertung	
	1	2	3	4	5	6	1	2	3	4	5	6		1	2	3	4	5	6	1-9	0-100
1	0	0	0	0	1	0	0	0	0	0	1	0	...	0	0	0	0	0	1	4	0
2	0	1	0	0	0	0	0	0	0	0	1	0	...	0	0	0	1	0	0	6	0
5	1	0	0	0	0	0	0	0	0	0	0	0	...	0	0	1	0	0	0	8	100
6	0	0	0	0	1	0	1	0	0	0	0	0	...	0	0	1	0	0	0	7	100
13	0	0	0	0	1	0	0	0	0	0	1	0	...	0	0	0	0	0	0	3	0
21	1	0	0	0	0	0	0	0	0	0	0	0	...	0	0	0	1	0	0	2	0
22	0	0	0	1	0	0	0	0	0	0	0	0	...	0	0	0	0	0	1	7	100
23	0	0	0	0	0	0	0	0	0	1	0	0	...	0	0	0	0	0	0	6	0
25	0	0	0	1	0	0	0	0	0	0	0	0	...	0	0	0	0	1	0	3	0
26	0	0	0	0	0	0	1	0	0	0	0	0	...	0	1	0	0	0	0	9	100
47	0	0	0	0	0	0	0	0	1	0	0	0	...	1	0	0	0	0	0	3	0
48	0	0	0	0	0	0	0	0	0	0	1	0	...	0	0	0	0	0	0	5	0

Tabelle 5.2: *So sehen das Experimentaldesign und einige Daten aus: Ausschnitt aus den Gesamtdaten*

Welche Erkenntnisse über die Denkweise von Jugendlichen förderte RDE zutage?

Lassen Sie uns nun den Experten, die die Ergebnisse des Tests betrachteten, über die Schulter blicken. Die Bewertungen wurden gesammelt, jede Einzelbewertung wurde der Regressionsanalyse unterzogen und die Ergebnisse in einer Tabelle dargestellt. Nun wollen wir die Daten interpretieren, wie es Marketingexperten, Werbeagenturen oder Mediaplaner tun.

Die erste Zahl, die sich aus der Analyse ergibt, ist die *Additionskonstante,* das heißt die bedingte Wahrscheinlichkeit, dass sich ein Jugendlicher grundsätzlich für das E-Zine interessiert, wenn das Konzept keine weiteren Elemente enthält. Dieser Wert gibt darüber Aufschluss, wie groß das Interesse unserer jugendlichen Tester an ihren E-Zines wirklich ist. Die Additionskonstante beträgt lächerliche 25. Das heißt, *ohne irgendwelche zusätzlichen Informationen* sind nur 25 Prozent an einem E-Zine interessiert. Wir haben also bereits etwas Wichtiges gelernt: Die grundlegende Idee eines E-Zines für Teenager braucht mehr „Futter", um Interesse zu wecken. Übrigens ergibt sich die Additionskonstante aus der Regressionsanalyse. Es ist also nicht notwendig, die Testteilnehmer nach ihrem allgemeinen Gefühl zu befragen. Dieses ergibt sich aus der Analyse der Beziehungen zwischen ihren Bewertungen und den Elementen, die in das Projekt aufgenommen werden.

Die RDE-Methode zerlegt die Daten unserer 386 befragten Teenager mittels verschiedener Kriterien, die auf Basis eines Fragebogens zur Selbstauskunft gewonnen wurden. Für jede Gruppe an Teenagern entwickeln wir das RDE-Modell unter Angabe der Additionskonstante (grundsätzliches Interesse) sowie des jeweiligen Beitrags jedes einzelnen der 36 Elemente zur Bewertung. *Egal, wie wir die Daten segmentieren und aufspalten stellen wir fest, dass das Konzept eines E-Zines für sich genommen kein großes Interesse bei der Zielgruppe auslöst.* Es kommt auf den *Inhalt* an.

Die Regressionsanalyse generiert eine Zahl für jedes der 36 Elemente. Die Zahl (eigentlich der Koeffizient im Regressionsmodell, der häufig als *Gebrauchswert* bezeichnet wird), zeigt die *bedingte Wahrscheinlichkeit beziehungsweise die Chancen, dass ein bestimmtes Element das Interesse steigert.* In anderen Worten: Der Koeffizient gibt ungefähr die ansteigende (positive Werte) oder absteigende Veränderung der Prozentpunkte hinsichtlich der Zahl der interessierten Jugendlichen wieder. Wir betrachten nur die am besten bewerteten Elemente – also solche, die den größten Nutzen bieten oder die größte Wirkung erzielen und bewirken, dass die Zahl der Jugendlichen, die ein Interesse an dem E-Zine zeigen, signifikant ansteigt, wenn diese Elemente in ein Konzept oder eine Website integriert werden. Das ist das „Gold", das die RDE-Methode zutage fördert. Die RDE-Methode sagt Ihnen genau, was Sie tun müssen, um Ihre Zielgruppe erfolgreich anzusprechen (siehe Tabelle 5.3).

Die erste Feststellung lautet, dass das Spektrum der Nutzen sehr eng ist. Die am besten bewerteten Elemente generieren nur zusätzliche 6 Prozent an interessierten Jugendlichen – das ist ziemlich mager. Tatsächlich schneidet keines der Elemente wirklich gut ab. Die E-Zines sollten Gebrauchswerte von +10 und mehr erreichen, was bedeutet, dass mindestens zusätzliche 10 Prozent an Jugendlichen an dem E-Zine interessiert wären, wenn dieses Element in das

Konzept integriert würde. *Dieses mittelmäßige Ergebnis kann entweder damit zusammenhängen, dass E-Zines für Jugendliche ihr Ziel verfehlen* oder dass unsere Testteilnehmer in Segmente mit unterschiedlichen Mentalitäten fallen, die sich gegenseitig neutralisieren. Möglicherweise bilden sie zwei oder mehr Gruppen, die sich stark voneinander unterscheiden, selbst wenn sie aus dem Blickwinkel ihrer Selbstbeschreibung gleich aussehen.

Newsletter-Elemente	
Mach mit beim Quiz und gewinne eine CD	6
Versteh dich selbst	6
Eine Multimedia Section mit tollen ShockWave Movies	6
Boys, hier gibt euch ein cooler Typ Tipps für eure Sorgen	5
Check das TV-, Kino- und Radioprogramm	5
Mach mit beim Techie Trivia Test	5
Finde den Job, der zu deiner Persönlichkeit und zu deinen Interessen passt	5

Tabelle 5.3 *Die von allen 386 Testteilnehmern am höchsten bewerteten Elemente*

Eine natürliche Frage stellt sich dabei: Wie gut ist +6? Ist das eine gute oder schlechte Bewertung? Tabelle 5.4 gibt eine Art Daumenregel. Das Spektrum ist nicht festgeschrieben, und die Beschreibungen sind nur eine Annäherung, aber sie geben eine allgemeine Vorstellung darüber, ab welcher Bewertung ein Element als wichtig eingestuft werden kann.

Spektrum der Gebrauchswerte	Interpretation
16 und höher	Super! Sehr ausgeprägtes Interesse
10-15	Sehr gut.
5-9	Ok, bringt etwas.
0-4	Wird das wirklich gebraucht? Es bewirkt kaum etwas – Sie können es auch herauslassen.
weniger als Null	Schlecht. Senkt das Interesse. Das sollten Sie tunlichst vermeiden.

Tabelle 5.4 *Wie sich die Gebrauchswerte (wenn die eigentliche Bewertung in die binären Werte 0-100 umgewandelt wurde)*[69] *interpretieren lassen*

69) Die Gebrauchswerte in Tabelle 5.4 sind relevant für die Umwandlung der Bewertungen in die Skala 0-100. Wenn die Testteilnehmer bei ihrer Bewertung zum Beispiel die Zahlen 1 bis 9 vergaben, wurden diese folgendermaßen umgewandelt: aus 1-6 wurde 0, aus 7-9 wurde 100. Bei einer Bewertungsskala von 1-5 wurden Werte von 1-3 in 0 umgewandelt und Werte von 4-5 in 100 etc. Siehe die vorhergehende Zusatzinformation.

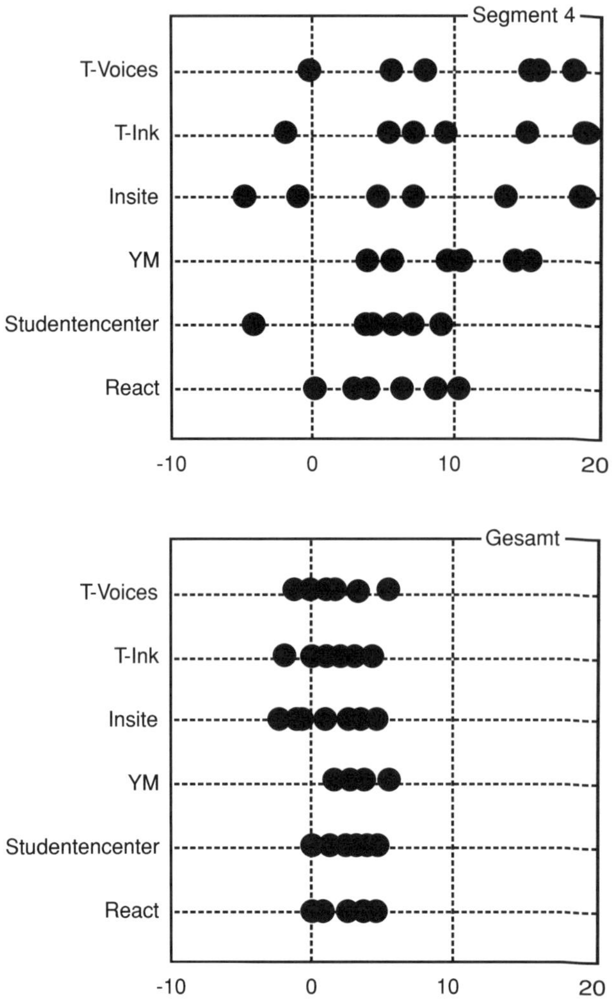

Abbildung 5.2 *Gesamtbewertung der verschiedenen E-Zines durch die Gesamtzahl der Testteilnehmer (obere Abbildung) und ein bestimmtes Zielsegment (Segment 4, untere Abbildung). Jeder Kreis entspricht einem Element mit den Gebrauchswerten, die sich aus dem Regressionsmodell ergaben.*

Die zweite Feststellung ist, dass es nur sehr wenig schlechte Elemente gibt. Es ist an dieser Stelle erwähnenswert, dass wir in unserer Erfahrung bei der Dekonstruktion solcher kommerzieller Materialien – egal, ob es sich um E-Zines oder Werbung handelt, eher selten auf Negativelemente stoßen. *Unterneh-*

men filtern die offensichtlich schlechten Ideen meist von vornherein heraus. Allerdings stoßen wir gleichzeitig auch nicht auf sehr viele brillante Ideen, wahrscheinlich weil derselbe Filterprozess, mit dem die schlechten Ideen aussortiert werden, dazu neigt, Extreme beider Richtungen zu eliminieren und somit mittelmäßige Ideen begünstigt, die niemanden richtig glücklich machen.

Das dritte und interessanteste Ergebnis resultiert aus der Betrachtung der Gesamtbewertung der verschiedenen E-Zines. Hat irgendeines dieser E-Zines „den Bogen raus" und bietet konstant hohe Gebrauchswerte? Und umgekehrt, liegt irgendein E-Zine mit schöner Regelmäßigkeit daneben und weist Gebrauchswerte um 0 auf? Bei der Betrachtung von Abbildung 5.2, in der jeder Kreis für ein Element steht, das aus dem betreffenden E-Zine der auf der Y-Achse genannten E-Zines entnommen wurde, fällt auf, dass die meisten E-Zines irgendwo in der Mitte liegen. Kein einziges E-Zine schneidet konstant gut oder überdurchschnittlich gut ab.

Wenn alle Elemente mittelmäßig abschneiden, lassen sich vielleicht unterschiedliche Mentalitäten identifizieren

Es sieht so aus, als ob Jugendliche kein großes Interesse an dem Inhalt der E-Zines hätten. Kann das stimmen? Wenn das grundsätzliche Interesse (Additionskonstante) nur bei 25 Prozent liegt und keines der Elemente mehr als 6 Prozent zusätzliches Interesse weckt, dann stellt sich die Frage, wie sich die zunehmende Zahl an E-Zines und ganz allgemein der webbasierten Kommunikation erklären lässt. Liegen alle daneben?

Das ist nicht sehr wahrscheinlich. Wir müssen *die Jugendlichen nach ihren Präferenzmustern segmentieren.* Wenn wir sie nach ihren Nutzenmustern clustern, erhalten wir vier verschiedene Gruppen oder Segmente (wie zuvor erwähnt nimmt das RDE-Tool diese Segmentierung automatisch vor, das heißt, wenn es Segmente gibt, werden sie automatisch erkannt). Wir wissen aus unserer statistischen Arbeit nicht genau, um was für Segmente es sich dabei handelt. Vielmehr betrachten wir diese Gruppen, die uns der Computer automatisch auswirft, und sehen dann, welche spezifischen Elemente am besten abschneiden.[70]

---

70) P. E. Green und A. M. Krieger, „Segmenting Markets with Conjoint Analysis", *Journal of Marketing* 55 (1991: 20-31).

Diese *überzeugenden Ideen oder Elemente definieren, worauf es diesem Segment ankommt.*

Man kann davon ausgehen, dass die Segmente in sich homogener sind, dass *die Jugendlichen desselben Segments das gleiche denken und auf die gleiche Weise reagieren, weil sie die gleiche Mentalität haben.* Nun könnten wir jedes der vier identifizierten Segmente eingehend unter die Lupe nehmen. Das würden wir tun, wenn wir in der E-Zine-Branche tätig wären. So weit müssen wir hier nicht ins Detail gehen. Werfen Sie noch einmal einen Blick auf Abbildung 5.2 (untere Abbildung, Segment 4). Es genügt zu sagen, dass es sehr aufschlussreich ist und gewissermaßen unerwartet kommt, dass die Nutzen bei diesem großen Segment, das sich am besten als „Ich möchte mich mitteilen und mich selbst ausdrücken" beschreiben lässt, Werte erreichen, die weit über +10 liegen.

Zusammenfassung: Wie gehen wir weiter vor, nachdem wir jetzt wissen, welche Zielgruppen es gibt und was sie interessiert?

Das Ziel dieser RDE-Übung bestand darin, die E-Zines der Wettbewerber für die Bestimmung der erfolgreichen versus der nicht erfolgreichen Aspekte zu nutzen. Der Herausgeber des E-Zines war ziemlich erfolgreich – *allein das Wissen darüber, was der Wettbewerb kommunizierte, machte deutlich, welche Botschaften bei welcher Zielgruppe ankamen.* Aber RDE lehrt uns noch viel mehr. Wir entdeckten einige Dynamiken des E-Zine-Markts, die von dem sehr mäßigen Grundinteresse an dieser Kommunikationsform bis zu den existierenden Mentalitätstypen reichen (von denen es vier gibt, die unseren vier Segmenten entsprechen), und schließlich lieferte RDE uns auch noch eine Wettbewerbsanalyse, die uns Aufschluss darüber gab, wer die richtigen Botschaften aussandte und wer nicht. Ein einziges RDE-Projekt lieferte alle diese Informationen praktisch über Nacht, und zwar allein auf Basis des Materials, das uns die konkurrierenden E-Zines auf ihren öffentlich zugänglichen Websites freundlicherweise zur Verfügung gestellt haben!

Dadurch, dass die RDE-Methode das gesamte Spektrum der Inhalte und des Sprachgebrauchs kennt, das Wettbewerber in ihrer Kommunikation verwenden, können Unternehmen mit dieser Methode an die Spitze der Wettbewerbsanalyse gelangen, die über die Sammlung von Informationen hinaus Wiedererkennungsmuster und sogar „Rezepte" bietet. Wir wissen nun, was E-Zines aussagen, aber wenn wir wollten, wären wir sogar in der Lage, *die Inhalte so zu synthetisieren,* dass sich daraus ein neues E-Zine entwickeln ließe, das alle Segmente anspricht. RDE ermöglicht Ihnen *eine wissensbasierte Neuentwicklung anstatt sich einfach auf den Erwerb des Wissens zu beschränken.*

***

Nun sind wir wieder bei Allison-die-Entrepreneurin und sehen, ob sie ihren Geschäftszielen nach dem eifrigen Studium dieses Kapitels ein Stückchen näher gekommen ist.

Es ist allgemein bekannt, dass es nicht ausreicht, ein großartiges Produkt zu entwickeln – man muss es auch *verkaufen*. Allison-die-Entrepreneurin vermittelt (noch) nicht das Bild einer mit allen Wassern gewaschenen Marketingexpertin. Sie ist mit dem Wettbewerb einer ganzen Schwemme an selbst gemachten und weberfahrenen Unternehmern der eBay-Generation konfrontiert, die sich wahrscheinlich bereits im Markt *etabliert* haben, selbst wenn ihre Produkte möglicherweise unterlegen sind. Vielleicht ist es ihnen sogar gelungen, sich über eine ständig wachsende Zahl an E-Zines und anderen Kommunikationsformen im ganzen Cyberspace zu verbreiten. Allison sieht ihre Websites und Newsletter, ihre Botschaften und ihre optische Gestaltung, aber sie weiß nicht, was sich bewährt und was nicht. Sie hat einfach keinen blassen Schimmer, wo sie überhaupt anfangen soll, und ihr fehlen die Zeit und die Mittel, um all die Schritte zu wiederholen, die ihre Wettbewerber schon hinter sich haben, und aus deren Fehlern zu lernen.

Was macht sie also? Allison scheut vor keiner Herausforderung zurück. Ausgerüstet mit der Orientierung, die ihr dieses Kapitel gibt, *zerlegt* sie die Botschaften, Ideen und Bilder der Websites ihrer Wettbewerber und fügt einige ihrer eigenen hinzu. Und wie wir wissen, ist sie ziemlich einfallsreich. Dann fügt sie sie mit Hilfe eines webbasierten Tools zu verwendungsfertigen *Experimentaldesigns* zusammen. Praktisch jeder kann dieses Tool ganz leicht und ohne die Unterstützung eines Statistikbuchs (das Allison ganz nebenbei seit ihrer höchst unerfreulichen Uniklausur vor einigen Jahren auch nicht mehr hat) anwenden. Anschließend lädt Allison per E-Mail, Web-intercept oder Panel-Recruiting Mitglieder ihrer anvisierten Zielgruppe zu einer *kurzen Umfrage* im Internet ein. Innerhalb weniger Stunden oder vielleicht eines Tages hat sie genug Teilnehmer für die Umfrage beisammen. Und das System generiert *automatisch* Ergebnisse, auf deren Basis sie zur Tat schreiten kann, indem es zeigt, welche Dinge bei ihrer Zielgruppe ankommen und welche nicht, wer die richtige Formel gefunden hat und welche Verbrauchermentalitäten und einstellungsbezogenen Segmente es für eine effiziente, zielgerichtete Ansprache und eine höchstmögliche Gewinnerzielung gibt.

Die Schönheit der RDE-Methode zur Wettbewerbsanalyse liegt darin, dass sie *einfach und kostengünstig ist, schnell neues Wissen und sofort umsetzbare Ergebnisse liefert.* Allison braucht nicht einmal Fokusgruppen; sie muss nur die Websites ihrer Wettbewerber dekonstruieren. Sie muss sich keine Gedanken über Webserver und IT-Abteilungen machen. Alles, was sie braucht, ist ein PC und ein Internetanschluss. Die technisch ausgefeilten Server des Tool Providers übernehmen den Rest, darunter auch das Experimentaldesign, die Datenerhebung, Regression, Analyse, Segmentierung und so weiter. Im Allgemeinen fällt ein Kostenvergleich mit den beliebten Fokusgruppen, die Allison sowieso nicht braucht, sehr positiv aus. Und RDE braucht nur wenige Stunden bis einen Tag, um die kompletten Ergebnisse zu liefern. Der unternehmerische Nutzen: Allison erfährt von den unterschiedlichen Mentalitäten ihrer potenziellen Kunden, die sie mit anderen Methoden vielleicht nie entdeckt hätte.

Nicht schlecht für einen Unternehmer, der keine großen Sprünge machen kann und nicht viel mehr als einen Laptop besitzt! Allen Menschen, die sich von der aggressiven Werbung der Wettbewerber eingeschüchtert und überwältigt fühlen, allen, die nicht wissen, wo sie anfangen sollen, die sich nachts im Bett unruhig von einer Seite zur anderen wälzen und sich fragen:

> Würd' ich? ... Könnt' ich? ...

sei gesagt:

> Probieren Sie! Probieren Sie![71]
> Sie können durchaus Erfolg haben.

71) Dr. Seuss, *Green Eggs and Ham* (Random House: New York, 1976).
Auszug:
„Would you? Could you? In a car?
Eat them! Eat them! Here they are.
You may like them. You will see.
You may like them in a tree!"

TEIL II

Wie man die Zukunft bestimmt

Der Geist war aus der Flasche. Angesichts des nachweislichen Erfolgs der RDE-Methode, die zahlreichen cleveren Unternehmen zu riesigen Gewinnen verholfen hat, ist es kein Wunder, dass fortlaufend weitere Entwicklungsaktivitäten stattfinden, um die Grenzen der Anwendbarkeit dieser Methode auszutesten und immer neue Anwendungsgebiete zu erschließen. Lesen Sie hier, wie die RDE-Methode zum Motor der Innovationstätigkeit wird, wie sie neue und bessere Verpackungen und Zeitschriftencover entstehen und keine Chance unentdeckt lässt.

Kapitel 6

Der Zauberwürfel der Innovationen in der Konsumelektronik

Auf einer kürzlich erfolgten Reise entlang der Route Miami - New York stieß Alex Gofman, einer der beiden Autoren, beim Durchblättern der Zeitschrift *AmericanWay* auf einige kurze, aber interessante Artikel, die eine weitere Bestätigung für den unaufhörlichen Strom an Innovationen sind, der zu dem Hyperwettbewerb geführt hat, der von vielen Ländern und ihren Unternehmen so sehr gefürchtet wird.[72]

Erster Artikel:

> „Starke Töne"
>
> Bei der letzten Zählung gab es 2.345 Arten von Minikopfhörern und Ohrstöpseln für tragbare Musikgeräte, wobei Sennheisers drei iPod-Begleiter eindeutig aus der Masse hervorstechen. Der PX100 ($60) bietet eine überraschend gute Klangreproduktion mit tiefen Basstönen, die vor einigen Jahren noch undenkbar waren. Dasselbe gilt für den PX200 ($70, abgebildet) mit seinen ohrumschließenden Ohrpolstern, die das

72) *AmericanWay*, Ausgabe vom 1. November 2005; AA Publishing, Fort Worth, TX.

Entweichen der Musikgeräusche dämpft. Der preisgünstige MX500 ($20) bietet nicht ganz dieselbe beeindruckende Klangfülle, aber Sie werden sich in sein auffallendes Metallicblau und den In-Line-Lautstärkeregler verlieben. www.sennheiserusa.com

Chris Tucker

Zweiter Artikel:

„Kleine Investition – großer Gewinn“

Das Nokia 770 Internet Tablet bewegt sich im mittleren Bereich des Marktes für portable Geräte mit Netzzugang – es ist kleiner als ein Laptop und größer als ein Mobiltelefon –, auf dem sich immer mehr Anbieter tummeln. Auf Basis der Open-Source-Software von Linux verfügt das Wi-fi-fähige Modell 770 über einen beeindruckend hochauflösenden Bildschirm für die Wiedergabe von Fotos und Websites. Außerdem bietet es Internetradio und RSS feeds, damit Sie häufige Updates Ihrer Lieblings-Blogs laden können. $350. www.nokiausa.com/770

C. T.

Wenn der leidenschaftliche Musikfan jeden verfügbaren Minikopfhörer für jeweils eine Minute testen will, würde er mehr als 40 Stunden oder eine ganze Arbeitswoche brauchen. Und das allein für die Kategorie Minikopfhörer! Mit wachsendem Erstaunen registrieren wir das immense Spektrum an Wettbewerbsangeboten. Wie kann ein Unternehmen in einem derart überfüllten Markt überhaupt noch ein neues Produkt entwickeln, das aus der Masse herausragt? Gibt es dabei Hilfe?

Im Bereich der Neuproduktentwicklung wird ein immenser Forschungsaufwand getrieben. Ganze Bände und umfassende Zeitschriftenausgaben widmen sich diesem Thema. Und die Chancen sind immer noch unendlich groß. Neben den Produkten und Services ist eine ganze akademische Disziplin entstanden, die auf Innovation fokussiert – was Innovation überhaupt ist, wie sie gefördert und kanalisiert werden kann, wie sich davon profitieren lässt und eine endlose Liste an weiteren Fragen.

Welches sind zum Beispiel die Voraussetzungen für Erfolg in Entwicklung und Verkauf von Konsumelektronik? Ist es ein Designer, der den *Finger am Puls* der Masse hat (wie im Falle des iPod), ein aggressives Marketingtalent (wie bei Microsoft), ein seriöser Werbeguru oder alles zusammen? Vielleicht liegt das wahre Geschäft in der Erfindung neuer Produkte in der Kombination von Merkmalen anderer Produkte, wie in dem eingangs beschriebenen Tablet PC? Wenn Erfindung in Wahrheit eine Neukombination vorhandener Merkmale ist, dann sollten sich die Merkmale zu einem sinnvollen Mix ergänzen. Es gibt viele Fragen, die beantwortet sein wollen, aber die Antwort kann positiver, leichter verfügbar und greifbarer sein, als man vielleicht denkt.

Lassen Sie uns einen näheren Blick auf den RDE-basierten *kombinatorischen Ansatz* zu F&E werfen und die Chance entdecken, die sich Allison-der-Entrepreneurin – und letztlich uns allen – bietet. Die Ergebnisse dieses systematischen Vorgehens können neue Ideen sein, die in kürzerer Zeit entstehen. An diesem Punkt wendet sich der ewige Zweifler, der den Dingen wieder einmal vorauseilt, vielleicht zu Wort: Innovation durch Kombination sei dann doch zu mechanisch, seelenlos und automatisch und habe daher nichts mit dem Zauber echter Kreativität zu tun. Solche Befürchtungen sind nicht wirklich begründet. Michael Vance, der bekannte US-amerikanische Kreativitätsexperte, Dozent und Dekan der Disney University, sagte einmal: „Innovation ist die Kreation des Neuen oder die Neuanordnung des Bekannten auf eine neue Art und Weise."[73]

Wir teilen die Überzeugung des Geschäftsführers von IDEO, Tom Kelley, der an einen „billigeren, schnelleren und einfacheren Ansatz"[74] glaubt. Wenn Sie sich den Luxus leisten können, viele Monate auf Marktforschung zu verwenden, um Ihre Kunden zu beobachten und am Ende mit einem „perfekten" Produkt aufzuwarten, können Sie sich glücklich schätzen. Allerdings sind Sie damit die Ausnahme im heutigen Markt. Ihre Wettbewerber sind vielleicht nicht bereit, so lange zu warten und besetzen Marktanteile, bevor Sie die Gelegenheit dazu haben. Erinnern Sie sich an den rasenden Erfolg von Microsoft Windows 3.0 (gefolgt von 3.1), das kurz vor OS/2 2.0 auf den Markt kam? Die Software OS/2 2.0 war Gates' neuem Produkt in vielerlei Hinsicht überlegen, fand aber schließlich ein trauriges Ende. Man kann natürlich argumentieren, für dieses Scheitern habe es viele Gründe gegeben.[75] Lassen Sie uns betrachten, welche Rolle einer dieser Aspekte – *das Timing* – für Erfolg und Misserfolg spielt.

---

73) Wie zitiert in Kerri Salls, „Of Butterflies and Bumblebees", *Breakthrough Success Newsletter, BBS* 4(26) (2. August 2005).

74) Tom Kelley, *The Art of Innovation: Lessons in Creativity from IDEO, America's Leading Design Firm* (Currency: New York, 2001)

75) Manche glauben, dass die „Schuld" nicht allein Microsoft trifft. Oft hing Microsofts Erfolg nicht damit zusammen, dass das Unternehmen so clever oder rücksichtslos war, sondern damit, dass seine Wettbewerber so „langsam, unfähig, inkompetent und kurzsichtig" waren (Brad Wardell, „Celebrating OS/2 2.0s 10th birthday", www.stardock.com/stardock/articles/os2_birthday.html, 31. März 2002.

Mitte der 1980er Jahre arbeitete IDEO an einem Dynabook Laptop – ein schwarzer Magnesiumcomputer aus einem Guss und eines der elegantesten tragbaren Geräte, die es damals gab, dessen Look seiner Zeit weit voraus war. Einige der erfolgreichsten visionären Menschen der damaligen Zeit glaubten, das Design würde der Renner werden. Zu ihnen zählte auch Tom Kelley selbst, der zusammen mit wichtigen Risikokapitalgebern für sein zig Mal unter Beweis gestelltes untrügliches Gespür für kommende Trends bekannt ist. Eine Sache, die weder Dynabook noch seine Unterstützer vorausgesehen hatten, war, dass Intel kurz darauf seinen neuen Prozessorchip Intel 386 einführte. Als Dynabook schließlich sein Designjuwel auf den Markt brachte, das auf einem alten Intel-Chip 286 basierte, erkannte die Dynabook-Fraktion, dass *selbst das schönste Design und die am besten integrierten Eigenschaften der Welt eine überholte Technologie nicht erfolgreich machen konnten.*[76] Das richtige Timing ist einfach alles.

Wie wir in den vorhergehenden Kapiteln gesehen haben, fördert und nutzt der RDE-Prozess eine hohe Geschwindigkeit. Kann der gesamte Ansatz noch demokratischer, schneller und leichter gestaltet werden, so dass jeder an jedem Ort der Welt RDE anwenden kann, um praktisch über Nacht, oder sagen wir in 24 Stunden, zu erfahren, was in den Köpfen der Verbraucher vorgeht?

Angesichts der immer ausgefeilteren (und immer nutzerfreundlicheren) Technologien, die heute auf dem Markt sind und der weltweiten Verbreitung des Internets, ist die Antwort auf eine Rationalisierung des RDE ein nachdrückliches „Ja".[77] Lassen Sie uns das „Wie" – und genauso wichtig – das „Warum" untersuchen.

RDE im Kern eines rationalisierten, kombinatorischen F&E-Ansatzes

Eine leichte Methode, um ein Verständnis der rationalisierten Entwicklung zu gewinnen, besteht darin, ein bestimmtes Szenario zu entwerfen, sich von dort aus rückwärts zum Ausgangspunkt zurück zu arbeiten und zu sehen, welche Voraussetzungen für dieses Szenario nötig sind. Unser Szenario fokussiert auf ein neues Startup-Unternehmen in Asien. Das Unternehmen Abacus (der echte Name sowie der Produktname wurden verändert), ist in der Entwicklung und Vermarktung neuer Konsumelektronikprodukte tätig. Die Mitglieder der Unter-

76) Tom Kelley, *The Art of Innovation*, siehe Anmerkung 3.
77) Alex Gofman und Howard Moskowitz, „Consumer-Driven ‚Concept Innovation Machine': A Dream or Reality?", in *Proceedings of the XVI ISPIM Annual Conference*, „The Role of Knowledge in Innovation Management", Porto, Portugal, 2005.

nehmensführung von Abacus, die allesamt unter 30 Jahre alt und erfüllt von dem Enthusiasmus visionärer Jugendlichkeit sind, haben sehr wenig Geld zur Verfügung – praktisch gar keins. Aber alle vier Abacus-Gründer sind so genannte Internet-Geeks – Menschen, die mit Computern aufgewachsen sind und für die das Internet eher eine Lebensform als eine Technologie ist. Bevor sie sich zusammentaten, um Abacus zu gründen, hatten sie in verschiedenen Unternehmen gearbeitet: als Programmierer, Webdesigner, Verkäufer von Computersoftware, und sie hatten eine schier unendliche Zahl an Computerspielen gespielt.

Um zu verstehen, *was* sie entwickeln mussten, war es für Abacus wichtig, die Reaktion der Verbraucher auf neue Ideen für Konsumelektronik zu messen. Nach einigen ersten Marktforschungsinitiativen stellten die jungen Unternehmer bald fest, dass die Mehrheit der Innovationsanstrengungen, die sie in ihrer Branche entdeckten, einem immergleichen Muster folgten: dem Durchleuchten der Umgebung nach Ideen, der Vorstellung neuer Ideen in Fokusgruppen auf der ganzen Welt und einer anschließenden Entwicklung von Prototypen. Diese Projekte wurden von Ingenieuren geleitet, folglich lautete die Methode *entwickeln, messen, auf den Markt bringen.*

Vielleicht gab es aber noch einen besseren Weg. Die neuere Vision suggerierte, dass sich möglicherweise mit Hilfe des Internets und einer Technik wie RDE neue Ideen für Konsumelektronikprodukte synthetisieren ließen. Aber wie? Was war das Geheimnis?

Zunächst wurde klar, dass die *konventionellen Methoden zur Ideengenerierung zu lange dauerten.* Zwar funktionierte die Wettbewerbsbeobachtung, und die Marktforschungsexperten auf der ganzen Welt lieferten lange Berichte, die detailliert Aufschluss darüber gaben, was die Menschen taten. In jedem Unternehmen gibt es ganze Räume oder – bei weniger archivierwütigen Unternehmen – zumindest Regalwände, in denen sich die Berichte stapelten. Fokusgruppen ließen sich für eine neue Produktidee leicht zusammenstellen, aber das war sehr teuer, und oft kam nicht mehr dabei heraus, als eine Bestätigung bekannter Ideen.[78]

Nichtsdestotrotz zeigte sich beim Durchsuchen des Internets wiederholt, dass ständig neue Produkte und Services für Konsumelektronik entwickelt wurden, und zwar in alarmierender Geschwindigkeit. Das Surfen durch Seiten wie CNET machte deutlich, dass das Tempo spürbar anzog. Kaum war ein neues Produkt auf dem Markt, drängte schon eine ganze Batterie an Nachahmerpro-

78) Siehe Kapitel 1.

CNET.com
Weekend Hit List

January 27, 2007

View online | Manage newsletters | Unsubscribe | Send us feedback

Full review of Windows Vista

Microsoft's next-gen operating system is ready to hit stores. Actually, six versions of Microsoft's next-gen OS are ready to hit stores. How big is the Windows Vista buzz? Let's just say that our Vista Ultimate review got more clicks this week than CNET TV's video on high-def porn. That's pretty big. Still, six versions of one OS can cause confusion, so we've got a chart that compares the four major editions of Vista and tells you what you'll get when buying each one. Once you've found the Vista that looks best for you, click its name in the chart to see a full review.
Read full story

Tim Moynihan
CNET.com

This week's Hit List

1. Sony VAIO UX Micro PC
2. Motorola Razr V3xx
3. Celluon Laserkey CL800BT
4. Apple iPhone
5. Griffin Disko
6. Motorola A1200
7. Sony NW-S205
8. Fossil Caller ID Wristwatch w/ Bluetooth
9. V-moda Vibe
10. Palm Treo 750

http://ct.cnet-ssa.c

Top 10 reviews this week

1. Pioneer PRO-FHD1
2. Sanyo M1
3. Logitech diNovo Edge
4. Dell Latitude ATG D620
5. KEF FiveTwo Series Model 7
6. 2007 Saturn Sky Red Line
7. Windows Vista Ultimate
8. Nokia N800 Internet Tablet
9. 2007 Chrysler Pacifica Limited
10. Apple MacBook Pro (Core 2 Duo 2.33GHz, 17-inch)

PIONEER PDP-5070HD
SONY KDS-R60XBR2
mySimon
SUPER BOWL
ULTIMATE
HDTVs
GO

Top community discussions

1. Is Vista the new Windows ME?
2. Is MiniDV almost dead?
3. HD DVD vs. Blu-Ray
4. Why all the hating on Vizio TVs?
5. What do you use your cell phone for?
6. Which 2007 prediction is most likely?
7. Getting the Super Bowl in HD
8. Should I get an HDTV service plan?
9. How to beat keyloggers
10. Zune, Zen Vision:M, or iPod?

Five Most Wanted phones this week

1. Apple iPhone
2. Cingular 8525
3. Samsung BlackJack
4. Nokia N95
5. LG CU500

Abbildung 6.1 *Beispiel einer E-Mail von CNET, in der die neuesten Konsumelektronikangebote der Woche vorgestellt werden*

dukten mit echten oder angeblichen Verbesserungen auf den Markt, und zwar genau zu dem Zeitpunkt, da der Produktvorreiter sich gerade am Markt durchzusetzen begann. Abbildung 6.1 zeigt einen von mehreren E-Mail-Newsletters, die CNET wöchentlich versendet. Multiplizieren Sie das mit 10 oder 20, und Sie erhalten eine Vorstellung von dem intensiven, fast darwinistischen Überlebenskampf in der Konsumelektronikindustrie. Fast alle Produkthits auf dieser Liste sind multifunktional. Noch vor wenigen Jahren (oder sogar Monaten) hätte diese Art Kombination an Funktionen und Merkmalen noch ins Reich der Science Fiction gehört oder wäre ganz einfach unvorstellbar gewesen.

Rationalisierung des Innovationsprozesses bei Abacus mit Hilfe der RDE-Methode

Lassen Sie uns betrachten, wie Abacus seinen Innovationsprozess restrukturierte, um ihn einfacher, schneller und kostengünstiger zu machen. Diese Transformation lässt sich in die folgenden drei Prinzipien zusammenfassen:

- **Prinzip 1: Demokratisieren** – Die RDE-Methode muss auf einem Internettool basieren, das von jedermann, an jedem Ort und zu jedem Zeitpunkt angewendet werden kann – selbst von jemandem, der nur über eine ganz geringe Erfahrung verfügt.

- **Prinzip 2: Genomisch denken** – Lassen Sie RDE die überzeugenden Ideen aus vielen verschiedenen Konsumelektronikprodukten herausfiltern und auf diese Weise eine „Datenbank der Verbraucherwahrnehmung" für elektronische Produkte erstellen. Lassen Sie RDE gleichzeitig andere Ideen generieren, so dass der Testteilnehmer ein *aktiver Miterschaffer* neuer Produkte wird und kein passiver Richter.

- **Prinzip 3: Innovation als Neukombination betrachten** – Kombinieren Sie nach der Identifizierung der überzeugenden Ideen in separaten, kleinen und leicht durchführbaren RDE-Studien diese Ideen zu neuen Produktkonzepten, und testen Sie sie in einer abschließenden RDE-Studie.

Von der Strategie zu den Einzelheiten: Wie Abacus dabei vorging

Bevor wir uns den Details des Prozesses widmen, soll die Frage gestellt werden, ob das RDE-Tool auch für *Designer und Ingenieure* geeignet und relevant ist? Oder ist es etwa nur für Marketingexperten interessant? Hier die kurze Antwort (Ausführlicheres dazu in Kapitel 7 „Wie sich cooles Design mit einer herausragenden Wissenschaft verbinden lässt", in dem wir uns mit Grafikdesign und RDE beschäftigen), die die Erfahrung einer Designagentur wiedergibt:

Ford & Earl ist ein Designunternehmen mit Sitz in Troy, Michigan, das auf Markenbildung spezialisiert ist. Renee Cameron, Consumer Insight Manager, hat Hunderte von Umfragen mittels IdeaMap®.Net konzipiert und durchgeführt. „Das Attraktive an dieser Methode ist, dass man für den gleichen Preis wie für eine einzige Fokusgruppe – aber in kürzerer Zeit – quantitative Daten erhält. Aus Zeit- und Kostengründen ist das ein klarer Vorteil. Noch attraktiver ist aber die Integrität dieser Methode."[79]

Und wie sieht es mit den Ingenieuren aus? In Kapitel 1 „Hewlett-Packard ändert seine Gangart", in dem die Erfahrungen von Hewlett-Packard zur Sprache kamen, haben wir das Verfahren bereits kennen gelernt. Das RDE-Verfahren ist also sowohl für Spezialisten aus technischen und künstlerischen Bereichen interessant als auch für Marketingexperten. Wie Reff Ewald, Renee Camerons Kollege und President der Optimization Group, Inc. so treffend sagte, als er die Funktionsweise von RDE und die Erfahrung von Hewlett-Packard beschrieb, „machen wir die Arbeit von sechs Monaten jetzt in zwei Wochen, und wir wissen ganz genau, was wir unseren Kunden von Hewlett-Packard empfehlen müssen".

Nun kommen wir zum nächsten Schritt bei der „Erfindung" eines neuen Produkts. Betrachten Sie Entwicklung als eine Neukombination von Komponenten, die Sie selbst erschaffen müssen. Die Computertechnologie wird Ihnen die schwere Arbeit des Mischens und Kombinierens der Ideen, der Datengewinnung und der automatischen Analyse und Berichterstellung abnehmen. Diese Schritte sind eine Variation des allgemeinen RDE-Verfahrens, das in der Einleitung beschrieben wurde.

Schritt 1: Entwerfen Sie eine allgemeine Struktur für die Silos der verschiedenen Produktbereiche

Diese Struktur veranlasst Abacus, ähnliche Ideen im Computer zu mischen und neu zu kombinieren („Mix and Match"). Bei der Entwicklung von Konsumelektronikprodukten sieht die Struktur ungefähr so aus, wie in Tabelle 6.1 dargestellt.

Silo (Kategorie)	Inhalt
Silo A	Was ist das? Was kann es?
Silo B	Für wen oder was ist es gedacht?
Silo C	Benutzerfreundlichkeit
Silo D	Merkmale
Silo E	Zubehör
Silo F	Wo kann man das kaufen?

Tabelle 6.1 *Grundstruktur, in die die Ideen für Konsumelektronikprodukte eingebettet werden*

79) Time Macer, „DIY MR ASAP OK?", *Research Magazine* 432 (Mai 2002: 42-43)

Schritt 2: Auswahl der Elemente/Ideen, die in dem genomisch inspirierten System „zusammengemischt" werden

Abacus entnahm Elemente aus drei verschiedenen Konsumelektronikprodukten und „mischte sie zusammen", um seine Weltneuheit zu kreieren. In Tabelle 6.2 sind einige dieser Ideen abgebildet.[80] Natürlich leisteten die Abacus-Gründer eine entsprechende Vorarbeit, um herauszufinden, welche Ideen sinnvoll erschienen, aber erst nach der Zusammenstellung der Ideen entdeckten sie, ob ihre Vermutungen zutrafen. Tatsächlich war es gar nicht so wichtig, in der ersten Wiederholungsschleife gleich die richtige Kombination zu finden, weil der RDE-Ansatz zulässt, dass anschließend weitere, neuere und andere Ideen eingebracht werden, nachdem grundsätzlich feststeht, welche Ideen Erfolg versprechen.

Tablet PC	Tragbarer DVD-Player	Tragbare Spielekonsole	Neue Merkmale – Tablet DVD Gamester
Eine erfolgreiche Kombination aus der Leistungsfähigkeit eines Notebooks und der Funktionalität eines Tablets	Mit einem tragbaren DVD-Player mit 7-Zoll-Bildschirm können Sie jede Show unterwegs verfolgen	Hebt tragbare Spielekonsolen mit multimedialer Funktionalität auf die nächst höhere Stufe.	**Eine erfolgreiche Kombination aus der Leistungsfähigkeit eines Notebooks und der Funktionalität eines Tablets**
Ein PC in PDA-Größe mit der Leistung eines Laptops	Ein tragbarer DVD-Player mit einem 10-Zoll-LCD-Bildschirm verwandelt eine ermüdende Reisezeit in stundenlange gute Unterhaltung	Ein elegantes, tragbares Gerät für Multimedia-Spiele, das zugleich Palm-, Video- und MP3-Funktionen enthält.	**Ein tragbarer DVD-Player mit einem 10-Zoll-LCD-Bildschirm verwandelt eine ermüdende Reisezeit in stundenlange gute Unterhaltung**
Ein voll ausgerüsteter PC, der in jede Jackentasche passt.	Ein tragbarer Multiformat-DVD-Player mit 3D Virtual Surround Sound	Ein tragbares All-in-one-Unterhaltungsgerät ... Spiele, Musik und vieles mehr	**Ein tragbares All-in-one-Unterhaltungsgerät ... Spiele, Musik und vieles mehr**

Tabelle 6.2 *Eine Liste an Ideen für Silo 1 („Was kann es?") aus drei Konsumproduktkategorien. Abacus wählte die grau hinterlegten Ideen für seinen Konzeptmix aus.*

80) Produkte in High-tech-Sektoren wie Konsumelektronik sind oft schon technisch überholt, bevor sie überhaupt auf den Markt kommen. Denken Sie daran, wenn Sie die Elemente in Tabelle 6.2 betrachten, weil sie aus heutiger Sicht altmodisch erscheinen können, obwohl sie zu der Zeit, als Abacus die Tests durchführte, avantgardistisch waren.

Schritt 3:
Einladung an potenzielle Kunden, sich zur Testteilnahme auf eine bestimmte Website einzuloggen

Das ist im Wesentlichen der gleiche Prozess wie in den vorhergehenden Beispielen, bei denen die Einladung der Testteilnehmer per E-Mail erfolgte.

Schritt 4:
(Automatische) Entwicklung und Test neuer Produktideen durch Testverbraucher (Feldstudie)

Die Testteilnehmer bewerten ein Konzept nach dem nächsten, und zwar in ziemlich schneller Reihenfolge - ohne eine lange Betrachtungszeit, so dass sie ihr spontanes „Bauch"gefühl äußern. Sie wissen nicht, und es ist ihnen sicher auch egal, dass die in diesen Konzepten enthaltenen Ideen genomisch inspiriert sind und drei verschiedenen Produkten entnommen wurden. Und selbst wenn sie es wüssten, würden sie diese Information sehr schnell wieder vergessen. Viele Teilnehmer solcher Internetumfragen sind nicht besonders aufmerksam, sie lesen nicht jedes einzelne Wort und antworten einfach aus dem Bauch heraus, so wie die meisten von uns auf eine Werbeanzeige oder ein Angebot reagieren. Wir haben Glück, wenn ein Teilnehmer überhaupt eine gewisse Grundaufmerksamkeit an den Tag legt. Sehr viel mehr kann man nicht erwarten. *Die Stärke der RDE-Methode liegt darin, dass sie funktioniert, weil das Experimentaldesign enthüllt, was den Testteilnehmern wichtig ist, selbst wenn diese sich gar nicht über die Gründe für ihre Wahl bewusst sind.*

Unvollständige Designs

Die *Unvollständigkeit* der Testkonzepts für den Gamester ist hier eine Erwähnung wert, weil sie die Ursache für RDEs überwältigenden Erfolg im Design neuer Produkte und Botschaften ist. Das Abacus-Projekt schuf ein „Ideenreservoir", das aus sechs Silos mit jeweils sechs Elementen bestand.[81] Der intuitive, aber letztlich *inkorrekte* Ansatz würde von Abacus verlangen, *vollständige Konzepte* für den Gamester zu testen. Diese vollständigen Konzepte würden ein Element aus jedem der sechs Silos enthalten. Die *fehlgeleitete und in letzter Instanz misserfolgs-*

81) Aus irgendeinem Grund fanden viele Nutzer dieses spezielle Design sehr nützlich. Die Autoren finden das eigentlich auch. Das heißt aber nicht, dass Sie keine anderen Designs verwenden sollen - zum Beispiel fünf Silos mit jeweils vier Elementen, zehn Silos mit jeweils drei Elementen etc.

auslösende Überzeugung wäre, dass die Testteilnehmer nur mit vollständigen Konzepten eine richtige Vorstellung von dem Produkt erhielten. Tatsächlich beharren viele traditionelle Methoden der Konzeptentwicklung auf dieser Logik der vollständigen Konzepte.[82]

RDE folgt diesem Paradigma nicht, und zwar aus einem sehr guten Grund. RDE misst den absoluten Wert beziehungsweise Nutzen, den jedes einzelne Element nach Einschätzung jedes einzelnen Testteilnehmers bietet. Der einzige Weg, um diese absoluten Werte zu erhalten und sie für Lernzwecke sowie zur Bestimmung von Regeln und Trends in eine Datenbank zu verwandeln, ist die Verwendung eines „unvollständigen Designs", wie es die Statistiker nennen. Einigen Testkonzepten müssen per Design Silos fehlen. Die spezifische Anordnung dieser Konzepte in dem unvollständigen Design ist hier nicht relevant; Lehrbücher und Computerprogramme können diese für uns erstellen.[83] Denken Sie daran, dass die Daten bei einem unvollständigen Design mittels statistischer Methoden wie der Regressionsanalyse ausgewertet werden können, um die absoluten Werte zu bestimmen. Die RDE-Strategie, kleine, überschaubare Konzepte zu produzieren, hat daher drei klare Vorteile: 1.) Sie macht die Konzepte leicht lesbar und das Interview somit angenehm, 2.) sie liefert solide Daten, die sich schnell interpretieren lassen, und 3.) speichert sie die Ergebnisse in Datenbanken, um produkt- und zeitübergreifende Trends aufzuzeigen.

Schritt 5-7: Lektionen aus den Ergebnissen ziehen und Regeln für die folgenden Schritte generieren

Eines der Leitprinzipien der RDE-Methode lautet, dass sie die Antworten direkt und ohne großen Aufwand liefert. S. S. (Smitty) Stevens von der Harvard University, Doktorvater von Howard Moskowitz, fasste dies 1967 in folgende prägnante Worte: *„Das Ergebnis sollte durch ein Augentrauma deutlich werden."* Ein Augentrauma war nach Smittys Sprachgebrauch „der Schmerz, der in der Kopfmitte zu pochen beginnt, wenn Sie auf ein Diagramm blicken, auf dem die Linien nicht zu den Punkten passen .... dieses Gefühl, dass das, was

82) Dan Lockhart und Matt Knain, „An Overview of Alternative Conjoint Approaches", *The Research Report* 11(1), Maritz Marketing Research, Inc. (Winter 1998).
83) Zum Beispiel SYSTAT, SPSS und viele andere Programme, wenn Sie keine gehosteten Tools wie IdeaMap®.Net benutzen, die das automatisch für Sie übernehmen.

Sie sehen, erzwungen, viel zu kompliziert und einfach nicht real ist." Lassen Sie uns in diesem Sinne betrachten, was uns die RDE-Methode über dieses neue genomisch designte Produkt verrät, das Merkmale eines DVD-Players, einer portablen elektronischen Spielekonsole und eines Tablet PCs vereint.

Die gesamte Information, die wir für eine grundlegende Ausrichtung des Gamester benötigen, ist in Tabelle 6.3 enthalten, die die durchschnittlichen Vorzüge beziehungsweise Impact-Faktoren abbildet. Wie wir jedoch wiederholt feststellen konnten, führt die Segmentierung der Verbraucher nach ihrer Mentalität zu überzeugenderen Produkten und einer wirkungsvolleren Kommunikation. Der Gamester bildete da keine Ausnahme.

	Elemente	Gesamt	S1: Fähigkeiten und Bequemlichkeit	S2: Vielseitigkeit und Techies	S3: Unterhaltung und Bequemlichkeit
	Größe der Stichprobe	236	53	116	67
	Additionskonstante	34	42	34	28
A1	Eine erfolgreiche Kombination aus Tablet PC, DVD-Player und tragbarer Spielekonsole	6	0	7	**10**
A3	Ein Multifunktionsgerät ... neben DVDs können Sie CDs und MP3s hören, Spiele spielen und es als PC verwenden	**9**	0	**13**	**8**
B1	Vielseitig ... lässt sich als Tablet PC oder Laptop verwenden	6	0	7	**8**
B4	Sehen Sie sich von jedem Raum Ihrer Wohnung oder Ihres Hauses Filme an ...	6	-1	4	**15**
C2	Eines der leichtesten Multimediageräte am Markt ... nehmen Sie es einfach überall mit hin.	3	1	0	**10**
C4	Das leichteste Multimediagerät am Markt	1	-2	-1	**8**
D1	Drei voll programmierbare Shortcut-Tasten ...	3	7	-3	**10**
D4	Enthält eine Fernbedienung im schlanken Taschenformat, einen AC-Adapter, Audio/Video-Kabel und einen Akku.	3	**10**	-3	**8**
E2	Passen Sie Ihr Gerät an Ihre Bedürfnisse an ...	6	**13**	5	0
E4	Im Zubehör ist eine Tasche enthalten.	4	**13**	4	-3
F1	Gibt es in allen großen Kaufhäusern ...	6	**9**	1	**10**
F2	Gibt es bei Ihrem bevorzugten Elektromarkt/-shop	4	1	1	**11**

Tabelle 6.3 *Bewertung einiger Elemente (abgekürzt) des Gamester durch die gesamte Stichprobe sowie der einzelnen Segmente (S1, S2, S3). Die wichtigsten Ideen sind grau hinterlegt.*

Mindestens drei Segmente schienen sich herauszukristallisieren. Sie werden sehen, dass Abacus auf jedes der drei Segmente hätte fokussieren können und dabei wahrscheinlich gleichermaßen profitabel gewesen wäre. Diese drei Segmente entstanden durch die Unterteilung der 236 Testteilnehmer nach ihren Reaktionsmustern auf die verschiedenen Merkmale des Gamester.

Bevor wir uns so ausführlich mit den Daten beschäftigen wie Abacus, wollen wir zunächst die *Segmente bezeichnen*. Dazu müssen wir untersuchen, welche Ideen im Einzelnen besonders gut im Test abschnitten. Denken Sie daran, dass die Segmentierung ein statistisches Verfahren ist, das der Computer automatisch durchführt; allerdings ist der Computer weder ein Marketingexperte noch ein Produktentwickler. Das Computerprogramm, das Verbraucher zu Segmenten clustert, kann diesen also keinen Namen geben. Es kann die Testteilnehmer lediglich verschiedenen Segmenten zuordnen. Kein Problem – *wir sehen uns einfach die besten Ideen an und versuchen die Segmente danach zu benennen.*

- Segment 1 scheint sich aus Nutzern zusammenzusetzen, die an Fähigkeiten und Bequemlichkeit interessiert sind:
  „Ein optionaler CD-RW- oder DVD/CD-RW-Brenner kann dazugekauft werden, um Datenbackups zu erstellen, Software zu installieren oder Filme anzusehen."
  „Passen Sie Ihr Gerät an Ihre Bedürfnisse an ..."

- Segment 2 scheint sich aus Nutzern zusammenzusetzen, die eine vielseitige Verwendbarkeit schätzen und möglicherweise Technikfreaks sind:
  „Ein ‚Tablet DVD Gamester', der alle Merkmale und Funktionen von Windows XP Professional enthält"
  „Ein Multifunktionsgerät ... neben DVDs können Sie CDs und MP3s hören, Spiele spielen und es als PC verwenden."

- Segment 3 will vor allem ein Gerät, das Unterhaltung bietet und sich bequem überall mit hin nehmen lässt:
  „Eines der leichtesten Multimediageräte auf dem Markt ... nehmen Sie es einfach überall mit hin."
  „Von jedem Raum Ihrer Wohnung oder Ihres Hauses aus können Sie sich Filme ansehen; Sie sind nicht an einen bestimmten Raum gebunden."

Aus Abacus' Sicht förderte die Neukombination zahlreiche interessante Erkenntnisse und Chancen zur Schaffung eines neuen Produkts zutage. Diese Erkenntnisse lassen sich leicht aufzählen, weil die Entwickler dadurch die Bedeutung hinter diesen Informationen erkannten.

1. **Das Grundinteresse am Gamester ist sowohl in der gesamten Stichprobe der Testteilnehmer als auch in den einzelnen Segmenten bescheiden.** Die Additionskonstante der gesamten Stichprobe beträgt 34. Das heißt, ungefähr jeder Dritte wäre generell an einem Gamester-Produkt interessiert. Kein Segment zeigt ein besonders ausgeprägtes Produktinteresse. Das würde man daran erkennen, dass ein Segment eine besonders hohe Additionskonstante aufweist, was aber nicht der Fall ist. Keines der Segmente hält das Produkt jedoch grundsätzlich für uninteressant, wie das bei neuen Kreditkarten oft geschieht.

2. **Abacus kann und sollte für jedes Segment ein eigenes Produkt entwickeln.** Einheitsgröße ist hier nicht angesagt. Jedes der drei Segmente (in Tabelle 6.3 grau hinterlegt) findet bestimmte Ideen attraktiv. Die jeweils besten Ideen bilden die Basis für das neue Produkt.

3. **Abacus hat die Wahrnehmung seiner Kunden „angezapft", um ein Produkt zu entwerfen.** Weil Abacus die Produkteigenschaften in einem einfachen System über einen genomischen Ansatz gemischt hat, ist die Wahrnehmung der Testteilnehmer das eigentliche Instrument, das schließlich das richtige Produkt zusammenstellt - wenn auch mit Hilfe eines webbasierten Programms. *Zwar sind die Testteilnehmer vielleicht selbst nicht einmal in der Lage, ihre Bedürfnisse auszudrücken,* doch muss sich Abacus keine Gedanken über die Erzeugung von Ideenkombinationen machen. Es braucht lediglich eine Datenbank an Ideen, mit denen sich arbeiten lässt. Wir werden eine solche Datenbank in Kapitel 8 „Mind Genomics: Was Verbraucher denken, wenn sie vor dem Regal stehen" untersuchen.

Wie entwickelte Abacus auf Basis dieser Datenbank seinen Gamester?

Wie erzeugt die RDE-Methode diese neuen Kombinationen eigentlich? Die Neuproduktentwicklung fügt diese Elemente unter Beachtung einiger Regeln zu einem neuen Ganzen zusammen, um sinnvolle Ergebnisse zu gewährleisten:

- **Kriterium Nr. 1 (subjektiv):** Die kombinierten Elemente müssen einen intuitiven Sinn ergeben und sich zu einem homogenen Ganzen ergänzen.

- **Kriterium Nr. 2 (RDE-getrieben):** Die einzelnen Elemente müssen von einem der Segmente als besonders wichtig bewertet werden, so dass sich ihre Kombination an eine kohärente Zielgruppe richtet.

- **Kriterium Nr. 3 (geschäftlich):** Die Elemente müssen finanziell umsetzbar sein.

Wenn diese drei Kriterien miteinander kombiniert werden, entsteht ein mögliches neues Produkt - oder besser gesagt, ein möglicher Strom neuer Produkte. Betrachten wir also zwei Produktkonzepte, die Abacus durch das Mischen und Neukombinieren verschiedener Elemente entwickelt hat (siehe Tabelle 6.4).

Produkt für das Segment der Technikfreaks	Produkt für das Bequemlichkeit suchende Segment
Ein Multifunktionsgerät ... neben DVDs können Sie CDs und MP3s hören, Spiele spielen und es als PC verwenden	Eine erfolgreiche Kombination aus Tablet PC, DVD-Player und tragbarer Spielekonsole
Vielseitig ... lässt sich als Tablet PC oder Laptop verwenden	Von jedem Raum Ihrer Wohnung oder Ihres Hauses aus können Sie Filme ansehen; Sie sind nicht an einen Raum gebunden
Mit dem Kinomodus lassen sich die Bildkontraste an die Dunkelheit anpassen	Drei voll programmierbare Shortcut-Tasten ... damit Sie keine wertvolle Zeit mit wiederholten Funktionseingaben verlieren
Ein optionaler Audio-Splitter teilt den Single-Stereo-Output, so dass Sie zu zweit Kinofilme sehen, Musik hören oder spielen können	Gibt es bei Ihrem bevorzugten Elektromarkt/-shop

Tabelle 6.4 *Zwei Produktkonzepte für Gamester*

Das Ergebnis, das Abacus und letztlich jedes Unternehmen, das diesen Ansatz anwendet, erzielt, ist ein *System zur Generierung neuer Ideen.* Diese Ideen müssen natürlich getestet werden. Anschließend müssen sie im Detail abgestimmt, verfeinert und nach wirtschaftlichen Kriterien sowie entsprechend ihrer vermuteten Erfolgsaussichten modifiziert werden. Diese Einschätzung ist immer subjektiv - oder nicht? Der folgende Abschnitt beleuchtet die Überlegungen, welche Kombination sich wohl als erfolgreich erweisen wird, von einer anderen Seite.

Wie Abacus seine Produktentwicklung durch die Entdeckung sich gut ergänzender Ideenkombinationen verbessern konnte

Bis jetzt haben wir über die Entwicklung von Produkten und Botschaften als Suche nach den einzelnen Elementen gesprochen, die - entweder bei der gesamten Stichprobe oder bei einem einzelnen Segment - große Erfolgschancen bieten. Aber wie sieht es mit der Interaktion zwischen den Elementpaaren aus?

Manchmal gibt es zwei Elemente, die zwar separat sehr erfolgreich sind, den Erfolg des Produkts aber beeinträchtigen, wenn sie miteinander kombiniert werden, weil sie sich gegenseitig widersprechen oder einfach nicht zusammenpassen. Und dann gibt es andere Kombinationen aus zwei sich ergänzenden Elementen, die uns schlicht begeistern. Vielleicht ist jedes Element für sich genommen gut, aber erst in Kombination sind sie wirklich überzeugend.

Wir wollen einige fortgeschrittenere Aspekte der RDE-Methode untersuchen, die Abacus und anderen Unternehmen dabei helfen können, spezielle Kombinationen an Merkmalen oder Ideen zu identifizieren (eigentlich zu *entdecken*), die sich gegenseitig sehr gut ergänzen (auch *Synergismus* genannt) und solche, die sich sehr schlecht ergänzen (*Unterdrückung*).

Mit der analytischen Grundlage dieses Verfahrens müssen wir uns in diesem Buch nicht beschäftigen (wie erwähnt kann ein Webtool den gesamten Entdeckungsprozess übernehmen). Hier wollen wir uns nur auf die Ergebnisse kon-

Kombination	Element	Text	Nutzen	Interaktion	Einfacher Wert	Kombinierter Wert
Echte Synergismen (Kombinierter Wert > Einfacher Wert)						
C3 * E6	C3	Mit dem Kinomodus lassen sich die Bildkontraste an die Dunkelheit anpassen	1			
	E6	Ein optionaler Audio-Splitter teilt den Single-Stereo-Output, so dass Sie zu zweit Kinofilme sehen, Musik hören oder spielen können	1	16	**2**	**18**
A5 *F3	A5	Ein tragbares All-in-one-Unterhaltungsgerät für Spiele, Musik und vieles mehr	2	16	**2**	**18**
	F3	Gibt es in spezialisierten Elektronikmärkten/-shops wie Best Buy oder Circuit City	0			
Echte Unterdrückung (Kombinierter Wert < Einfacher Wert)						
C5 * F4	C5	Stoß- und bruchfest	4			
	F4	Kaufen Sie es direkt auf der Herstellerwebsite, und sichern Sie sich einen Preisnachlass von 30 Dollar, solange der Vorrat reicht	2	-15	**6**	**-9**
B2 * F5	B2	Versenden Sie personalisierte Nachrichten an Freunde, Familie und Kollegen ... Sie können damit sogar handschriftliche Notizen und Zeichnungen erstellen und Ihre E-Mails mit einer elektronischen Signatur versehen	5	-15	**9**	**-6**
	F5	Sparen Sie Zeit und Mühe, und ordern Sie den Gamester online	4			

Tabelle 6.5 *Die Ideenkombinationen des Gamester, die seine Attraktivität wirklich steigern (Auszug aus den Gesamtdaten)*

zentrieren (siehe Tabelle 6.5). Aus der Kombination C_3 x E_6 würde man eine neutrale Summe erwarten, die nahe bei 0 liegt (+2), wenn man lediglich ihre separaten Nutzen addiert (+1 und +1). Das System hat jedoch entdeckt, dass es eine erhebliche Synergie zwischen den Elementen gibt (+16), die den wahren Wert der Addition dieser beiden Elemente enthüllt: +18.

Nach ausgiebiger Analyse vieler Projekte haben die Autoren festgestellt, dass nur sehr wenige Elemente eines Projekts nennenswert interagieren (wenn überhaupt). Und auch dies wird von dem RDE-Tool (IdeaMap®.Net) automatisch erkannt.[84] Die Produktentwickler von Abacus berücksichtigten diese Synergien in ihren Produktentwürfen des Gamester.

Zusammenfassung: Die Kreation neuer Produktkonzepte mit RDE

Werden diese Ideenkombinationen erfolgreich sein? Wird Abacus viele Gamester verkaufen? RDE kann diese Fragen nur zum Teil beantworten. Ideen, die aus der genomischen Rekombination von Elementen verschiedener Produkte entstehen und sich in dieser Art Studien bewähren, haben die Tendenz, sich auch auf dem echten Markt durchzusetzen. Der Grund dafür ist ziemlich einfach. Aufgrund des Mix-and-Match-Verfahrens und der schnellen Abfolge, in der die Konzepte den Testteilnehmern präsentiert werden, so dass nur eine Spontanreaktion möglich ist, lässt sich vermeiden, dass das Projekt ein reiner „Beauty Contest" ist, bei dem aus einer Reihe Kandidaten ein Gewinner herausgepickt wird. Das RDE-Verfahren gleicht vielmehr einem Belastungstest. Jedes Element, das in dieser Art Test gut abschneidet, ragt aus den vielen tausend Kontexten heraus, in die es eingebettet ist. Auf dieses Element zu setzen, ist wie eine Pferdewette, bei der man auf ein Pferd setzt, das schon viele Rennen auf vielen verschiedenen Strecken, bei unterschiedlichsten Wetterbedingungen und mit vielen verschiedenen Jockeys gewonnen hat. Die Chancen stehen gut, dass die Elemente oder Ideen, die in dem Test am besten abgeschnitten haben, so attraktiv sind, dass es sich lohnt, sie in ein Produkt zu integrieren.

***

84) Diese zum Patent angemeldete Technologie bietet ausschließlich IdeaMap®.Net.

Und wo ist Allison-die-Entrepreneurin? Kann sie von der in diesem Kapitel beschriebenen Erfahrung profitieren? Ihr Geschäft wächst und umfasst ein stetig expandierendes Produktsortiment. An diesem Punkt gehen Allison die revolutionären Ideen für neue Produkte aus. Deswegen war sie sehr aufgeregt, als eine nationale Großhandelskette sie anrief und ihr vorschlug, ein Tiefkühlprodukt in Familienpackungsgröße zu entwickeln, das mehrere Produkte ihres Sortiments in einer Großpackung enthielt. Bietet sich Allison hier die Chance, Zugang zum „Mega"-Markt inklusive der Großhandelskette zu erhalten, deren Name ihr besonders viel bedeutet? Das erinnert sie an den Helden ihrer Kindheit.

Es müssen keine neuen Produkte, sondern nur neue Kombinationen entwickelt werden. Aber welches sind die *besten Kombinationen* aus ihren vielfältigen Produktvarianten? Eine willkürliche Auswahl ist nicht die richtige Antwort. Wenn sie zufällig „inkompatible" Kombinationen in das Regal packt, werden die Kunden, die ihre Produkte andernfalls gekauft hätten, einen Bogen darum machen. Um das Ganze noch zu verkomplizieren bleibt Allison vor dem Beginn der Urlaubssaison nur sehr wenig Zeit. Sie braucht das RDE-Tool – *jetzt*! Das einfache Experiment der Neukombination bestehender Produkte ist im Moment unter Umständen die beste Entscheidung.

Einer ihrer Fans sandte ihr vor kurzem ein Buch über Innovation. Allison entdeckte dort einen ziemlich amüsanten Gedanken, der das Experimentieren mit einem Tanz verglich:

„Manchmal animiert die Musik Sie nicht, oder Sie machen falsche Schritte. Das ist kein Grund, einfach aufzuhören. So wie Schriftsteller eine Schreibblockade bekommen, wenn sie mit dem Schreiben aufhören, kommt auch die Innovation zum Stillstand, wenn man keine Prototypen mehr entwickelt. Wenn Ihre Muse Sie im Stich lässt, ist das kein Grund, dumpf am Schreibtisch vor sich hin zu brüten. Tun Sie was."[85]

Kommt Allison das bekannt vor? Ja, das ist dieselbe Botschaft – wenn auch in gewählteren Worten –, die sie vor einigen Jahren schon gehört hatte und an die sie sich so gerne erinnert: „Probieren, probieren, probieren. Sie können durchaus Erfolg haben!"

85) Tom Kelley, *The Art of Innovation*, siehe Anmerkung 3.

Kapitel 7

Wie sich cooles Design mit einer herausragenden Wissenschaft verbinden lässt

Die weltbekannte und preisgekrönte Mode- und Produktdesignerin Cynthia Rowley, die mit ihren beiden Pferdeschwänzen wie ein Schulmädchen wirkt, lässt sich oft von Alltagsobjekten zu neuen Ideen inspirieren. Rowley liebt es, über das Design ungewöhnlicher, unkonventioneller und gelegentlich sogar unerwarteter Dinge zu sprechen, wie zum Beispiel Toilettenpapier – mit einem gewissen Kick: zum Beispiel ein *Designer*-Toilettenpapier mit dem typischen Louis-Vuitton-Aufdruck. Oder ein Designerschnuller. Wer sonst würde sich in seinem Job überwiegend auf seine Inspiration verlassen, wenn nicht eine Modedesignerin wie Cynthia Rowley? Ist es nicht die Inspiration, die einen Designer ausmacht? Auf die Frage, was sie für ihre Suche nach dem nächsten Produkthit wichtiger finde, Inspiration oder Experimentieren, antwortete sie: „Hmm, das ist das Problem vom Ei und der Henne … Eigentlich beides – ich würde sagen 50/50."

Experimente können bei einem Designer den Unterschied zwischen „okay" und „erfolgreich" ausmachen und oft zu herausragenden Kreationen führen. Ein Ansatz, der sich bei Designern und Geschäftsleuten bewährt hat, nutzt die *Inspiration* für den Entwurf eines neuen Produkts und *experimentiert* mit den Entwürfen, um daraus ein erfolgreiches Produkt zu machen. Ein anderer Ansatz besteht darin, die Optionen durch Experimente einzugrenzen und die verbleibenden Optionen durch Inspiration zu großartigen Produkten zu machen. Bei dieser „I&E-Methode“ sollten Inspiration und Experimente Hand in Hand gehen. Sie ergänzen sich, und schließen sich nicht gegenseitig aus, wie manche verzagte Kreative meinen.

Leider wird das Design sehr oft unabhängig von den Produktmerkmalen entwickelt und berücksichtigt den Nutzer und seine Bedürfnisse nicht genügend. „Um der Kunst willen“ werden diese gelegentlich sogar völlig ignoriert. Einige Designer versuchen, sich gegenseitig mit (aus Kundensicht) umständlichen, unattraktiven Entwürfen zu übertrumpfen. Solche undisziplinierten Designs, die in dem Bestreben entstehen, etwas „Kunstvolles“ zu schaffen, können zunächst durchaus die Aufmerksamkeit einiger Kunden erregen, weil sie so neu und anders sind.[86] Diese Aufmerksamkeit garantiert aber noch lange nicht, dass sie auch gekauft werden und können die Zielgruppe, an die sich wenden, sogar abschrecken. Gibt es einen Weg, diese unglückliche Entwicklung aufzuhalten? Kann RDE nicht nur mit *Ideen*, sondern auch mit *Designs* arbeiten, so dass der disziplinierte Prozess, zu dem dieses Tool zwingt, die Kreativität besser auf Kunden und ihre Bedürfnisse ausrichtet?

Ein sehr guter Freund der Autoren, Marco Bevolo, ist einer der wenigen Menschen, die in der glücklichen Lage sind, das Wesentliche hinter dem ganzen Wirrwarr des postmodernen Designs zu erkennen. Eigentlich ist das sogar der Kern seiner Arbeit. Als Direktor von Foresight and Trends leitet Marco das CultureScan Trend Research Program bei Philips Design. Zusammen mit anderen Visionären aus der Welt des Designs glaubt Marco, dass Unternehmen sich in Richtung *Ambient Intelligence*[87] bewegen müssen. Das Konzept mit dem hochtrabenden Namen Ambient-Design-Paradigma befürwortet ein nutzerfreundliches Design mit einer Technologie, die sich *selbstregelnd* an die Bedürfnisse und Präferenzen der Nutzer anpasst. Ambient Intelligence könnte ein Weg für die nahe Zukunft sein, in der „intelligente“ Geräte gebaut werden, die in der Lage sind, Bedürfnisse zu erspüren und auf Feedback und Veränderungen zu

86) Manche argumentieren, „die Hässlichkeit selbst [verleiht] Legitimität ... in einem Markt, der ansonsten von eleganten Produkten bestimmt wird“ (Steve Bryant, „MySpace Is Successful Because It's Ugly“, *Intermedia*, 21. Februar 2006; http://blog.eweek.com/blogs/intermedia/archive/2006/02/21/6156.aspx). Auch wenn das gelegentlich auf einige Bevölkerungssegmente zutreffen mag (zum Beispiel Jugendliche), gilt das langfristig eher nicht für die Mehrheit der Verbraucher.

87) Reon Brand und Marco Bevolo, „The Long-Term View: Using Emerging Socio-Cultural Trends to Build Sustainable Brands“, in *Proceedings of Interactions 2002, The 6 European International Design Management Conference*, Dublin, Irland, 11.-13. März 2002.

reagieren. Und bis dahin? Wie erspürt und verändert ein Designer, und wie holt er Feedback ein?

Diese Form des verbrauchergetriebenen Ansatzes ist eine Aufgabe für einen geschulten Profi, der über eine Ausbildung als Designer und ein umfangreiches Kundenwissen verfügt – jemand wie Marco und vielleicht eine Handvoll anderer Visionäre. Kein Algorithmus und keine Software können sie ersetzen, zumindest nicht in den nächsten Jahren. Gute Unternehmen tun alles, um gute Designer zu halten. Können wir diesen Designern dabei helfen, ihre Aufgabe leichter und produktiver zu gestalten?

Die heutigen Technologien bieten Designern echte Nutzen. Zum Beispiel helfen sie ihnen dabei, die überwältigende Bandbreite an möglichen Designmerkmalen und ihren Kombinationen systematisch nach einer Erfolg versprechenden Version abzusuchen. Das Ergebnis ist eine überschaubare Auswahl an Designoptionen, nämlich die Varianten mit der höchsten Umsetzbarkeit und Akzeptanz. Diese Designoptionen sind zwar das Ergebnis des kreativen Talents des Designers, aber sie sind durch die Integration harter Daten über Kundenbedürfnisse von Anfang an auf eine höhere Produktivität ausgerichtet.

Das richtige Timing ist in diesem Designprozess erfolgsentscheidend. *Bevor* Designer beginnen, wertvolle Zeit auf die Untersuchung von Optionen zu verwenden, deren Scheitern ihnen die Verbraucher von vorneherein hätten prophezeien können, sollte jedoch eine produktive Orientierung stattfinden. Diese gewährleistet, dass sich die Künstler auf eine profitablere Richtung konzentrieren, zum Beispiel den nächsten iPod. Indem sie der klaren Orientierung folgen, die die RDE-Methode dem Design gibt, können selbst weniger glückliche Unternehmen, die keine derart visionären Experten haben beziehungsweise sich diese nicht leisten können, den nächsten Verkaufsschlager auf den Markt bringen.[88] Dazu kommen wir später noch einmal.

Wie kann ein Designer das RDE-Tool also nutzen, ohne sich bedroht zu fühlen? Die Luddite-Bewegung von 1811-1817, eine zum Teil militante Widerstandsbewegung als Protestreaktion der Arbeiterklasse auf die Einführung der mechanisierten Produktion, wurde von der Angst der Arbeiter geschürt,

88) Für weitere Informationen siehe Alex Gofman und Howard Moskowitz, „Consumer-Driven ‚Concept Innovation Machine‹: A Dream or Reality?“ in *Proceedings of the XVI ISPIM Annual Conference*, „The Role of Knowledge in Innovation Management“, Porto, Portugal, 2005.

eines Tages von Maschinen ersetzt zu werden. Die Zukunft sah jedoch ganz anders aus; die Maschinen erleichterten ihnen die Arbeit und steigerten die Arbeitsproduktivität. PCs und Auto-CAD haben die Ingenieure und Architekten nicht ersetzt, sondern ihnen Arbeit abgenommen und die Arbeitsergebnisse verbessert. Tatsächlich stellen neue Technologien, so auch Computerdesignhilfen, keine Bedrohung mehr dar. Ähnlich verhält es sich mit RDE und Designern. Glücklicherweise bestehen hier keine Befürchtungen, dass Maschinen den Designer ersetzen können, zumindest nicht in naher Zukunft. Die RDE-Methode erleichtert Designern ihre Arbeit, indem sie die Algebra der Verbraucherwahrnehmung kalkuliert und analysiert – wenn auch mit visuellen Designs als Teststimuli, anstatt mit Textbotschaften.[89] Stellen Sie sich einen intelligenten Assistenten vor, der rund um die Uhr im Einsatz ist und sich nie beschwert, keine Launen hat, nie widerspricht und niemals irgendetwas vergisst.

In Kapitel 6 „Der Zauberwürfel der Innovation in Konsumelektronik" haben Sie gesehen, was geschieht, wenn ein hoch renommiertes Designunternehmen wie Ford & Earl die RDE-Methode erfolgreich auf eine Reihe von konzeptionellen Problemen anwendet. Nachdem Produkte zunehmend zu austauschbarer Standardware werden und sich die Spirale der Neuprodukteinführung immer schneller dreht, sind Designer dazu aufgerufen – um nicht zu sagen gezwungen –, eine visuelle Umgebung für ihre Produkte zu kreieren. Dabei geht es darum, das eigene Angebot von allen Wettbewerbsangeboten zu differenzieren. Dabei erhöht ein gutes Design die Wahrscheinlichkeit, dass Verbraucher zu einem bestimmten Produkt im Regal greifen, dass Empfänger eines Mailings den Brief öffnen, anstatt ihn gleich in den Papierkorb zu werfen, ein Websurfer an einer Website „hängen bleibt", anstatt eilig weiterzuklicken, oder ein Käufer eine bestimmte Zeitschrift aus dem Ständer nimmt.

Unser nächstes Beispiel, das von der Entwicklung eines Zeitschriftencovers mit Hilfe des RDE-Ansatzes handelt, geht über den konventionellen „Beauty Contest" von Cover-Recherchen hinaus, die sich ausschließlich auf die Feststellung konzentrieren, welches Cover gewinnt und welches verliert. Das RDE-gesteuerte Ziel ist wesentlich profunder: Was passiert in der Wahrnehmung der Verbraucher bei bestimmten Coverdesigns mit unterschiedlichen physischen

89) Alex Gofman und Howard Moskowitz, „State-of-the-Art Research and Development Tools to Put Innovation in the Hands of the Many", The XVI ISPIM Annual Conference, „Successfully Creating Innovative Products and Services: Integrating Academics, Business, and Consulting", Oslo, Schweden, 2004.

Merkmalen? Welche Visuals kommen an und welche nicht? Welche Farben wirken auf Verbraucher attraktiv? Und was die Zeit betrifft, die ein potenzieller Kunde das Cover betrachtet, bevor er sich für oder gegen einen Kauf entscheidet, gibt RDE darüber Aufschluss, welche Merkmale „die Aufmerksamkeit fesseln“ und welche so schnell verarbeitet werden, dass sie kaum in das Bewusstsein des potenziellen Kunden dringen. Dieses Wissen ermöglicht Designern, ihre Kreativität zu verbessern und zu lernen, welche Faktoren eine positive Resonanz erzeugen – damit ihre zukünftigen Zeitschriftencover wesentlich attraktiver und erfolgreicher sind.

RDE in Aktion: Coverdesign für ein Heimwerkermagazin

Aufmerksamkeitsstarke Zeitschriftencover gehören zu den Faktoren, die in diesem Markt am stärksten absatzfördernd wirken. Mit dem Design von Zeitschriftencovern werden mindestens zwei Absichten verfolgt: 1.) über den „Look und Feel“ ein Zeitschriftenimage aufzubauen sowie 2.) Kauf- und Leseanreize zu setzen. Ein Cover, das die Aufmerksamkeit des potenziellen Käufers in dem kritischen Moment fesselt, in dem er die Zeitschriftenauswahl betrachtet, erhöht die Chancen, dass der Käufer nach genau dieser Ausgabe greift. Aber wie immer lautet die Frage: Welche spezifischen Visuals sprechen den Leser an, und welche spezifischen Botschaften wecken seine Neugier so stark, dass er weiterlesen möchte? Zeitschriften müssen sich in einem immer wettbewerbsintensiveren Umfeld behaupten, weil die Zahl der Optionen – zum Beispiel Printprodukte versus webbasierte Produkte, Bezahlmagazine versus Gratismagazine, allgemeine Themen versus Special-Interest – rasant steigt, und zwar in immer kürzeren Abständen. Es ist überlebenswichtig, ein Cover zu entwerfen, das den Leser zum Durchblättern und zum Kauf veranlasst, selbst wenn er sich anschließend nur eine Minute mit dem Inhalt beschäftigt.

Unser Beispiel (das für dieses Buch leicht geändert und vereinfacht wurde) handelt von einer Zeitschrift für den Do-it-yourself-Heimwerker. Mit Hilfe von RDE sollte bestimmt werden, welche Coveraspekte den Leser zu einem Kauf der Zeitschrift bewogen. Gab es irgendwelche Regeln, die die RDE-Methode zutage fördern und die dem Redaktionsteam helfen würden, zu erkennen, welche Merkmale verkaufsfördernd wirken? Das RDE-Projekt war sowohl ein strategisches Projekt (Erkennen von Regeln, aus denen das Redaktionsteam lernt) als auch ein taktisches Projekt (was soll auf das Cover der Ausgabe, die in drei Monaten erscheint?).

Bis zu welchem Punkt schließt die Wahrnehmung automatisch visuelle „Lücken"?

Wie in den vorhergehenden Kapiteln erwähnt, arbeitet die RDE-Methode mit Experimentaldesigns, die bei einigen Konzepten (Prototypen) die Abwesenheit von Silos verlangen. Die erste entscheidende Frage, die sich bei grafischen Arbeiten stellt, lautet: „Schließt die Wahrnehmung die visuellen ‚Lücken', und was bedeutet das für RDE und das Coverdesign?" Wir wissen, dass wir beim Lesen automatisch Leerstellen füllen und daher nicht jedes einzelne Wort lesen müssen, um den Sinn des Textes zu erfassen. Wie verhält sich das jedoch bei grafischen Darstellungen, wenn wir ein unvollständiges Bild betrachten? Zum Beispiel ein Zeitschriftencover, bei dem bestimmte Elemente fehlen. Erfassen wir ein unvollständiges Bild genauso wie einen unvollständigen Text?

Die umfangreiche Experimentalarbeit der Autoren ist nachfolgend zusammengefasst. Abbildung 7.1 zeigt den Effekt, den eine Reduzierung der Informationsmenge bei Textkonzepten hat. Bei verbalen Konzepten ergänzt der Empfänger oft automatisch die fehlende Information. Normalerweise fällt es den Betrachtern nicht schwer, auch auf unvollständige Konzepte zu reagieren.[90]

5 Elemente	Ein schwerer Rotwein mit einer leichten Trockennote und warmen Pflaumenaromen Hergestellt in der Tradition der besten Winzer der Welt Sie erahnen sein Bukett bereits, bevor Sie ihn kosten Eine wunderbare Art, besondere Anlässe zu feiern Aus dem Norden Kaliforniens
4 Elemente	Ein schwerer Rotwein mit einer leichten Trockennote und warmen Pflaumenaromen Hergestellt in der Tradition der besten Winzer der Welt Eine wunderbare Art, besondere Anlässe zu feiern Aus dem Norden Kaliforniens
3 Elemente	Ein schwerer Rotwein mit einer leichten Trockennote und warmen Pflaumenaromen Hergestellt in der Tradition der besten Winzer der Welt Eine wunderbare Art, besondere Anlässe zu feiern
2 Elemente	Ein schwerer Rotwein mit einer leichten Trockennote und warmen Pflaumenaromen Eine wunderbare Art, besondere Anlässe zu feiern

Abbildung 7.1 *Beispiel eines Weinkonzepts, das die Wirkung einer Reduzierung der Informationsmenge zeigt*

90) Howard R. Moskowitz, Sebastiano Porretta und Matthias Silcher, *Food Product Design and Development, 2005* (Blackwell Publishing: Ames, IO, 2005).

Lassen Sie uns nun den Vergleichsfall mit grafischer Darstellung betrachten. Wir verwenden ein Verpackungsdesign für ein Wurstprodukt, um die Kernaussage zu illustrieren (siehe Abbildung 7.2). Sie sehen das vollständige Verpackungsdesign und danach abgespeckte Designs, die weniger Merkmale enthalten. Jedes Bild enthält weniger Information als das vorhergehende und macht die Entscheidung daher immer schwerer. Obwohl das Design unvollständig wirkt, fühlen wir uns erst dann bei einem Bewertungsversuch irritiert, wenn *ein Großteil der Information entfernt wird.* Wenn das Design vollständig bleibt oder nur ein Element entfernt wird, werden die Testteilnehmer dies bei ihrer Bewertung wahrscheinlich gar nicht bemerken.

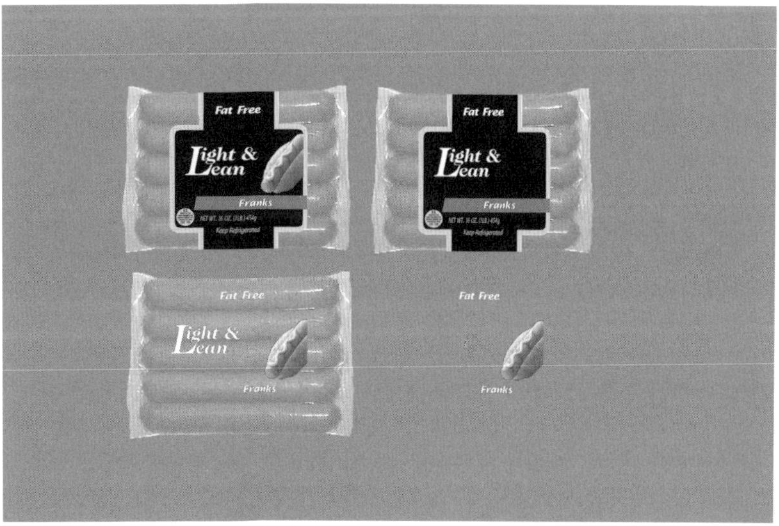

Abbildung 7.2 *Beispiel eines visuellen Stimulus mit zunehmend reduzierter Information. An welchem Punkt ist die Wahrnehmung nicht mehr in der Lage, die fehlenden Teile automatisch zu ergänzen?*

Glücklicherweise gibt es einen Weg, die Zahl der fehlenden Elemente im Design auf nicht mehr als eins zu begrenzen.[91] Auf Basis unserer Experimente lautet *die erste Regel, die wir über die Anwendung der RDE-Methode auf Grafikdesign lernten, dass die Teststimuli die meisten, wenn*

91) Wie üblich brauchen Sie sich darüber keine Gedanken zu machen, das RDE-Tool erledigt das für Sie. Alle Designs für RDE-Projekte auf dem Gebiet Grafikdesign sind speziell darauf optimiert, dieses Problem zu behandeln. Das RDE-Tool verwendet einen Satz an Designs, die ausschließlich daraufhin erstellt wurden, die Notwendigkeit vollständiger oder fast vollständiger Grafiken zu berücksichtigen.

nicht sogar die vollständigen Informationen enthalten mussten. Diese Lernerfahrung hat einige Auswirkungen auf den Prozess; die Zahl der Coverentwürfe muss erhöht werden. Dieser zusätzliche Aufwand ist für webbasierte RDE-Tools, die diese Kombination visueller Elemente übernehmen, kein großes Problem. Und nach unserer Erfahrung macht es für Kunden keinen Unterschied, ob ein Mensch oder eine Maschine das Cover entworfen hat. Sie sehen einfach nur das Ergebnis.

Der Punkt, der für die Testteilnehmer anscheinend am störendsten ist, ist das komplette Fehlen der Verpackung. Mit einzelnen fehlenden Elementen schienen sie kein Problem zu haben, solange die Verpackung noch als solche wahrgenommen wurde. Die *zweite Regel für RDE-Anwendung auf Grafikdesign lautet, dass wenigstens eine „nackte" Verpackung oder ihre Umrisse zu erkennen sein müssen.* Abbildung 7.3 zeigt, dass die Konzepte keine Irritation auslösen, solange die Verpackungsumrisse und das Etikett erkennbar sind und wir die erste Regel beachten – nämlich, dass (in einem Teststimulus) nie mehr als ein Element auf einer Verpackung fehlen darf – das gilt auch für Cover als „Verpackung" einer Zeitschrift.

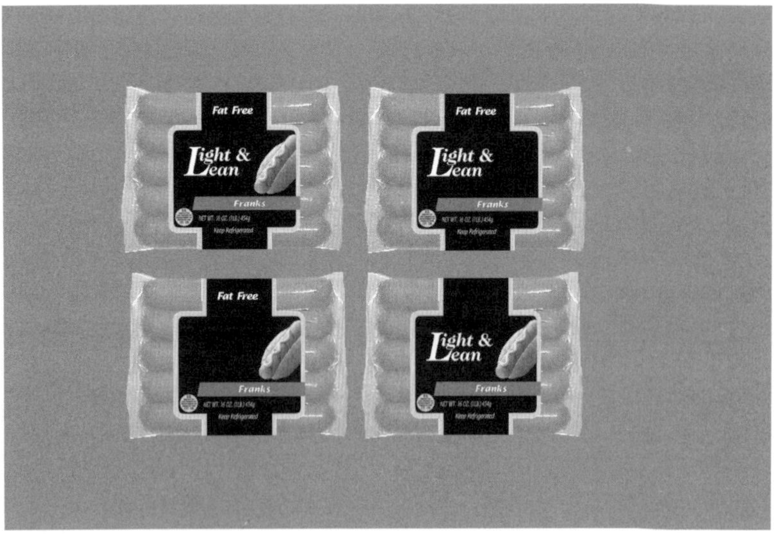

Abbildung 7.3 *Beispiel eines visuellen Stimulus mit moderater Informationsreduzierung. Es fehlt immer nur ein Element, wobei die Umrisse der Verpackung immer im Hintergrund erkennbar sind.*

Die Ergebnisse der tatsächlichen Arbeit mit RDE im Bereich Grafikdesign sind ermutigend: Die Testteilnehmer, die verschiedene Bilddesigns in einer Vielzahl von Projekten bewerteten, hatten nach eigener Aussage keine Probleme, wenn ein kleiner Teil der Information bei den Teststimuli fehlte.[92]

Das Mehrschichtenmodell

Die Anwendung der RDE-Methode auf Grafikdesign ist sehr ähnlich wie bei reinen Text- oder Bild-Text-Botschaften. Um zu illustrieren, welche Überlegungen der grafischen RDE-Anwendung zugrunde liegen, wollen wir ein vereinfachtes Beispiel eines Zeitschriftencovers untersuchen, das aus nur drei Schichten besteht (siehe Abbildung 7.4). Ein Cover, das aus nur drei grundlegenden Merkmalen besteht, ist sicher stark vereinfacht und entspricht nicht der Realität, aber es erleichtert das Verständnis. Jedes Merkmal des Magazincovers (oder der Verpackung) kann als transparente Folie (oder Kuchenschicht) betrachtet werden. Für Nutzer der Software Adobe Photoshop ist diese Analogie leicht verständlich. Denken Sie an die Schichten in einem Photoshop-Projekt, die bis auf das Kernobjekt alle transparent sind. Der Computer (Browser) legt diese transparenten Schichten nach den Vorgaben des RDE-Designs übereinander, und so entstehen verschiedene Verpackungen oder Zeitschriftencover. So einfach ist das. Jede neue vom RDE-Design definierte Kombination entspricht einer neuen Verpackung oder einem neuen Zeitschriftencover. Im Verlauf der Interviews werden den Testteilnehmern verschiedene Cover (Kombinationen an Optionen) vorgelegt. Der Browser ist so programmiert, dass er bestimmte transparente Schichten auswählt und sie als Kombination präsentiert. Der Testteilnehmer bekommt nie die einzelnen Schichten zu sehen, sondern immer nur das gesamte Cover.

Die eigentliche Bewertung der Magazincover ist ein einfacher Vorgang. Der Computer macht die ganze Arbeit, weil RDE das Design vorgibt (das „Rezept" für jedes Cover) und der Computer anschließend nur die ausgewählten Komponenten oder Elemente zu verschiedenen Testcovern kombinieren muss. Die

92) Johannes Hartmann, Howard Moskowitz, Alex Gofman und Madhu Manchaiah, „Understanding and Optimizing Communications and the ‚Look': Sustainable Co-Creativity Using Internet-Enabled, Visual Conjoint Analysis", in *Proceedings of 2004 ESOMAR Asia Pacific Conference*, Shanghai, 2004.

Abbildung 7.4 *Analogie zwischen der RDE-Methode im Bereich Grafikdesign und Kuchenschichten (beziehungsweise den Projektschichten der PhotoShop-Software). Die Schattierung und Halbtransparenz dienen ausschließlich Illustrationszwecken.*

einzelnen Schichten lädt der Computer, an dem der jeweilige Testteilnehmer sitzt, zu Beginn des Interviews hoch.

Die Testteilnehmer, die sich die Magazincover auf dem Bildschirm ansehen, kennen das zugrunde liegende Experimentaldesign nicht. Die einzelnen Schichten werden so schnell zusammengefügt, dass der Testteilnehmer den Eindruck hat, es handele sich um ein fertiges Cover aus einem Stück. Die Testteilnehmer bewerten jeweils ein Cover nach dem anderen. Bei einer Testzeit zwischen 12 und 18 Minuten geben die meisten Teilnehmer an, der Test sei problemlos gewesen und habe ihnen sogar Spaß gemacht. Der Trick besteht darin, dass Menschen Bilder wesentlich schneller beurteilen als Text. Diese Reaktionsgeschwindigkeit – das Entstehen eines spontanen „Bauch"gefühls – kompensiert die hohe Zahl an Konzepten, die die RDE-Methode bei Grafikdesign-Projekten verwendet.

Obwohl Designer befürchten, dass die Testteilnehmer möglicherweise nicht in der Lage sind, etwas anderes als ein vollständiges Cover zu beurteilen, ist in

Abbildung 7.5 *Beispiel eines vereinfachten vollständigen Zeitschriftencovers, wie man es in einem Zeitschriftenständer findet.*

Abbildung 7.6 *Beispiel eines unvollständigen Zeitschriftencovers, wie sie die von RDE vorgegebenen Testkombinationen verlangen.*[93]

93) Howard R. Moskowitz, Sebastiano Porretta und Matthias Silcher, *Food Product Design and Development, 2005* (Blackwell Publishing: Ames, IO, 2005).

der Realität genau das Gegenteil der Fall. Die Testteilnehmer haben kein Problem damit, sowohl vollständige (siehe Abbildung 7.5) als auch unvollständige Zeitschriftencover (siehe Abbildung 7.6) zu bewerten. Auf die Frage zum Abschluss des Bewertungsprozesses, ob sie während des Interviews Probleme gehabt hätten, gab fast kein Testteilnehmer an, er habe sich von den unvollständigen Zeitschriftencovern irritiert gefühlt.[94]

Wie profitiert der Herausgeber einer Zeitschrift von der Anwendung der RDE-Methode auf Grafikdesign-Projekte?

Wir starteten das Projekt mit dem Ziel, zu lernen, wie stark jedes der in den Testcovern enthaltenen Elemente das Interesse an der Zeitschrift beeinflusste. Wären wir die Herausgeber, wir würden unruhig auf der Stuhlkante sitzen und sowohl auf spezifische Erkenntnisse zur Lösung unmittelbarer Probleme als auch auf allgemeine Regeln warten, die uns klüger machen. So sehr sie es auch hassen, dass ihre kreativen Anstrengungen gemessen werden („Kreativität lässt sich nicht messen", so die gängige Behauptung), akzeptieren heute viele Herausgeber Verbraucherbewertungen als richtungsweisend für die Weiterentwicklung.

Drei verschiedene Silos wurden hier verwendet, von denen jedes drei verschiedene Optionen enthielt. Abbildung 7.7 zeigt die Gebrauchswerte jedes Elements in diesem Projekt.[95] Das RDE-Projekt versuchte zu identifizieren, welche Bedeutung jedes einzelne Element hatte und welcher Inhalt und welche Ausführung eine besonders positive Resonanz erzeugten. Auch die grafischen Merkmale müssen das Verbraucherinteresse steigern. Der potenzielle Gewinn aus einer solchen Information ist enorm. Wenn Herausgeber lernen, welche spezifischen Elemente das Interesse an einem Zeitschriftencover fördern, sind sie in der Lage, dieses Cover zu optimieren und gleichzeitig einige operative Regeln daraus zu ziehen, die ihr Wissen erweitern.

RDE löst bei Designern nach wie vor gemischte Gefühle aus, weil es den kreativen Prozess „diszipliniert", und das steht in einem scheinbaren Widerspruch zur kreativen Kunst eines Designers. Die ersten kritischen Fragen der Herausgeber lauteten: „Ist diese Befragung nicht viel zu lang? Wie kann irgendjemand

---

94) Trotz der „Unvollständigkeit" (der Titel fehlt) scheinen die Testteilnehmer kein Problem mit der Bewertung des Zeitschriftencovers zu haben (laut ihren Daten beziehungsweise ihren Kommentaren zur Testerfahrung). Denken Sie auch daran, dass echte Anwendungen üblicherweise mehr als drei Merkmale enthalten und das Fehlen eines Merkmals gar nicht auffällt.

95) Wie zuvor erwähnt wurde diese Fallstudie, deren Projekt mehr Merkmale und Optionen enthielt, vereinfacht und leicht verändert.

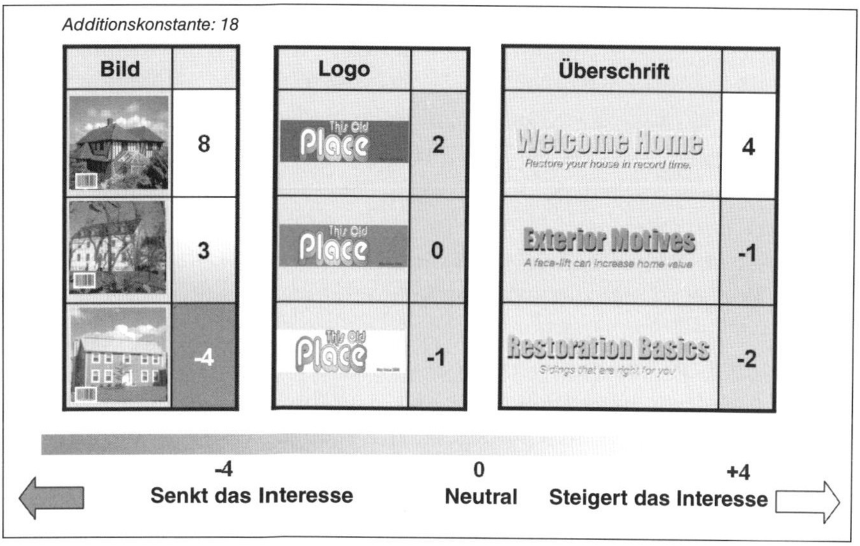

Abbildung 7.7 *Auf die Komponenten eines Zeitschriftencovers angewendetes RDE. Gebrauchswerte (Spalte ‚T') über 0 (+4) steigern das Interesse; Gebrauchswerte unter 0 (-4) senken das Interesse. Alles, was dazwischen liegt, hat im Allgemeinen eine neutrale Wirkung.*

seiner Antwort sicher sein? Wie können wir aus all diesen Testcovern etwas lernen?" RDE verlangt in der Tat nach vielen verschiedenen Alternativen, um zu identifizieren, welche Merkmale des Zeitschriftencovers tatsächlich die Akzeptanz steigern. In unseren Beispielen aus der Nahrungsmittelindustrie zu Beginn des Buches erschien uns die Herstellung zahlreicher Prototypen nicht schwer. Die überwiegende Mehrheit der Produktentwickler von Nudelsaucen und anderen Verbrauchsgütern sind inzwischen an die Herstellung von Prototypen gewöhnt. Das Testen vieler verschiedener Magazincover ist für die Herausgeber jedoch noch ein relativ neuer Vorgang. Daher reagieren sie anfangs mit der gleichen Skepsis wie die Produktentwickler der Nahrungsmittelindustrie vor 30 Jahren, als sich die RDE-Methode dort langsam durchzusetzen begann. Glücklicherweise sind die Testteilnehmer keine Herausgeber und haben entgegen deren Behauptung damit keine Probleme. Nach einer kurzen Orientierung führten sie den Bewertungsprozess in dem angenehmen Zeitrahmen von 12 bis 15 Minuten durch.

Die ersten Ergebnisse wurden sehr schnell sichtbar, nachdem die RDE-Server die Antwortmuster von 657 Testteilnehmern analysiert hatten, von denen jeder entweder ein Leser der betreffenden Zeitschrift oder potenziell an den Themen der Zeitschrift interessiert war und deswegen die betreffende Website besucht hatte. Welche Elemente würden sich durchsetzen? Es ging dabei hauptsächlich um Coverfotos, was niemanden überraschte. Die Zahlen in Abbildung 7.7, die in der Spalte ‚T' (für inTerest) stehen, bezeichnen den Prozentsatz der Teilnehmer, die angaben, dass sie die Zeitschrift aus dem Zeitschriftenständer nehmen und kaufen würden, *wenn die dargestellten individuellen Designelemente im Cover enthalten wären.* Die Zahlen sind additiv. Beginnen Sie mit der Additionskonstante (18), und addieren Sie die Elemente dazu. Die Summe gibt Aufschluss darüber, wie gut diese Kombination abschneidet.

Bleiben wir in der Kategorie der Coverfotos. 26 Prozent der Testteilnehmer lassen sich durch die Integration der ersten Hausabbildung gewinnen (18 Prozentpunkte = Grundinteresse) plus 8 Prozent Gebrauchswert für die erste Abbildung (18 + 8 = 26). Das letzte Bild erzielt nur knapp die Hälfte, nämlich 14 Prozent (18 - 4 = 14). Dementsprechend kann man 20 Prozent der Testteilnehmer für die Botschaft „Willkommen zu Hause: Renovieren Sie Ihr Haus in Rekordzeit" gewinnen, aber nur 14 Prozent mit der Botschaft: „Renovierungsgrundlagen: die richtige Außenverkleidung für Ihr Haus."

Eine weitere Sache, die Herausgeber interessiert, ist, was auf potenzielle Kunden als Blickfang wirkt und ihre Aufmerksamkeit fesselt. Es gibt gute und schlechte Cover, aber wie schafft es die RDE-Methode eigentlich, ein Cover zu gestalten, das begeistert – also ein Cover, das so gut aussieht, dass der Blick des Käufers daran haften bleibt? RDE verwendet dafür eine ganz einfache Methode. Messen Sie die Zeit zwischen dem Moment, in dem das Cover dem Testteilnehmer präsentiert wird, und dem Moment der Bewertung. Ein spezielles Softwaremerkmal im System beginnt mit der Zeitrechnung erst in dem Moment, in dem die Bilder vollständig auf dem Bildschirm erscheinen. Die Zeit für das Laden der Bilder wird nicht mitgezählt. Manche Antwortzeiten sind kürzer, und manche sind länger. Die Aufgabe des RDE besteht darin, die Reaktionszeit auf die verschiedenen Coverelemente zu verfolgen. Die Antwortzeit ist für den Herausgeber eine wichtige Information, weil er zum ersten Mal objektiv bestimmen kann, welche Elemente die Aufmerksamkeit potenzieller Käufer fesseln. Diese Elemente können den Käufer bewusst oder unbewusst interessieren, aber auf alle Fälle fesseln sie ihn.

Abbildung 7.8 zeigt die Betrachtungszeit in Millisekunden (ms). Einige Werte bewegen sich im positiven Bereich, was bedeutet, dass die Betrachtungszeit länger ist, wenn dieses Element im Cover enthalten sind. Die Herausgeber und wir interpretieren dies dahingehend, dass dieses Merkmal positiv auffällt und so die Betrachtungszeit verlängert. Wenn ein Cover zum Beispiel die Botschaft enthält: „Äußere Motive: Ein Facelift kann den Wert Ihres Hauses steigern“ können wir davon ausgehen, dass der durchschnittliche Testteilnehmer das Cover *zusätzliche* 3/10 Sekunden über die Zeit hinaus betrachtet, die er ein einfaches Cover ohne Text betrachten würde. Wie kommt das? Offensichtlich macht der Testteilnehmer irgendetwas! Wahrscheinlich liest er den Text. Und was die Interessensebene betrifft, wissen wir, dass das eine gute Nachricht ist, weil sie den Testteilnehmer dazu bewegt, eine Kaufabsicht zu äußern. Wir haben hier das Beste aus zwei Welten: eine überzeugende Botschaft, die von den Käufern gelesen wird. RDE misst sowohl die Intensität des Interesses der Testteilnehmer als auch die Dauer ihrer Aufmerksamkeit.

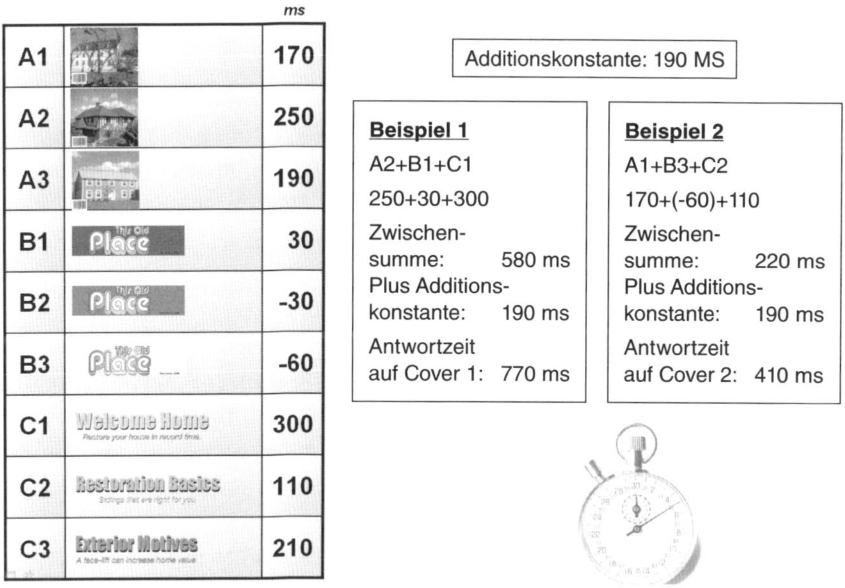

Abbildung 7.8 *Wie einige Merkmale eines Zeitschriftencovers die Betrachtungszeit[96] (Millisekunden) verlängern oder verkürzen*

Es gibt hier auch einige negative Zahlen; sie verkürzen die grundlegende Betrachtungszeit. Wenn zum Beispiel zwei von drei Coverversionen die Betrachtungszeit verkürzen, heißt das nicht, dass die Betrachtungszeit unter 0 Sekun-

96) Eine positive Zahl bedeutet, dass dieses Element den Betrachtungszeitraum verlängert. Eine negative Zahl hingegen weist auf einen verkürzten Betrachtungszeitraum hin. Um die gesamte Betrachtungsdauer zu erhalten, muss die Zahl zur Additionskonstante dazugezählt werden.

den liegt, sondern dass dieses Coverelement potenzielle Käufer veranlasst, ihren Blick in kürzerer Zeit wieder abzuwenden, als die durchschnittliche Betrachtungszeit beträgt.

Sind alle guten Ideen fesselnd, oder besser gesagt, kann es passieren, dass unser Käufer etwas lange betrachtet und sich am Ende doch von dem abwendet, was er so lange betrachtet hat? Das ist eine typische Frage für einen Herausgeber. Ein Datenset wie in Abbildung 7.8 dargestellt ist für die Beantwortung dieser Frage sehr nützlich. Je interessanter zum Beispiel Coverzeilen wirken, desto länger die Betrachtungszeit. Wenn ein Käufer an dem, was wir ihm mitteilen wollen, interessiert ist (höhere Interessenswerte für Coverzeilen), dann wird er das Cover wahrscheinlich länger betrachten und die Zeilen lesen. Das ergibt Sinn. Lassen Sie uns andere Fragen betrachten:

1. **Gibt es Aspekte der Zeitschrift, die die Aufmerksamkeit fesseln, aber im Grunde Kaufverhinderer sind?** Das sind die Elemente, die ein *negatives Interesse* (senken die Zahl der interessierten Leser), aber eine *positive Betrachtungszeit* aufweisen. Lassen Sie uns nach Elementen Ausschau halten, die niedrige oder negative Interessenswerte, aber eine lange Betrachtungszeit aufweisen. Viele werden wir nicht finden; wenn Menschen nicht gefällt, was sie sehen, wenden sie sich schnell ab.

2. **Gibt es Aspekte der Zeitschrift, die potenzielle Käufer einen kurzen Moment lang betrachten (nicht fesselnd), die im Grunde aber einen Kaufanreiz aussenden?** Das können Elemente sein, die Menschen verwenden, um eine schnelle Entscheidung zu treffen, die aber positiv ausfällt. Das sehen wir bei den Coverfotos. Die meisten sind positiv, aber die Leser verarbeiten die Information schnell. Menschen betrachten Fotos nicht sehr lange. Sie werfen einen kurzen Blick darauf und treffen dann ihre Entscheidung.

Zusammenfassung: Die Anwendung der RDE-Methode auf die Entwicklung eines attraktiveren Zeitschriftencovers

Wir haben gerade gesehen, dass die RDE-Methode Herausgebern die Art an Informationen liefert, die sie auch Marketingexperten und Produktentwicklern liefert. Unter dem Strich liefert sie allen drei Expertengruppen dasselbe: eine Vorstellung darüber, wie die Wahrnehmung der Leser funktioniert und eine konkrete, spezifische Orientierung, wie die Merkmale kombiniert werden müssen, die die Akzeptanz und hoffentlich den Kaufanreiz steigern. Wie stellt ein

Abbildung 7.9
Das erfolgreichste Cover, das durch eine Kombination der am besten bewerteten Elemente erstellt wurde.
(Deutsche Übersetzung: Willkommen zu Hause – Renovieren Sie Ihr Haus in Rekordzeit.)

Abbildung 7.10
Ein erwartungsgemäß schlechtes Cover, das aus den schlecht bewerteten Elementen der RDE-Studie zusammengestellt wurde.
(Deutsche Übersetzung: Renovierungsgrundlagen – Die richtige Außenverkleidung für Ihr Haus.)

Herausgeber ein solches Cover zusammen? Die Antwort: indem er Ideen aus den überzeugenden Coverelementen zusammenträgt und sie miteinander verschmilzt. Selbstverständlich besteht das Ziel nicht darin, die Urteilskraft des Herausgebers durch ein Computerprogramm zu ersetzen. Vielmehr soll dem Herausgeber ein Gefühl für die Wirkungsweise der Wahrnehmung der Verbraucher vermittelt werden, nämlich was sie attraktiv finden und was nicht. In Abbildung 7.9 sehen Sie ein Cover, das eine positive Resonanz erzeugte und in Abbildung 7.10 ein Cover, das als nicht attraktiv eingestuft wurde. Alles andere hängt vom Herausgeber ab, aber nun verfügt er zumindest über eine spezifische Orientierung darüber, wie die verschiedenen Farben, Bilder, Inhalte und Textzeilen auf Leser wirken.

Von zweidimensionalem Grafikdesign zu 3D-Verpackungen

Allem Anschein nach ist die Anwendung der RDE-Methode in der „flachen" Welt der 2D-Objekte wie Druckmedien und flache Verpackungen völlig problemlos. Wie sieht es dagegen mit dreidimensionalen Objekten aus? Einige un-

Abbildung 7.11 *Beispiel eines 3D-Headsets, das in Verbrauchertests für die Simulation einer 3D-Umgebung verwendet wird (mit freundlicher Genehmigung der Swinburne University of Technology, Australien). Skeptikern zufolge ist diese Methode mit der aktuellen Technologie jedoch viel zu invasiv und umständlich für den Testverbraucher.*

serer Experimente aus den 1990er Jahren mit einem speziell angefertigten futuristischen Gerät zur Simulation von „realen“ 3D-Erfahrungen erwies sich nicht als sehr nützlich. Andere Anbieter experimentieren gelegentlich mit Geräten, die dem Nutzer eine virtuelle Realität vorführen, wie in Abbildung 7.11 dargestellt. Skeptiker sind aber der Ansicht, dass die „virtuelle Realität“, die dieses Gerät einem Testteilnehmer bietet, der eine neue Verpackung für Dosensuppen bewerten soll, sich nicht annähernd mit einer realen Kaufsituation vergleichen lässt.

Die Mehrheit der Menschen ist daran gewöhnt, dreidimensionale Bilder auf einem flachen Medium zu betrachten, zum Beispiel Bilder in einem Buch oder in Zeitschriften, auf Fotos und im Fernsehen. Die Bewertung von 3D-Verpackungen auf einem flachen PC-Bildschirm ist daher nicht das größte Problem. Die Frage ist, wie leicht sich ein Objekt wie eine Verpackung in Einzelteile zerlegen lässt, um sie dann neu zu kombinieren. Lassen Sie uns anhand einer Tüte für den beliebten Dauerbrenner Salzbrezeln eine Teillösung betrachten, die sich mit der heute verfügbaren Technologie herstellen lässt.

Das Beispiel der Verpackung für Salzbrezeln

Ein großer Salzbrezelhersteller war an neuen Verpackungsideen für diesen Snack interessiert, die eine unverwechselbare Form mit einem gewissen Pep haben und Kunden auf der ganzen Welt ansprechen sollten. Die Frage, die mit Hilfe der RDE-Methode beantwortet werden sollte, lautete, welche Merkmale in den verschiedenen Ländern Erfolg haben. Wie lässt sich eine vernünftige Verpackung für ein Produkt entwickeln, das so beliebt ist, dass ihm zwei „U.S. National Months“ gewidmet wurden?[97] Hier einige amüsante Fakten, um Sie für diese Aufgabe „scharf zu machen“.

---

97) Der Website der Kansas State University zufolge ist der März der „National Soft Pretzel Month“ („nationaler Monat der weichen Brezel“) und der Oktober der National Pretzel Month“ („nationale Brezelmonat“). „Just for Fun.“;
http://housing.k-state.edu/dining/FitCourse/justforfun.html.
Andere Quellen für diesen Abschnitt:
„The History of the Pretzel“, www.kitchenproject.com/history/Pretzel.htm
Wikipedia-Eintrag, „Pretzel“, *Wikipedia, The Free Encyclopedia*,
http://en.wikipedia.org/w/index.php?title=Pretzel&oldid=102772743
„The history of pretzels“, http://msms.essortment.com/thehistoryofp_rrka.htm.
„Bush makes light of pretzel scare“, http://news.bbc.co.uk/1/hi/world/americas/1758848
.stm, BBC News Online,
http://en.wikipedia.org/wiki/BBC_News_Online, 2002,
http://en.wikipedia.org/wiki/2002, -01-14,
http:// en.wikipedia.org/wiki/January_14,
http://news.bbc.co.uk/1/hi/world/americas/1758848.stm

Wussten Sie, dass es schon seit fast 1.400 Jahren Salzbrezeln gibt? Der Legende nach beschloss ein italienischer Mönch, seine Schüler mit gebackenen Teigresten zu belohnen. Er rollte den Teig zu einer Teigwurst und legte die Enden überkreuz, so dass der Teig zum Gebet gefalteten Armen glich. Diese neuen goldbraunen Teiglinge nannte er „pretiolas", was auf Latein „kleine Belohnungen" bedeutet.

Der romantische Ausdruck „Bande knüpfen" geht auf das Mittelalter zurück, als die Brezel als Symbol für den Bund der Ehe und das Band verwendet wurde, das zwischen zwei Familien in führender gesellschaftlicher Stellung geknüpft wurde. Die Brezelschleife stand für ewige Liebe.

Und wie entstanden die harten Salzbrezeln? Tatsächlich wurden sie durch einen Fehler entdeckt, als ein Bäckerlehrling einschlief und die Teiglinge zu lange im Ofen ließ. Zunächst war der Bäcker erbost über die Nachlässigkeit seines Lehrjungen, aber nachdem er die harten Brezeln probiert hatte, erkannte er sofort, dass sich ihm hier eine große Absatzchance eröffnete.

Einige Menschen glauben, die Brezel sei mit der Mayflower nach Amerika gekommen. Die Pilgrim Fathers verwendeten sie in ihren Handelsgeschäften mit den Indianern und tauschten sie gegen andere Bedarfsgüter ein. Heute beträgt der jährliche Salzbrezelkonsum in den USA pro Kopf ungefähr 1 Kilo, dabei sind es in den mittleren Atlantikstaaten sogar 2 Kilo und in Philadelphia mehr als 10 Kilo!

Die Erfindung eines der beliebtesten Snacks der heutigen USA ist ziemlich eigenartig, auch wenn sie nicht das Ergebnis disziplinierter Experimente ist. Lässt sich die RDE-Methode auch auf das Verpackungsdesign für dieses leckere Produkt anwenden? Anders als ein Zeitschriftencover ist eine Brezelverpackung immerhin dreidimensional. Die offensichtliche Frage lautete, wie sich auf einem zweidimensionalen Bildschirm ein dreidimensionales Problem lösen ließ. Überraschenderweise war die Lösung ganz einfach.

Zunächst entwarfen die Designer mehrere Versionen jedes der sechs Merkmale der Brezeltüte (siehe Abbildung 7.12). Jede Option wurde auf einer transparenten „Schicht" entwickelt, auf der das jeweilige Merkmal so angebracht war, dass es bei einem Übereinanderlegen der verschiedenen Schichten die anderen Merkmale richtig ergänzte. Das erfolgte ganz einfach durch die Verwendung einer einzigen Vorlage, die im Zentrum der Abbildung 7.12 dargestellt ist. Das Ergebnis sind eine Reihe optisch realistischerer Bilder, die mit Hilfe der Prinzipien der RDE-Methode montiert wurden. In Abbildung 7.13 se-

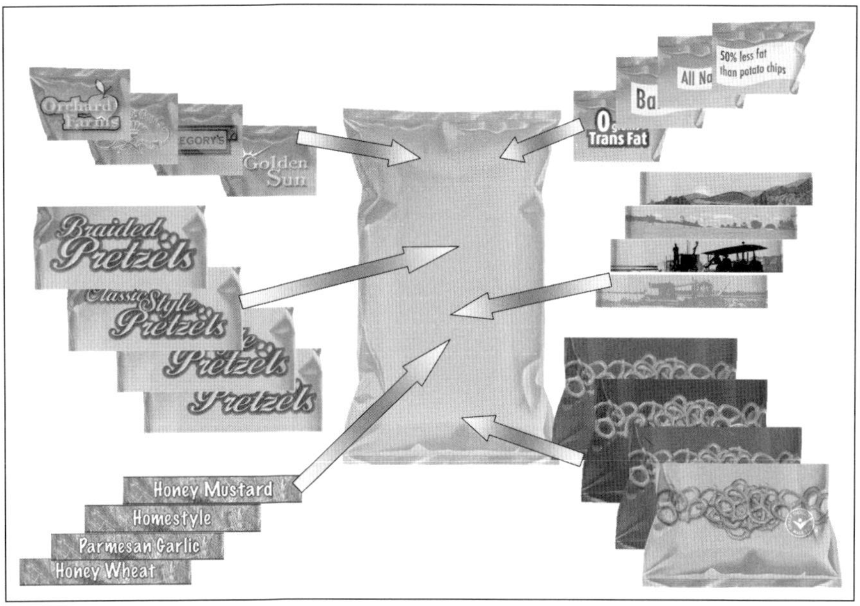

Abbildung 7.12 *Brezeltüten (3D) haben sechs Merkmale (Silos) mit jeweils vier Optionen (Elemente) und einer „nackten“ Verpackung im Hintergrund*

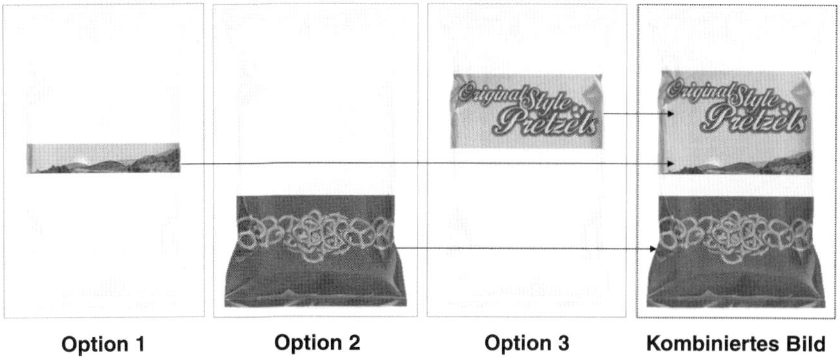

Abbildung 7.13 *Die Montage der Optionen oder Designelemente zur Herstellung einer kombinierten Verpackung (die Skizzierung der Verpackung auf den ersten drei Schichten von links betrachtet dient reinen Demonstrationszwecken)*

Abbildung 7.14 *Drei Kombinationen der neuen Salzbrezeltüte. Bei der dritten (untersten) Abbildung fehlt gemäß den Vorgaben des Experimentaldesigns ein Element, aber dank der Designstrategie empfinden die Testteilnehmer diese Unvollständigkeit nicht als störend.*

hen wir, wie die RDE-Methode diese Designoptionen beziehungsweise Elemente zu verpackungsähnlichen Kombinationen zusammenfügt.

Ein sehr wichtiger Unterschied zu unseren vorhergehenden textbasierten RDE-Projekten besteht darin, dass für Situationen, in denen das Experimentaldesign die Abbildung einer Verpackung ohne Element auf dem Computerbildschirm verlangt, ein Hintergrundbild als „Füller" nötig ist. Dazu wird am besten bei jeder Bildschirmansicht eine nackte Verpackungstüte im Hintergrund platziert. Auf diese Weise wirkt der „Null-Zustand" (das Fehlen jeglicher Optionen im Design) nicht störend oder lückenhaft. Das Hintergrundbild der nackten Verpackung lässt den Teststimulus auf dem Computerbildschirm als eine akzeptable Verpackung erscheinen, die Testteilnehmern selbst dann noch sinnvoll erscheint, wenn ein Element fehlt (siehe die unterste Verpackung in Abbildung 7.14).

Das Ergebnis dieser Übung bringt den Designer in der Verschmelzung von Kunst, Wissenschaft, RDE und Kundenwissen ein ganzes Stück weiter. Die Verpackungen sehen sehr real aus, wie Sie in Abbildung 7.14 erkennen können. Die wichtigsten Personen - die Testverbraucher - berichteten, sie hätten das Gefühl, echte Verpackungen zu bewerten. So hat jeder einen Nutzen.

Die Daten aus diesem international angelegten RDE-Projekt zeigten genau, welche Merkmale in jedem einzelnen Land eine positive Resonanz erzeugten. Das ist das Ziel der RDE-Methode. Einfach ausgedrückt erleichterte die RDE-Methode den Verpackungsdesignern die Arbeit, weil sich die einzelnen Elemente auf dem Computer erstellen und beliebig kombinieren ließen. Das ersparte den Designern die Anfertigung zahlreicher verschiedener Prototypen - eine langwierige und mühselige Arbeit, die zudem die praktische Durchführung der Verbrauchertests an unterschiedlichen Orten wesentlich erschwert.[98]

Beispiel Shampooflasche

Wir wollen das Kapitel mit einem anderen Beispiel abschließen, das auch mit Design zu tun hat. Das Projekt ähnelt dem Salzbrezelprojekt, allerdings handelt es sich dabei um eine andere Produktkategorie: Schönheit und Gesundheit. Die Prinzipien sind dieselben, und die Ergebnisse waren sogar noch viel

98) Alex Gofman und Howard Moskowitz, „Rule Developing Experiments (RDE) in Package Co-Creation", in *Proceedings of 2006 IIR FUSE Brand Identity and Package Design Conference*, New York, 2006.

versprechender, aber die Story über die Gründe, die zu einer Entscheidung zugunsten der RDE-Methode führten, ist eine andere. Die Designer hatten die Aufgabe, vor der abschließenden Präsentation die beste Kombination an Verpackungselementen auszuwählen. Fokusgruppen hatten keinen eindeutigen Sieger hervorgebracht, aber zahlreiche Elemente als attraktive Optionen identifiziert. Das Problem war, dass es sich bei diesen Optionen um isolierte Einzelelemente handelte, die von den Teilnehmern der Fokusgruppe separat beurteilt und in einer Umfrage weitergehend bewertet wurden. Wie ließen sich diese Optionen aber am besten zu einem überzeugenden Produkt kombinieren? Die RDE-Methode sollte dabei helfen, diese Frage zu beantworten.

Abbildung 7.15 zeigt die sechs Merkmale der Shampooflasche, die jeweils vier Elemente enthalten (die Ähnlichkeit des Designs mit der Salzbrezelstudie ist rein zufällig. RDE-Projekte können eine unterschiedliche Zahl an Merkmalen und Elementen beinhalten). Die Designer hatten die allgemeine äußere Optik der Shampooflasche bereits festgelegt, waren sich aber nicht über die beste Abbildung, Produkt- und Anwendungsbeschreibung sowie einige andere Elemente sicher.

Nachdem die Visuals feststanden, brauchten die Designer 30 Minuten, um das RDE-Projekt zusammenzufügen. Dann mailten sie den Web-Link an die Test-

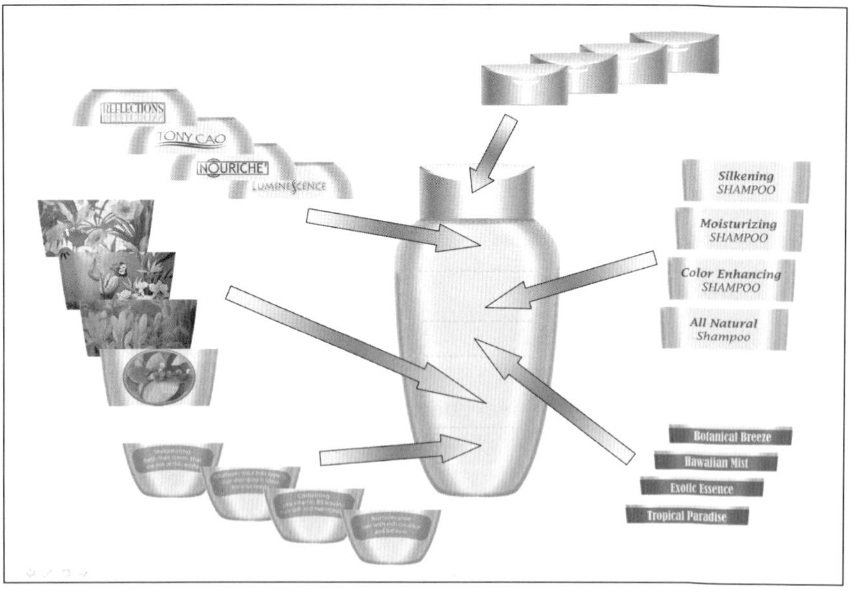

Abbildung 7.15 *Shampooflasche mit sechs Merkmalen und jeweils vier Elementen*

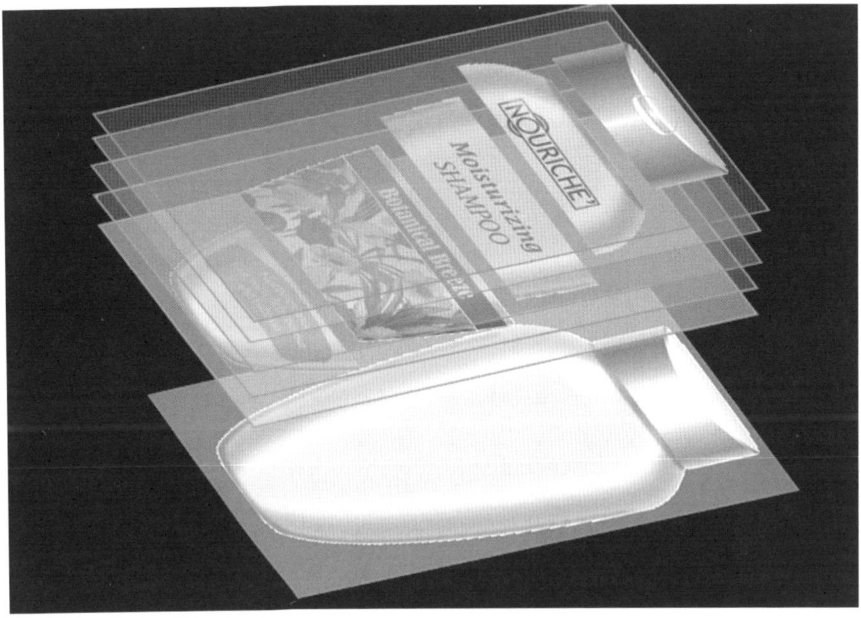

Abbildung 7.16 *Konzeptionelle Darstellung der Shampooflasche als Set an transparenten Schichten, die übereinander gelegt werden, wobei die nackte Shampooflasche die Grundlage im Hintergrund bildet*

teilnehmer. In diesem und vielen anderen Projekten saßen die Testteilnehmer beisammen, tranken Kaffee und beobachteten, wie sich die Daten vor ihren Augen in Echtzeit aufbauten. Wie in früheren Grafikdesign-Projekten legte der Computer einzelne Elementschichten in Echtzeit übereinander. Das geschieht so schnell, dass die Testteilnehmer das gar nicht mitbekommen. Abbildung 7.16 gibt Ihnen einen Eindruck über diesen Vorgang.

Am nächsten Morgen wussten die Designer ganz genau, welche Kombinationen Erfolg versprachen und welche durchgefallen waren. Wir ersparen Ihnen hier die Analyse einer Reihe von Tabellen; letztlich sind sie vergleichbar mit den Tabellen anderer Projekte wie dem Zeitschriftencover-Projekt. Hier soll der Hinweis genügen, dass es erhebliche Unterschiede zwischen den Reaktionen der Testteilnehmer aus dem Süden und dem Westen der USA gab. Die Segmente und Interaktionen ermöglichten den Designern die Entwicklung wesentlich zielgerichteterer Verpackungsvarianten. Ein weiterer glücklicher Abschluss eines RDE-Projekts, das sowohl unkompliziert war, als auch die finanziellen Ressourcen schonte.

„Funktioniert das wirklich im künstlerischen Bereich?“

In den ersten Forschungsjahren, als die RDE-Methode erstmalig auf Ideen und Konzepte bei textbasierten Konzepten angewendet wurde, waren Zweifel an der Gültigkeit des additiven Modells weit verbreitet. Dabei lautete das Ziel damals, zu bestimmen, wie man Ideen so kombinieren konnte, dass sich daraus Konzepte generieren ließen. Aufgrund der Überzeugung, dass Verpackungsdesign eine Form der Kunst sei, tauchte diese Frage erneut auf, als es darum ging, die RDE-Methode auf den grafischen Bereich anzuwenden. Die Frage, die Designern nach wie vor wichtig ist, ist also die nach der *Gültigkeit des additiven Modells für grafische Elemente.*

Die Autoren haben ausgedehnte Recherchen betrieben, um diese Frage zu beantworten.[99] Eine Methode, um die Gültigkeit des RDE-Modells für Verpackungsmerkmale zu beweisen, wird als Hold-out-Methode bezeichnet. Hold-outs verlangen von RDE lediglich einige unterschiedliche Kombinationen, um ein Modell zu erzeugen, das darstellt, welche Elemente für eine positive Bewertung ausschlaggebend sind. Anschließend bestimmt RDE mit Hilfe dieses Modells die wahrscheinliche Reaktion der Testteilnehmer auf Kombinationen von Elementen, die zwar getestet, aber nicht zur Modellentwicklung herangezogen wurden (daher der Begriff *hold-out*). Unserer Erfahrung nach ist die Trefferquote dieser Prognosen mit ±7 Prozent ziemlich hoch. Die meisten Kritiker halten diese Abweichung der prognostizierten von der tatsächlichen Bewertung für akzeptabel und befürworten daraufhin die Anwendung der RDE-Methode. Diese einfache Methode, Testreaktionen von RDE prognostizieren und deren Gültigkeit anschließend in der Realität überprüfen zu lassen, trägt sehr viel dazu bei, die Befürchtungen von Designern und Marketingexperten zu zerstreuen.

Zusammenfassung: Wie man mit Hilfe der RDE-Methode bessere Designs entwickelt

Dieses Kapitel über Grafikdesign und RDE mag kontroverser erscheinen als die vorhergehenden Kapitel, und das aus einem ganz einfachen Grund. Grafikde-

---

99) Howard R. Moskowitz, Sebastiano Porretta und Matthias Silcher, *Food Product Design and Development, 2005,* und Alex Gofman und Howard Moskowitz, „State-of-the-Art Research and Development Tools to Put Innovation in the Hands of the Many“, beides zuvor genannt.

sign, ob es sich dabei um Verpackungsdesign, Coverdesign oder Regaldesign handelt, gilt fast immer als eine Kunstform. Künstler lassen sich nicht gerne beurteilen. Und unter Grafikdesignern ist durchaus die Vorstellung der „Kunst um der Kunst willen" verbreitet, die jedoch in der Welt der Unternehmen nicht von Belang ist. Zwar gilt Verpackung als eines der neuen aufregenden Marketinggebiete, doch die Vermarktung – und letztlich der Vertrieb – kam bisher zu kurz: So waren Designer üblicherweise eher an der *Meinung* von Testverbrauchern interessiert als an deren *Reaktionen* – ganz zu schweigen von einer Herangehensweise mit systematisch variierten Stimuli oder gar der Erzielung technologiegetriebener Ergebnisse, wie sie die RDE-Methode erzeugt. Glücklicherweise sind Designer inzwischen dabei, ihren Standpunkt zu überdenken, sich einer RDE-gesteuerten Sichtweise anzunähern und die Verbindung von Kunst und Technologie zu begrüßen.

***

Während wir an unserem Grafikdesign-Projekt gearbeitet haben, ist in Allisons Unternehmen viel passiert. Allison-die-Entrepreneurin wurde eine sehr erfolgreiche Geschäftsfrau. Sie hat beschlossen, ihr boomendes Geschäft mit eingefärbten Produkten auf die Kategorie tiefgekühlte Fertiggerichte in Supermärkten des ganzen Landes auszudehnen. Ein offensichtliches Problem, das Allison dabei lösen muss, ist die Auswahl eines guten Verpackungsdesigns, damit sich ihre Produkte von der Masse der Wettbewerbsangebote abheben. Außerdem hat der Präsident ihres Fanclubs (der gleichzeitig ihr wichtigster Venture-Capital-Geber ist) sie dazu angespornt, einen Mailkatalog für ihre Produkte zu erstellen. Aus Kapitel 5 „Erfahren Sie mehr über Ihre Wettbewerber, als diese selbst wissen – und zwar ganz legal!" weiß Allison bereits, welche Merkmale sie in dem Katalog hervorheben muss. Seitdem arbeitet sie mit diesen Botschaften, und zwar ziemlich erfolgreich. Nun braucht sie ein attraktives, aufmerksamkeitsstarkes Katalogcover, um sicherzustellen, dass die Empfänger ihn auch öffnen und Allisons Gewinn steigern – und nicht den Inhalt ihrer Papierkörbe.

Welche Unterlagen könnte Allison für ihren Designer vorbereiten? Hier kann ihr RDE helfen, vor allem wenn sie sich mit einem der grafischen Designpakete (Adobe Photoshop) vertraut macht, die sie auf ihrem Laptop installieren kann. Wir wollen Allisons Vorgehen noch ein wenig weiter verfolgen und nach Ideen Ausschau hält, die zu ihrem neuen Produkt passen.

Neben den Bildern, die Allison für ihre Supermarktprodukte verwendet – oder deren Verwendung sie erwogen – hat, gibt es wahrscheinlich noch einige Archivbilder, die sich möglicherweise eignen. Welche Bilder sind die besten? Welche Hintergrundfarbe ist am geeignetsten? Allison kann sich mehrere vorstellen. Welches der vorgeschlagenen Logos soll sie verwenden? Ähnliche Fragen gehen ihr auch mit Hinblick auf das Katalogcover durch den Kopf. Einige Bilder kann sie selbst entwerfen, andere wählt sie aus Archivbildern und -grafiken ihrer eigenen Designbemühungen aus.

Wie bei ihren vorhergehenden RDE-Aufgaben beschließt Allison, auch dieses Mal das erprobte, extern gehostete Do-it-yourself-Webtool zu verwenden. Sie wählt das Design aus, das genügend Variablen enthält, um die Verpackungen darzustellen; sie lädt die Hintergrundelemente hoch, fügt Abbildungen und Logos etc. ein. Sie könnte sogar einige Grafiken der Wettbewerber verwenden, um sie im Vergleich mit ihren eigenen zu testen. Dann verbringt Allison eine Stunde damit, eine Vorlage für die Verpackung zu erstellen. Sie kann sofort eine Vorschau des Verpackungsmusters betrachten, und das gibt ihr das Gefühl, Künstlerin und Designerin zugleich zu sein, auch wenn sie in Wirklichkeit keins von beiden ist.

Die Einladung von Zielpersonen für ihre *kurze Befragung* im Web ist für Allison eine Kleinigkeit. Das hat sie schon einmal gemacht und weiß wie leicht und kostengünstig es ist. Die Teilnehmer an ihrem Test, die sich über das Web in ihre Umfrage einloggen, betrachten und bewerten eine Reihe unterschiedlicher Verpackungen (Projekt 1) oder Katalogcover (Projekt 2), je nachdem, welchem von Allisons Projekten sie zugeordnet wurden. Die Testteilnehmer erkennen nicht, dass jede der Verpackungs- beziehungsweise Coverdarstellungen auf ihren Bildschirmen in Sekundenschnelle gemäß den Vorgaben des RDE-Designs aus verschiedenen Schichten zusammengefügt wird. Am nächsten Tag generiert das System *automatisch* Regeln für Allisons Verpackung (welche Elemente erzeugen bei der Zielgruppe eine positive Resonanz und welche nicht). Wie zuvor kann Allison daraus ablesen, was Erfolg haben wird.

Es ist erstaunlich, was sich in nur zwei Tagen Arbeit mit einem Laptop und einigen Archivbildern erreichen lässt. Nun kann Allisons freiberuflicher Designer seinen Job im Handumdrehen (soll heißen, in wenigen *überschaubaren Arbeitsstunden*) erledigen und ziemlich beeindruckende Ergebnisse erzielen, weil er schon weiß, was Kunden gefällt und was Allison abgesegnet hat. Zusammen mit ihren Katalogverkäufen bringt Allison das ein weiteres Vermögen ein.

Um es noch einmal zu wiederholen: Nicht schlecht für jemanden, der experimentierfreudig ist und über einen der inzwischen preisgünstigen, aber hoch leistungsfähigen Laptops verfügt!

TEIL III
Der Flug zur Venus

Schnallen Sie sich an, und machen Sie sich startklar! Wir bringen Sie an Orte, die bisher außerhalb der Reichweite der disziplinierten Experimente lagen. Wie in der Raumfahrt lässt sich auch auf dem Gebiet der RDE schwer vorhersagen, was wir auf unserer Reise alles erleben werden. Vielleicht entdecken wir neue Horizonte. Möglicherweise finden wir auch heraus, dass unsere Ziele unerreichbar sind. Wer weiß? Der Countdown läuft ...

Kapitel 8

Mind Genomics: Was Verbraucher denken, wenn sie vor dem Regal stehen

Laut der Studie Crave It![100] stehen Eis und Schokolade zusammen mit Spareribs und Steak in den USA ganz oben auf der Liste der bevorzugten Nahrungsmittel. Wobei es Unterschiede zwischen Männern und Frauen und natürlich geografisch bedingte Abweichungen gibt. Bei den untersuchten Nahrungsmitteln rangieren Kartoffelchips, Kaffee und Hähnchen gleich hinter Spareribs und Steak. Die Daten zeigen, dass es Männer eher nach Spareribs und Steaks gelüstet, während Frauen vor allem Schokolade und Eiscreme lieben. Auch geografische Unterschiede machen sich hier bemerkbar. Menschen aus dem Nordosten der USA mögen vor allem Brezeln und Pizza, Menschen aus dem Südosten dagegen am liebsten Käse und Spareribs. Das ist aber noch nicht alles. Auf unserem Streifzug durch die bevorzugten kulinarischen Köstlichkeiten stellen wir fest, dass Menschen aus dem mittleren Westen und Nordwesten am

100) Eine Serie an RDE-Studien, die von McCormick & Company, Inc. gesponsert und von Moskowitz Jacobs, Inc. in Zusammenarbeit mit The Understanding and Insight Group, LLC. durchgeführt wurde.

liebsten Steaks essen, wohingegen im Südwesten Tortilla Chips und Hamburger bevorzugt werden.[101]

Um diesen Verbraucherpräferenzen auf die Spur zu kommen kann ein listiger Marketingexperte entweder in eine Kristallkugel blicken oder einen Trendscout engagieren, der die kommenden Trends frühzeitig aufspürt. Wichtig ist in jedem Fall, den Trend zu antizipieren, ihn mit den richtigen Angeboten voll auszuschöpfen und dabei hoffentlich der Erste und Cleverste auf dem Markt zu sein.

Und wie sieht die harte Realität aus, in der es grundsätzlich an Zeit und Geld mangelt und das Wissen auf Knopfdruck und in „Google-Zeit" zur Verfügung stehen muss - am besten in schönen, ordentlich sortierten Kategorien und anwendungsfertig aufbereitet? Marketingfachleute und Produktentwickler brauchen heute sofort abrufbares, sozusagen vakuumverpacktes, systematisches Wissen - organisierte Erkenntnisse über die Wahrnehmung der Verbraucher auf bestimmten Themengebieten, an denen sich die Entwicklung von Produkten und Kommunikation orientieren kann. Wir sind der Enzyklopädie der Verbraucherwahrnehmung während des Abacus-Projekts ein wenig näher gekommen, als unsere Unternehmer drei verschiedene Datenbanken für ihre Ideen durchforsteten - ein tragbares DVD-Gerät, eine elektronische Spielekonsole und ein Tablet PC. Durch die Integration vielfältiger Ideenquellen in ein einziges neues Produkt über die RDE-Methode, die der Genomforschung ähnelt, gelang es Abacus, eine neue Produktidee zu „mischen".

Die überwältigende Botschaft aus der Drei-Komponenten-Studie ist, dass *Datenbank*-Informationen benötigt werden, wie sie die RDE-Methode liefert, *die sich aber nicht allein auf ein Themengebiet oder ein Produkt beschränken.* Wenn wir zum Beispiel über Nahrungsmittel sprechen, sollten wir über viele *parallele* Nahrungsmittel-Datenbanken sprechen. Diese Datenbanken können sich auf unterschiedliche Produkte beziehen (Steaks, Kuchen, Kaffee, Colagetränke, Fruchtsäfte), und sie bilden eine gemeinsame Struktur rund um das Wissen, das die RDE-Methode liefert. Die Nutzer dieser Datenbanken müssen vielleicht nur die Ideen und ihre jeweilige Bewertung betrachten. Beide Informationsarten sind aus den RDE-basierten Tests verfügbar. Wir wollen uns aber noch ein wenig weiter vorwagen. Diese Datenbanken sind für Produktentwick-

101) „Americans Crave Meats and Sweets: McCormick Sponsored Ground-Breaking Study Reveals the Nation's Food Cravings", Pressemitteilung von McCormick & Company, Inc. (Hunt Valley, MD, 2001); „McCormick & Company, Inc. Releases More Findings from Sponsored Crave It! Study", Pressemitteilung von McCormick & Company, Inc. (Hunt Valley, MD, Januar 2002).

ler und Marketingexperten noch weitaus nützlicher, wenn die Struktur der Information, der Silos und ihrer Elemente innerhalb einer einzigen Datenbank für alle Produkte einheitlich sind. Das Wissen, wie man die Informationen richtig nutzt, versetzt den Produktentwickler oder Marketingexperten in die Lage, die Datenbank produktübergreifend zu durchkämmen, um sich einen Gesamtüberblick zu verschaffen. Zu welchem Zweck? Ganz einfach, der Entwickler oder Marketingexperte lernt, welche Faktoren Kaufanreize setzen und welche nicht, welche Verbrauchersegmente es gibt und welche sich davon produktübergreifend herausgebildet haben. Am Ende steht die Belohnung, nämlich die Chancen, die sich aus dem Gesamtbild ergeben. Würde die Datenbank kurzsichtig auf ein einziges Produkt begrenzt und enthielte sie nur eine entsprechend kleine Datenmenge, würden diese Chancen als Begleitlärm verkannt oder einfach als irrelevant abgetan. Diese Kurzsichtigkeit, die oft als disziplinierter Fokus verkauft wird, ist eine unangenehme Variante des Perfektionismus mit seinem bedauerlichen Mantra „Erst kriechen, dann gehen und dann laufen." Lassen Sie uns die Datenbank dazu nutzen, gleich in den Laufschritt zu wechseln. Möglicherweise gelingt uns sogar ein Sprint oder ein Marathon, der so viele Läufer begeistert.

Warum diese Anstrengung? Was ist so besonders an Datenbanken, die unterschiedliche Arten an Elementen über ein breites Produktspektrum hinweg enthalten (Produktmerkmale, Markenname, Emotion, Verfügbarkeit etc.) – Elemente, die bereits durch die RDE-Methode quantifiziert wurden, bevor irgendjemand darüber nachgedacht hat, nach einer Quantifizierung zu fragen? Gibt es einen Bedarf an einer Enzyklopädie der Verbraucherwahrnehmung, die neben den simplen Informationen (was es alles gibt) auch gleich einen Maßstab für die Relevanz dieser Informationen mitliefert? Eine Messgröße im Sinne der RDE-Methode ist das Ausmaß des *wahren* Gebrauchswerts, den jedes einzelne Element der Datenbank zum Kaufinteresse der gesamten Stichprobe und ihrer wichtigsten Untergruppen beisteuert. Wir glauben, dass diese Datenbank zur logischen Erweiterung unseres bereits besprochenen RDE-Organisationsprinzips, der „Algebra der Verbraucherwahrnehmung", werden könnte. (Manche bezeichnen das, was wir tun, als *Arithmetik der Verbraucherwahrnehmung*, aber wir verwenden den Begriff *Algebra* schon so lange, dass wir ihn beibehalten wollen.)

Diese Enzyklopädie der Verbraucherwahrnehmung ist die Grundlage der Mind Genomics, einer Kombination aus Genomforschung und Informationstechnologie. Das Ziel dieser neuen Wissenschaft ist, über einen formalisierten, strukturierten und faktenbasierten Ansatz ein besseres Verständnis der menschlichen Reaktionsweise auf Ideen zu gewinnen.

Drei Gründe für eine Mind-Genomics-Datenbank über die Verbraucherwahrnehmung

Dieser Ansatz nutzt vorhandene Tools auf eine neue Art und Weise. Mind Genomics beginnt mit den Prinzipien von Stimulus und Reaktion aus der Experimentalpsychologie, fährt mit Experimentaldesign und Conjoint-Analyse aus Konsumforschung und Statistik fort und bedient sich insbesondere internetbasierter Testverfahren aus der Marketingbeobachtung sowie vielfältiger Tests zur Identifizierung von Wahrnehmungs- beziehungsweise Mentalitätsmustern. Wir modellieren diesen Ansatz nach der heute sehr einflussreichen biologischen Genomforschung.[102]

1. Eine zentrale archivierte Quelle für umsetzbare Informationen über Verbraucher/Kunden

Den Unternehmen steht eine Flut von Publikationen über verbraucherbezogene Themen zur Auswahl – von der wirtschaftlichen Situation der Verbraucher über Verbraucherpsychologie, von Populärzeitschriften bis zu wissenschaftlichen Fachmagazinen, von so unterschiedlichen Disziplinen wie Betriebswirtschaft, Psychologie und Marketing bis zu einer Reihe von Technologien. Alle diese Publikationen beleuchten unterschiedliche Facetten der Verbraucher und ihres Kaufverhaltens, angefangen bei dem Verständnis ihrer Wünsche und Bedürfnisse über die Untersuchung des Auswahlverhaltens am Verkaufsort bis zur Werbung und Kommunikation.

Ein wiederkehrendes Kernproblem im Zusammenhang mit diesen Informationen ist die schiere Masse des Materials. In jedem Job, der irgendwie mit Konsumforschung zu tun hat, werden Sie mit Zeitschriften-, Buch-, Konferenz- und Seminarangeboten nur so überschüttet, die Ihnen ausnahmslos den sofortigen Erwerb von Fachkompetenz versprechen. Diese Informationsflut ist einfach erdrückend. Es gibt einfach viel zu viel „Stoff", um es mit den Worten des Komikers George Carlin auszudrücken. Es mag guter Stoff dabei sein, aber die Masse erschwert den Zugang zum Wesentlichen.

Trotz der Fülle des Rohmaterials haben die meisten Marketingexperten und Produktentwickler weniger Zeit denn je, um sich Wissen über Verbraucher und Kunden anzueignen. Sie können Rezensionen der neuesten Wirtschaftsbücher

---

102) Weiterführende Informationen finden Sie in Howard R. Moskowitz, Alex Gofman, Jacqueline Beckley und Hollis Ashman, „Founding a New Science: Mind Genomics", *Journal of Sensory Studies*, 21(3): 266-307.

lesen, Audio-Kurzfassungen hören oder sich in einem ein- oder zweitägigen Seminar briefen lassen. Die Aufgabe, das ganze Material zu verdauen, liegt bei denjenigen Mitarbeitern von Unternehmen, die aus den Informationen letztlich Handlungen ableiten müssen.

Daher lautet *das erste Ziel* zur Schaffung einer Datenbank über die Verbraucherwahrnehmung, diese Informationen zu zentralisieren und organisieren, damit das Unternehmen auf Basis dieser Verbraucherkenntnis zeitnah agieren kann.

2. Eine Informationsquelle für neue Trends

Inzwischen sind in den meisten Unternehmen einer gewissen Größe so genannte Tracking-Studien fester Bestandteil der Marktforschung, in denen die Testteilnehmer zu ihren Einstellungen und Gewohnheiten befragt werden. In der Computerindustrie könnten Testverbraucher in einer solchen Studie zum Beispiel gefragt werden, welche Marke sie bei ihrem nächsten Computerkauf zu kaufen gedenken. Die Verbraucher geben normalerweise bereitwillig Auskunft über ihre Wahrnehmungen und Präferenzen. Für ein Unternehmen ist es jedoch viel wichtiger zu wissen, was ein Verbraucher wirklich möchte; es will sich nicht mit der oberflächlichen Antwort „etwas Gutes" begnügen.

Der *zweite Grund*, der für die Schaffung einer Datenbank spricht, ist die Verfolgung und Analyse von Markttrends auf breiter Ebene, um neue Bedürfnisse antizipieren zu können, bevor Kunden selbst in der Lage sind, ihre Wünsche zu artikulieren. Um es mit Yogi Berra zu sagen: Prognosen sind schwierig, vor allem, wenn sie die Zukunft betreffen.

3. Eine Quelle für neue Produktideen

Die meisten Profis in Marketing-orientierten Unternehmen kennen die Binsenweisheit „Innovieren oder verlieren". Ob diese alarmierende Aussage auf dem Cover des Magazins *Business Week* erscheint oder ein vorausschauender Topmanager die Unternehmenskommunikation damit schmückt – jedem ist heute klar, dass Innovationsfähigkeit eine zentrale Wettbewerbsstärke darstellt. Aber wie kann ein Unternehmen auf systematischer Basis neue Ideen entwickeln? In Kapitel 6 „Der Zauberwürfel der Innovation in der Konsumelektronik" wurde eine Methode vorgestellt, die von der Genomforschung inspiriert ist, und in der der Entwickler Elemente verschiedener Produktkategorien mischt um daraus neue Produktideen wie den Gamester zu generieren. Um überhaupt verschiedene Ideen mischen zu können und so das gesamte Entwicklungspotenzial auszuschöpfen, müssen Marketingfachleute und Produktentwickler auf eine *bereits bestehende Datenbank* zurückgreifen und Ideen präsentieren können, die sich mit Hilfe der RDE-Methode neu kombinieren lassen.

Der *dritte Grund* für die Erstellung einer Datenbank über die Verbraucherwahrnehmung ist also das Ziel, eine „Innovationsmaschine“ nachhaltig mit neuer Energie und neuen Informationen für neue Ideen zu füttern, indem man verschiedene Ideen und Konzepte aus einer Vielzahl von Gebieten mischt und analysiert.

Wie man mit Hilfe der RDE-Methode eine Datenbank erstellt

Ein großer Teil des heutigen Innovationsdenkens dreht sich um zwei Pole, von denen keiner eine systematische Entwicklung darstellt: die Generierung neuer Ideen – die so genannte Ideenphase – und die entsprechenden Messgrößen.

Die Ideenphase besteht üblicherweise aus Brainstormings, Fokusgruppen oder individueller Ideengenerierung. Die intrinsischen Probleme von Fokusgruppen haben wir bereits besprochen (siehe Kapitel 1 „Hewlett-Packard ändert seine Gangart“). Lassen Sie uns hier einen kurzen Blick auf das Brainstorming werfen. Ganze Generationen an US-amerikanischen Angestellten wurden auf Teamwork getrimmt und von dem wunderbaren Erfinder des Brainstormings, dem Werbeprofi Alex Osborn, dazu überredet, Unternehmensprobleme auf „Kommandoart“ anzugehen.

In einem kürzlich erschienenen Artikel des *Wall Street Journal*[103] analysiert Jared Sandberg das traditionelle Brainstorming, das seiner Meinung nach einfach scheitern muss. Der Artikel zitiert John Clark, den ehemaligen Dekan einer technischen Fakultät, der sagt, dass üblicherweise irgendjemand im Verlauf des Brainstormings das Thema an sich reißt, versucht, alle anderen argumentativ niederzuringen und seine anwesenden Vorgesetzten zu beeindrucken oder gar die Sitzung zu seiner eigenen Belustigung in eine Spaßveranstaltung zu verwandeln. „Ich kann mich an keine einzige Brainstorming-Sitzung erinnern, in der eine Gruppe eine wirklich kreative Idee hervorbrachte“, so Clark.

103) „Brainstorming Works Best If People Scramble for Ideas on Their Own“, *Wall Street Journal*, 13. Juni 2006.

Anstatt zu versuchen, die ultimative Lösung für das Problem zu finden, fördert die RDE-Methode einen sehr demokratischen Ansatz der „Chancengleichheit", der von einem großen Respekt vor den Teilnehmern und ihrer Privatsphäre gekennzeichnet ist. Die Teilnehmer sollten Ideen generieren - je mehr, desto besser - und der RDE-Technik die schwere Arbeit der Beurteilung überlassen, welche Ideen gut sind und welche nicht. Andernfalls, so warnt David Perkins, Professor an der Harvard Graduate School of Education, können Gruppensitzungen darin enden, dass die schlechte Idee eines Teilnehmers niedergemacht und das Ideenspektrum der übrigen Teilnehmer limitiert wird. „Die beste Methode zur Gewinnung guter Ideen ist, die Teilnehmer zu bitten, ihre Vorschläge aufzuschreiben", so Perkins. Auf diese Weise lassen sich oft die besten Ideen gewinnen, ohne dass man eine Gruppe Mitarbeiter in einem Raum zusammentrommeln muss. Der Banker Joe Polidoro nennt Schüchternheit als ein weiteres Problem, das die Effektivität von Gruppenübungen beeinträchtigt. „Wir sitzen da und blicken verlegen vor uns hin, als ob wir alle neu in einer FKK-Gemeinde wären." Das Ganze wird noch dadurch verkompliziert, dass es sehr schwer ist, auf Kommando innovativ zu sein.

In beiden Fällen, also der Ideengenerierung durch ein Gruppen-Brainstorming oder über individuelle Beiträge, trägt die RDE-Methode zu einer erheblichen Verbesserung der Effektivität des Prozesses bei. Und zwar ganz einfach durch eine *Trennung der Ideengenerierung von der Ideenbewertung* sowie dadurch, dass die RDE-Methode Ziele und harte Messgrößen für jedes individuelle Element auf der Liste liefert. Geschäftsleute lieben Kennzahlen zur Messung von Prozessen und Ergebnissen. Es gibt endlose Dokumente über die Zahl an Ideen, die in Meetings generiert werden, zum Beispiel der Stage-Gate Prozess und seine Fähigkeit, Ideen zu kanalisieren.[104] *Es fehlt jedoch ein formales System, das die eigentlichen Ideen hervorbringt.* Lassen Sie uns das RDE-Bootcamp betrachten, das kreative Ideen testet, die Erfolg versprechenden Ideen und Konzepte herausfiltert und diese Elemente dann in eine Datenbank verwandelt, auf die man in Zukunft zurückgreifen kann.

Dabei machen wir noch einen weiteren Schritt. Wenn sich die Ideen mit der RDE-Methode in der Testphase mischen und neu kombinieren lassen, warum soll man dann nicht *die unterschiedlichen Ideen aus verschiedenen Produkt-*

104) R. G. Cooper, *Winning at New Products: Accelerating the Process from Idea to Launch*, 3. Auflage (Cambridge, MA: Perseus Books, 2001).

kategorien systematisch mischen und neu kombinieren, um daraus eine Innovationsmaschine im Dienste der Neuproduktentwicklung zu machen?[105]

Kurz nach Beginn des neuen Jahrtausends wurden wir in eine Reihe von Diskussionen verwickelt, die sich mit der Schaffung von Datenbanken über die Wahrnehmung der Verbraucher beschäftigten, um im Dienste der Produktinnovation die zukünftigen Trends bestimmen zu können. Die anfänglichen Gespräche drehten sich um Nahrungsmittel, vielleicht weil es in der Nahrungsmittelindustrie ziemlich lange dauert, bis die Dinge in Bewegung geraten. Das Thema lautete: Was macht Nahrungsmittel attraktiv, und welche Faktoren steigern das Verlangen nach ihnen? Das Unterthema drehte sich darum, ob man eine Datenbank über die Wahrnehmung der Verbraucher schaffen sollte, die Aufschluss darüber gab, was Verbraucher über nahrungsmittelbezogene Ideen wie Produktbeschreibung, Markennamen, emotionale Befriedigung etc. dachten.

Diese ersten Gespräche mit McCormick & Company, Inc. führten zu einer der ersten systematischen Datenbanken über die Verbraucherwahrnehmung, die sich auf die RDE-Methode stützte und als Crave It!-Studien bezeichnet wurde. Bei der Planung dieser Studien stellte man sich vor, eine Datenbank zu erstellen und die RDE-Studien alle paar Jahre zu wiederholen, um zu verfolgen, wie Verbraucher über Nahrungsmittel und nahrungsmittelbezogene Themen dachten. Vier Dinge unterschieden die Crave It!-Studien grundlegend von allen bisherigen Initiativen[106]:

1. **Profundität der Ergebnisse** – Die Datenbank verwendete das Experimentaldesign, um die Algebra der Verbraucherwahrnehmung zu verstehen, sowie klassifizierende Fragebogen zur Selbstauskunft der Testteilnehmer.

2. **Themenspektrum** – Die Datenbank deckte eine ganze Bandbreite an Themen ab, die von der Nahrungsmittelbeschreibung bis zu Emotionen, Konsumsituationen, Marken und Verstärkung von Gesundheit/Wellness reichten.

---

105) Die Idee eines auf dieser Weise formalisierten Mix-and-Match-Prozesses verschiedener Ideen aus unterschiedlichen Gebieten wurde Mitte der 1990er Jahre von Howard R. Moskowitz in seinem Werk *Consumer Testing and Evaluation of Personal Care Products* (New York, Marcel Dekker, S. 430 in dem Abschnitt „Creating a truly new product or new category" vorgestellt). Das Thema war Mundpflege. Damals war die Entwicklung von RDE noch nicht so weit gediehen, dass es ein einfacher Prozess war. Dieser Zeitpunkt ist jetzt erreicht. Siehe auch Kapitel 6 dieses Buches.

106) J. Beckley, H. R. Moskowitz, „Databasing the Consumer Mind: The Crave It!, Drink It!, Buy It! and Healthy you! Databases". In *Proceedings of Annual Meeting of Institute of Food Technologists*, Anaheim, CA, 2002.

3. **Produktspektrum** – Die erste Crave It!-Datenbank umfasste 30 Produkte, die jeweils eine vollständige und umfangreiche Studie darstellten. In gewisser Hinsicht war Crave It! eine *RDE-Megastudie.*

4. **Vergleichbarkeit** – Soweit irgend möglich wurden die individuellen Studien parallel zueinander aufgesetzt. Die Parallelität verstärkte die Wirkung, weil dadurch deutlich wurde, wie Verbraucher auf dieselbe Kommunikationsart bei unterschiedlichen Produkten reagieren.

Die Crave It!-Datenbank war nur die erste Datenbank dieser Art. Sobald wir einmal den Bogen raushatten, wie man unter Verwendung von RDE eine Megadatenbank erstellt, war der Rest ein Kinderspiel, wie Sie sehen werden. Wir gingen eine Partnerschaft mit der U&I Group in New Jersey ein, um It! Ventures, Ltd. zu gründen und entwickelten gemeinsam die Datenbanken für Getränke (Drink It!), Fastfood (Grab It!), gesunde Nahrungsmittel und Getränke (Healthy You!), Versicherungen (Protect It!), karitative Spenden und Non-profits (Give It!) und sogar angstauslösende Situationen und den Bereich der öffentlichen Ordnung (Deal With It!). Ein ganz schönes Spektrum; aber alle Studien waren gut organisiert und einfach anzuwenden, und alle verkörperten die RDE-Prinzipien.

Zu Demonstrationszwecken wollen wir uns hier mit der Datenbank über Kauferfahrungen beschäftigen. Aus naheliegenden Gründen haben wir diese Datenbank Buy It! genannt. Sie wurde mit Unterstützung und Anleitung der Kelley School of Business der Indiana University entwickelt.

Es ist vielleicht ganz interessant, wie diese Datenbanken entwickelt wurden. Die eigenen Grenzen machen sich am deutlichsten beim Schreiben bemerkbar. Wir können uns zwar selbst an der Nase herumführen und glauben, dass wir über ein umfangreiches Wissen verfügen, aber wenn wir unser Wissen zu Papier bringen sollen, erkennen wir oft, wie wenig wir eigentlich wissen – oder zumindest, wie unorganisiert und unstrukturiert unser Wissen ist. Der Schock dieser Erkenntnis traf uns, als wir begannen, die Disziplin der RDE-Methode auf Kauf- und Esserfahrungen anzuwenden. Es wurde klar, dass wir vielleicht ohne große Mühe eine RDE-Studie über Kaufsituationen – sagen wir den Kauf eines Fernsehers – entwickeln konnten, aber die Entwicklung von 30 parallelen Datenbanken zu 30 verschiedenen Themen, die alle gleich strukturiert sein sollten, war eine ziemliche Herausforderung. Wir mussten darüber nachdenken, welches die eigentlichen Silos waren. Was haben alle Kaufsituationen gemeinsam? Allein der Versuch, die RDE-Anforderung eines parallelen Designs für die Datenbanken zu erfüllen, schärfte unser Denken. Dieselbe Erfahrung hatten wir ein Jahr zuvor mit der Crave It!-Datenbank gemacht. Welches waren hier die grundlegenden Silos? Die Anpassung dieser Silos an 30 verschiedene Lebensmittel- und Getränkeprodukte brachte uns dazu, eingehender darüber nachzudenken, wie die Dinge den Testverbrauchern dieser Studie kommuniziert werden mussten. Was könnten wir über Oliven, Colagetränke und Pommes aussagen, das uns einen Vergleich dieser verschiedenen Produkte ermöglichen würde, um sinnvolle Erkenntnisse aus den Datenbergen herauszufiltern, die zu einer zielgerichteten Produktentwicklung und ebensolchen Marketingaktionen führen würden?

Die erste Entdeckung, die wir bei der Entwicklung dieser Datenbanken machten, war, dass es zwingend notwendig ist, Experten auf den jeweiligen Gebieten einzubinden. Mit dem Aufsetzen der Studie ist sehr viel Spezialwissen verbunden, das ein Generalist wahrscheinlich nicht hat. Das Zweite ist, dass es zunächst zwar schwierig erscheinen mag, Elemente für 30 verschiedene Studien zu erarbeiten, aber hier erleichtert ein guter Trick die Arbeit. Erstellen Sie zu Beginn des Datenbankprojekts eine Vorlage, auf der festgehalten ist, was das Element kommunizieren soll. Verwenden Sie diese Vorlage als Leitfaden, und fügen Sie die entsprechenden Elemente in diese Vorlage ein. Später, wenn wir über die Gründe für die Berücksichtigung eines Elements sprechen, werden Sie sehen, wie das funktioniert.

Die dritte und wahrscheinlich wertvollste Lektion war die Umsetzung an sich. Sie war natürlich nicht perfekt – eine Wissensgewinnung über den Einsatz von Testverbrauchern und Datenbanken ist das nie. Während der Vorarbeiten waren wir sehr aufgeregt, während der Durchführung des Projekts, als wir die Daten sammelten, waren wir ängstlich gespannt. Und während der Analyse der Ergebnisse waren wir schließlich hoch erfreut. Die Daten enthüllten Muster, von denen Produktentwickler, Marketingspezialisten und Experten der Verkaufsförderung gleichermaßen sagten, sie erleichterten es ihnen, die Wahrnehmung ihrer Kunden zu verstehen, neue Trends zu identifizieren und neue Chancen aufzuspüren. Die Datenbank befriedigte zudem einen Großteil der Neugier darüber, welche Ideen und Markennamen wirklich ankommen und – genauso wichtig – welche bei Verbrauchern durchfallen. Unterschätzen Sie nie den Wert der Neugier, die in der Frage liegt: „Wie kommt meine Marke oder meine Kommunikation bei Kunden an?“

Die Buy It!-Datenbank

Da in der heutigen Ökonomie die Zahl der Wahlmöglichkeiten meist größer ist als man bewältigen kann, haben sich Marketingprofessoren der Kelley School mit den Marketingexperten von Moskowitz Jacobs, Inc. und It! Ventures, Ltd. (das auf diese Datenbanken spezialisiert ist) zusammengetan, um diese in ihrer Reichweite revolutionäre Datenbank zu erstellen, die auf die Verkaufsförderung, auf Marketingfachleute und Produktentwickler gleichermaßen abzielt. Das Ziel war klar und einfach: eine Datenbank über die Wahrnehmung der Verbraucher zu schaffen, die sich bei der Erforschung von Ideen auf die RDE-Methode stützt.

Die Datenbank und die Methode zur Datengewinnung, die einfach und effizient sein sollte, basiert auf folgenden Kriterien:

1. **Produktspektrum und Produkttypus** – Für diese Datenbank wählten wir 30 verschiedene Produkte aus (siehe Tabelle 8.1) um ein großes Produktspektrum zu untersuchen, wie man es in Kaufhäusern und Fachgeschäften findet. Außerdem wollten wir ein breites Sortiment abdecken – Haushaltswaren, Produkte des persönlichen Bedarfs und teure Großprodukte.

2. **Elementspektrum und Elementtypus** – Wenn Sie Tabelle 8.2 betrachten, erkennen Sie verschiedene Silos und Beispiele anhand eines Produkts, nämlich eines Toasters. Eine Datenbank über Elemente wird vor allem nützlich, wenn wir darin die Sprache verwenden, die die Menschen in ihren normalen Alltagsgesprächen gebrauchen, um zu beschreiben, wie sie Produkte einkaufen oder wenn sie Informationen über ein Produkt suchen. Wenn wir außerdem die Gefühle der Kunden mit einbeziehen, erweitern wir unseren Fokus über das Produkt und die Einkaufssituation hinaus auf den emotionalen Bereich. Die Entwickler der Datenbank müssen hier jedoch nicht Halt machen: Die Datenbank wird zum Sprungbrett für weitere

Haushaltswaren	Produkte des persönlichen Bedarfs	Teure Großprodukte
Toaster	Badeanzug	Auto
Mixer	Sandalen	Fernseher
Geschirr	Stiefel	Kühlschrank
Handtücher	Anzug	Sofa
Bettwäsche	Krawatten	Rasenmäher
Trinkgläser	Socken	Reifen
Tischdecken und Servietten	Sonnenbrillen	Waschmaschine/Trockner
Kerzen	Schreibgeräte	
Elektrobohrer	Sportgeräte	
Zierkissen	Schreibpapier	
Gardinen und Vorhänge	Geschenke zur Geburt eines Kindes	
Lampen		

Tabelle 8.1 *Produktspektrum und Produkttypus für die Buy It!-Datenbank*

Elementargument	Elementtext – Toaster
Silo 1: Ladendesign/Physischer Verkaufsort	
Bietet Bereiche/Verkaufsflächen für .... alles, was Sie brauchen ...	Wir bieten Ihnen Kataloge, in denen Sie Toaster, Geräte zur Lebensmittelverarbeitung, Entsafter und Profigeräte finden ... Seite für Seite Toaster
Eine große Auswahl nach Art der ... Sie heute verwenden ...	Online oder in Ihrem Ladengeschäft ... eine große Auswahl an hochmodernen Designs und Modellen
Silo 2: Warenauswahl/Preisgestaltung	
Eine große Auswahl ... in Ihrem Stil ... Sie finden leicht, was Sie suchen, probieren Sie sie gleich aus ... sie werden Sie überzeugen.	Der Preis ist HEISS ... IMMER
Alles unter einem Dach ... eine große Auswahl und viele Optionen ... Marken, Farben, Größen	Betreten Sie das Geschäft gespannt, und verlassen Sie es glücklich ... Ausgaben, die ihren Preis wert sind
Silo 3: Zielkunden, Shopper/Emotional	
Ihr Einkauf ist ruckzuck erledigt	Ihr Einkauf ist ruckzuck erledigt
Betreten Sie das Geschäft gespannt... verlassen Sie es glücklich, auch wenn Sie vielleicht viel Geld ausgegeben haben	Alles unter einem Dach ... eine große Auswahl und viele Optionen ... Marken, Farben, Größen
Silo 4: Markenhierarchie/Service-/Nutzenniveau	
Hierarchie der Geschäftsnamen	In einem Geschäft wie Lowe's, Home Depot oder Menard's
	In einem Geschäft wie Wal-Mart, Kmart oder Target

Tabelle 8.2 *Beispiele über Silos, Elementargumente und tatsächliche Elemente eines der 30 Produkte – dem elektrischen Toaster – der Buy It!-Datenbank (Ausschnitt aus den Gesamtdaten)*

Untersuchungen mittels qualitativer und empirischer Forschungsmethoden, um weitere Erkenntnisse über die Verbraucher zu gewinnen.

3. **Datenerhebung von einer heterogenen Gruppe an Verbrauchern** – Es ist ineffizient, die Teilnehmer zu 30 verschiedenen Tests separat einzuladen. Was passiert, wenn ein bereitwilliger Teilnehmer die falsche Einladung erhält – zum Beispiel zum Test eines Produkts, das er nie verwendet?

Lassen Sie uns den Prozess umdrehen und den Teilnehmern ermöglichen, die Studie auszuwählen, die sie am meisten interessiert. Mit dieser Strategie lässt sich die Datenbank in kürzester Zeit erstellen, da nur Testverbraucher eingesetzt werden, die an dem jeweiligen Produkt ein echtes Interesse haben. Die Testverbraucher klicken auf einen Link der E-Mail-Einladung, die sie zu einer Auswahl der verschiedenen Themengebiete führt. Dann wählen sie das Thema aus, das sie am meisten interessiert, und anschließend durchlaufen sie ein

RDE-basiertes Standardinterview, in dessen Rahmen sie zunächst systematisch variierte Vignetten bewerten und zum Schluss einen Fragebogen zur Selbstauskunft ausfüllen.

Lernerfahrungen aus der Datenbank und was sich damit anfangen lässt

Der Schlüssel zur Verwendung der Daten für sinnvolle Geschäftsentscheidungen liegt darin, dass man weiß, wonach man sucht. Die meisten Unternehmen haben inzwischen zwar Zugang zu sehr vielen Daten, wissen aber nicht, was sie damit anfangen sollen. Sie leiden unter einer Datenüberflutung. Das Problem ist die richtige Organisation der Informationen, die Verwandlung von Daten in Wissen, von Wissen in Erkenntnisse und von Erkenntnissen in Handlung.

Wir könnten allein auf die Präsentation der Buy It!-Datenbank das ganze Buch verwenden, aber das würde unsere Absicht torpedieren, einen kurzen Gesamtüberblick aus der „Vogelperspektive" zu geben. Wir wollen hier nur einige Highlights vorstellen und dabei jeweils mit einer typischen Frage eines Marketingexperten beginnen und dann sehen, was die Buy It!-Datenbank dazu auswirft.[107]

1. Frage: Welche Faktoren setzen echte Kaufanreize?

Wonach suchen Kunden, und – genauso wichtig – lassen sich wiederkehrende, produktübergreifende Muster erkennen? Oder verändern sich die Regeln mit der Produktkategorie, so dass einige Faktoren für bestimmte Produkte wichtig, für andere aber irrelevant sind? Lassen Sie uns betrachten, was Verbraucher bei drei sehr verschiedenen Produkten – Sportgeräte, Gardinen und Badeanzüge –, die sehr verschiedene Käufer anziehen (siehe Abbildung 8.1), für wichtig erachten.

Um gleich zum Wesentlichen zu kommen: Der *Preis* wird am häufigsten genannt. Aber hier wird noch etwas anderes deutlich. Zwar wird der Preis fast immer als zentrales Argument für oder gegen den Kauf von Sportgeräten genannt, aber nur zwei Drittel der Testteilnehmer halten den Preis bei Badeanzügen für wichtig. Die praktischen Auswirkungen: Da Kunden beim Einkaufen von Sportgeräten möglicherweise sehr preissensibel sind, gehen sie vielleicht zunächst mit einer Menge

107) H. Ashman, S. Rabino, D. Minkus-McKenna und H. R. Moskowitz, „The Shopper's Mind: What Communications Are Needed to Create a ‚Destination Shopping' Experience? „, in *Proceedings of the ESOMAR Conference*, „Retailing/Category Management: Linking Consumer Insights to In-Store Implementation." Dublin, Irland, 2.

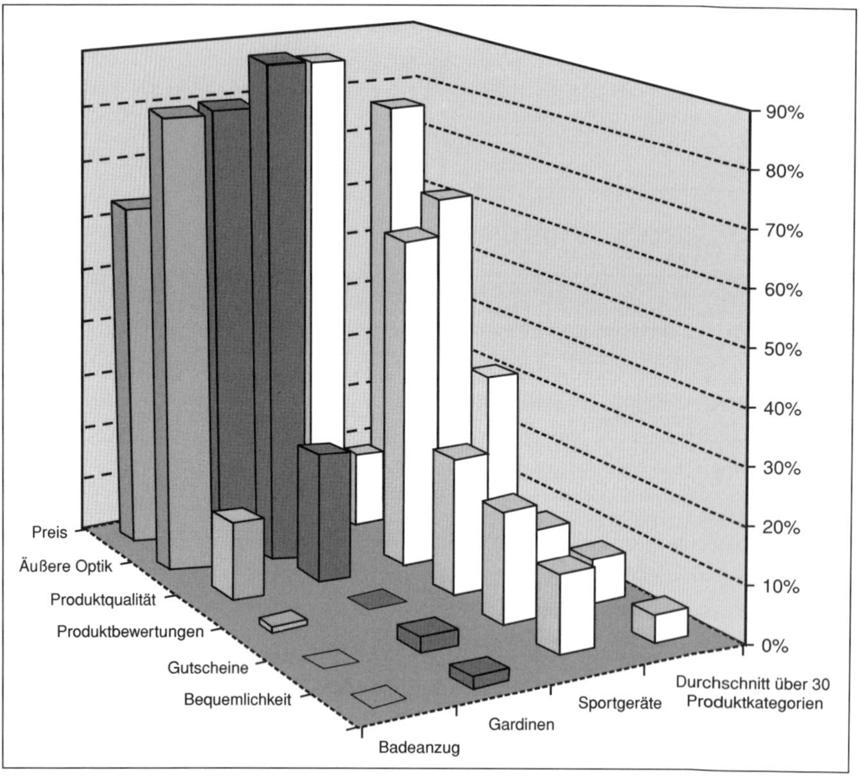

Abbildung 8.1 *Wie viel Prozent der Testteilnehmer beurteilen das jeweilige Kriterium als wichtig für ihre Kaufentscheidung? Über die verschiedenen Produktkategorien lassen sich große Abweichungen feststellen (Ausschnitt aus den Gesamtdaten).*

Informationsmaterial nach Hause, bevor sie sich zum Kauf entschließen. Der oder die Verkäuferin sollte also möglichst darauf vorbereitet sein. Dieses Wissen über die Preissensibilität der Kunden ist für den Verkauf von Bekleidung wahrscheinlich weniger wichtig. Bis hierher entspricht das den Erwartungen.

Produktqualität ist ebenfalls ein interessanter Kaufanreiz. Wie der Preis ist auch die Qualität bei einigen Produkten wie zum Beispiel teuren Fitnessgeräten wichtig, aber bei Badeanzügen völlig unwichtig. Könnte sein, dass die wahrgenommene Qualität bei Bekleidung einfach keine so große Bedeutung hat und nicht extra betont zu werden braucht, wohingegen es clever ist, die Qualität von Fitnessgeräten hervorzuheben? Und Gardinen – nun, sie bewegen sich in der Mitte, aber Qualität scheint auch hier keine herausragende Rolle zu spielen. Wir sind bereits auf dem richtigen Weg; wir lernen, welche Faktoren wirklich bedeu-

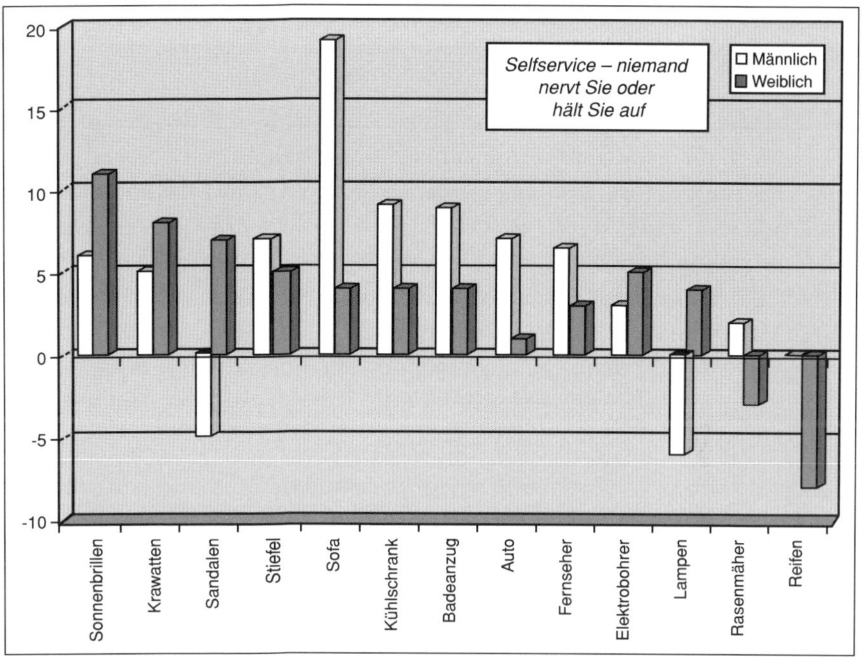

Abbildung 8.2 *Wie die Idee der Selbstbedienung über die verschiedenen Produktkategorien abschneidet und von Männern und Frauen bewertet wird. Die angegebenen Nutzwerte zeigen den Prozentsatz an Testteilnehmern, die Interesse an einem Kauf des jeweiligen Produkts zeigen, wenn dieses Element in die Botschaft integriert wird (Ausschnitt aus den Gesamtdaten; vom gesamten Testpanel sortierte Produktliste).*

tend sind - zumindest in den Augen der Testverbraucher. Doch wie heißt es in den Infomercials immer so schön: „Aber das ist noch nicht alles."

2. Frage: Gilt bei der Erwähnung des Wortes „Selfservice" für alle Produktkategorien dieselbe Sprache?

Heute dreht sich alles um Selbstbedienung. Selbst wichtige Informationsquellen für die Markt- und Unternehmensbeobachtung verlassen sich auf Selfservice.[108] Weil Dienstleister immer stärker auf Kosten achten, lassen sie die Kunden arbeiten: ob man sich das Essen im Restaurant an einer Theke abholen muss, statt von einem Kellner oder einer Kellnerin bedient zu werden, oder im

108) Zum Beispiel www.marketresearch.com, eine Sammelstelle für globale Unternehmensbeobachtung.

Supermarkt an einer Selbstbedienungskasse seine Einkäufe über den Scanner zieht, statt bei einer Kassiererin zu bezahlen.

Das Element Selfservice (siehe Abbildung 8.2) wurde mit der Beschreibung „Selfservice - niemand nervt Sie oder hält Sie auf" beschrieben. Der Grund für diese Beschreibung ist, dass sie bei allen 30 Produktkategorien gut abschneidet. *Denken Sie immer daran, dass ein- und dieselbe Idee auf verschiedene Produkte anwendbar sein sollte, wenn die Datenbank wirklich nützlich sein soll.* Sie werden sehen, wo diese Beschreibung funktioniert und wo nicht, und ob sie von Männern und Frauen gleich bewertet wird. Sie fangen langsam an zu erkennen, wie die von Mind Genomics geprägte RDE-Methode eine *Datenbank*

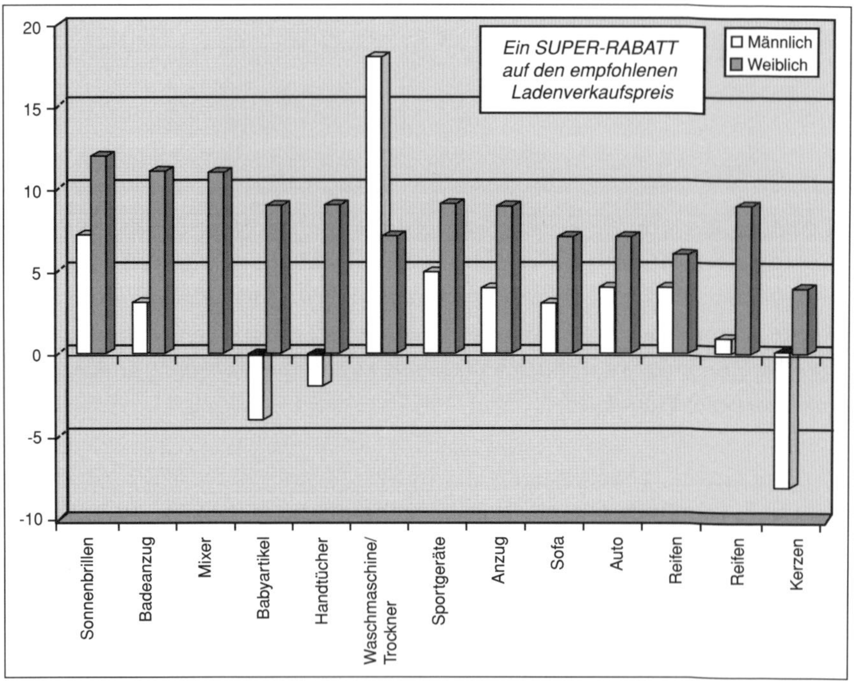

Abbildung 8.3 *Auswirkung des Satzes über den Super-Rabatt auf den vom Hersteller empfohlenen Ladenverkaufspreis auf die verschiedenen Produktkategorien sowie die geschlechtsspezifische Reaktion von Männern und Frauen auf diese Botschaft. Die angegebenen Nutzwerte zeigen den Prozentsatz an Testteilnehmern, die an einem Kauf des jeweiligen Produkts interessiert sind, wenn dieses Element in die Botschaft integriert wird (Ausschnitt aus den Gesamtdaten; vom gesamten Testpanel sortierte Produktliste).*

der Marketing- und Verkaufsförderungssprache erstellt. Abbildung 8.2 zeigt dem Einzelhändler, dass Selfservice bei einigen Produkten erwünscht ist – zum Beispiel bei preisgünstigen Produkten, die weder besonders aufregend sind noch eine Beratung erfordern, so wie Socken, Stifte und Sonnenbrillen. Wir erfahren außerdem, dass Selfservice bei Reifen generell nicht gut ankommt. Genauso wichtig ist die Information, dass Frauen bei beratungsintensiven Produkten wie Reifen und Rasenmähern Aufmerksamkeit und Service erwarten.

Die gleiche Art der Marketing- und Verkaufsförderungsanalyse lässt sich mit einem anderen Satz anstellen: „Ein SUPER-RABATT auf den empfohlenen Ladenverkaufspreis." Auch hier sehen wir Unterschiede bei den verschiedenen Produktkategorien, aber hier ist das Muster nicht so deutlich. Zwar findet man bei einigen Produkten wie Sonnenbrillen, Kühlschränken und Geschirr eine besonders ausgeprägte Preissensibilität, aber der wahre Unterschied besteht zwischen Männern und Frauen (siehe Abbildung 8.3).

Was bedeutet das letztlich für das Unternehmen? Ganz einfach: RDE ermöglicht die Erstellung einer Datenbank, die jeder Spezialist aus Marketing und Verkaufsförderung nutzen kann, um herauszufinden, welche Elemente Kaufanreize setzen und welche nicht. Deckt unser spezifischer Katalog an Elementen alles ab? Nein. Aber bis wir tatsächlich die Ergebnisse einer solchen Datenbank sehen, wissen wir (und die meisten Experten aus Marketing und Verkaufsförderung) nicht genau, was bei Verbrauchern ankommt und was nicht. Die RDE-Methode liefert das Instrument, um diese Datenbank für die meisten allgemeinen Bereiche zu erstellen, deren Themen, Produktkategorien oder Kernfragen sich spezifizieren und strukturieren lassen.

3. Frage: Wir wissen, dass das Einkaufsverhalten der Menschen unterschiedlich ist. Liegt das an unterschiedlichen Mentalitäten? Wenn ja, gelten sie für alle Produktkategorien gleichermaßen?

Einer der durchgängigen Leitgedanken dieses Buchs im Allgemeinen und der RDE-Methode im Besonderen ist, dass die Verbraucher unterschiedliche Konsummentalitäten aufweisen.

Diese Gruppen betrachten die Welt mit unterschiedlichen Augen, zeigen in ihrer Reaktion auf die Testkonzepte radikal unterschiedliche Muster und eröffnen einem Produkt oder einer Botschaft so die Chance, sich von gut auf großartig zu steigern. Wir finden diese Segmente durch die Analyse des Reaktionsmusters auf verschiedene Konzeptelemente; sie setzen sich aus Verbrauchern zusammen, die auf ähnliche Weise auf dieselben Botschaften reagieren.

Wie sieht es aber mit 30 Studien aus, die ganz verschiedene Produkte mit ganz unterschiedlichen Elementen enthalten? Die erste Frage lautet, ob sich unter diesen Umständen überhaupt irgendwelche Segmente finden lassen. Und unterscheiden sich die Menschen in ihrem grundsätzlichen Einkaufsverhalten? Nach unseren bisherigen Erfahrungen ist die Antwort ein ziemlich sicheres „Ja". Aber wenn wir hier stoppen, beschränken wir uns darauf, die RDE-Methode einfach auf die gleiche Weise zu nutzen wie bisher, nämlich um herauszufinden, wie sich bestimmte (bestehende) Produkte und Botschaften verbessern lassen.

Hier wollen wir uns aber ein wenig mehr anstrengen und nach der „ganz großen Idee" Ausschau halten: *Gibt es über die verschiedenen Produktkategorien hinweg dieselben allgemeingültigen Segmente?* Wenn das der Fall ist, hat sich die Datenbank mehr als bezahlt gemacht, weil sie nun zu einem Wegweiser für das Verständnis der Verbraucherreaktion auf generelle Kaufbotschaften wird. Wenn wir wiederholt und über verschiedene Produktkategorien hinweg auf dieselben Verbrauchersegmente und Konsummentalitäten treffen, haben wir für die Spezialisten aus Marketing und Verkaufsförderung neue Leitfäden, an denen sie sich bei ihren Marketing- und Werbeaktionen und der damit verbundenen Kommunikation orientieren können. Wenn man bei jedem Produkt immer wieder auf dieselben Segmente stößt, bedeutet das, dass man einen allgemeinen, übergreifenden Organisationsansatz für die Entwicklung, Vermarktung und Verkaufsförderung einer ganzen Bandbreite an mehr oder weniger verwandten Produkten verfolgen kann. Statt sich in Details zu verlieren, haben die Spezialisten aus Produktentwicklung, Marketing und Verkaufsförderung dann *allgemeingültige Regeln*, um spezifische Probleme zu lösen. Mit *Regeln* lässt es sich leichter arbeiten als mit Abstraktionen aus unzähligen Beispielen.

Wir wollen einen Blick darauf werfen, was uns die Daten aufzeigen. Indem wir für jede Studie die Reaktionsmuster auf alle 30 Produkte betrachten und bei allen Studien das Segmentierungsverfahren anwenden, finden wir heraus, dass die Buy It!-Datenbank drei *generelle Muster identifiziert* hat. Denken Sie daran, dass die Testteilnehmer in der Studie zur Einkaufsdatenbank nicht wissen, dass wir sie verschiedenen Segmenten zuordnen können. Und wenn wir das tun, sehen wir in Tabelle 8.3 drei übergeordnete Käufergruppen. Anhand der spezifischen Elemente oder Botschaften in den Testkonzepten, auf die sie begeistert reagiert haben, können wir die Verbraucher bestimmten Segmenten zuordnen (linke Seite) und einige Hypothesen über sie aufzustellen (rechte Seite).

Abbildung 8.4 gibt Aufschluss über die Verteilung der Testteilnehmer nach Segmenten in einigen der Buy It!-Projekte. Es ist eindeutig, dass sich diese Seg-

Segment	Hypothese
„Easy Shopper" – kaufen gerne ein und möchten Service, Verfügbarkeit, leichte Handhabung und gute Preise. Achten nicht auf den Gesamteindruck des Geschäfts.	Die Mitglieder dieses Segments suchen aktiv nach Hilfe, um ihre Kinder und Ehepartner zu unterhalten.
Produktinteressierte Kunden – kaufen gerne ein und möchten Stil und Abwechslung. Lassen sich vom Ladendesign beeinflussen und wollen, dass es ihrem Stil entspricht. Manche sind bereit, einen Preisaufschlag für eine gehobene Ladenausstattung und eine exklusivere Einkaufserfahrung zu bezahlen.	Die Mitglieder dieses Segments sind so begeistert von dem Produkt, dass sie ihre Kinder und Ehepartner vergessen, bis eine Katastrophe eintritt.
Preis-/bedienungssensible Kunden – kaufen gerne ein und beziehen ihren „Kick" aus dem Aufstöbern von Superpreisen oder Schnäppchen. Sie achten auf den Gesamteindruck des Geschäfts.	Die Mitglieder dieses Segments sind an Schnäppchenjagd interessiert. Sie erwarten von Verkäufern, dass sie ihnen dabei helfen.

Tabelle 8.3 *Die drei Käufersegmente, die sich in den Buy It!-Projekten über alle 30 Produktkategorien hinweg herauskristallisiert haben, sowie einige Hypothesen zu diesen Segmenten*

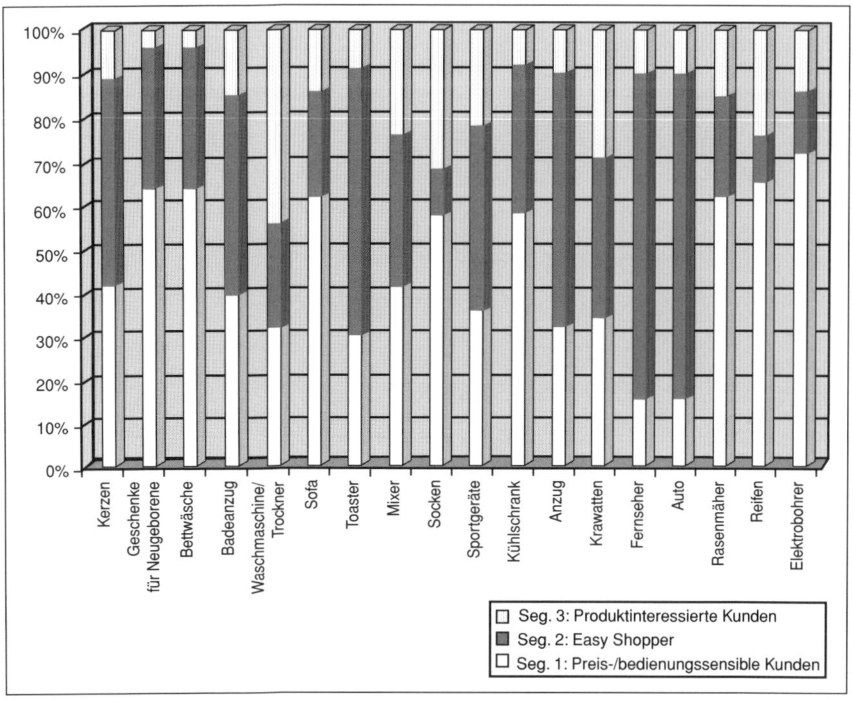

Abbildung 8.4 *Verteilung der Segmente je Produkt (Ausschnitt aus den Gesamtdaten)*

mente bei den verschiedenen Stichproben wiederholen, aber auch, dass sich die Segmente je nach Produkt auf unterschiedliche Weise verteilen.

Zu wissen, *was man kommunizieren muss, wie es kommuniziert werden und an wen sich die Kommunikation richten soll,* ist extrem wichtig. Wenn man das beachtet, findet man sehr wahrscheinlich in jeder Kategorie die Botschaft, die Kunden anspricht, wie sich an Tabelle 8.4 über Elektrobohrer ablesen lässt. Das preis-/bedienungssensible Segment lässt sich am besten mit dem Hinweis auf günstige Preise überzeugen. Die „Easy Shopper" gewinnt man dagegen am besten über den Einkaufsservice (Einpack- und Lieferservice etc.). Das Segment der produktinteressierten Kunden lässt sich dagegen durch Hinweise auf Designerprodukte und Geschäfte überzeugen, die sich an Do-it-yourself-Kunden

	Gesamt	S1	S2	S3
Anzahl Testteilnehmer	126	91	15	19
Additionskonstante	33	33	26	38
Segment 1: Preis-/bedienungssensible Käufer				
In Geschäften wie Lowe's, Home Depot oder Menard's erhältlich	11	**12**	2	13
Der Preis ist HEISS ... IMMER	8	**12**	3	-8
Elektrikbohrer für Ihre Zwecke beziehungsweise Ihren Do-it-yourself-Stil, Ihren Lifestyle und Ihre Persönlichkeit .... probieren Sie sie in Ihrer Freizeit aus	6	**10**	-10	4
Einkauf leicht gemacht ... ohne Probleme	6	**9**	7	-11
Hilfsbereites Personal, keine aufdringlichen Verkäufer ... persönlicher Service, ohne das Gefühl, über den Tisch gezogen zu werden	6	**8**	2	-4
Segment 2: Easy Shopper				
Günstige Koffer und Geschenkverpackungsservice für Elektrobohrer	-9	-11	**13**	-13
Erhältlich in einer Ladenkette mit zahlreichen Niederlassungen ... kaufen Sie Ihren Elektrobohrer, wo immer Sie wollen	2	1	**13**	1
Kaufen Sie in unserem Online-Shop jedes Elektrobohrermodell, das Sie wollen ... und alles erdenkliche Zubehör	2	4	**12**	-12
Einkaufen bei Verkäufern, die so denken und fühlen wie Sie ... die sich die Zeit nehmen, Ihre Bedürfnisse wahrzunehmen!	2	4	**10**	-12
Online oder in unserem Geschäft ... eine große Auswahl bei den beliebtesten Modellen	0	0	**9**	-9
Segment 3: Produktinteressierte Käufer				
Bei Sears Brand Central erhältlich	4	1	5	**16**
In Geschäften wie Lowe's, Home Depot oder Menard's erhältlich	11	12	2	**13**
In einem lokalen Baumarkt erhältlich	4	5	-15	**12**
Bei Discountketten wie Wal-Mart, Kmart oder Target erhältlich	8	8	4	**11**
Designerwerkzeuge mit einer Reihe passender Zubehörartikel	1	-2	5	**8**

Tabelle 8.4 *Überzeugende Aussagen über Elektrobohrer. Jedes Segment reagiert auf andere Botschaften.*

richten. Wenn man weiß, wie der Kommunikationsinhalt beschaffen sein soll, kann man wirkungsvolle Botschaften formulieren, die den Unterschied zwischen einem guten und einem herausragenden Verkaufsumfeld ausmachen.

Ein sehr wichtiges und damit verwandtes Thema ist das Wissen, welchem Segment ein potenzieller Kunde zuzuordnen ist. Die Zuordnung allein ist ein großes Thema. Wie findet ein Marketingexperte heraus, zu welchem Segment ein potenzieller Kunde gehört, wenn er mit ihm in Kontakt tritt? In dem einfachsten Szenario kann man die optimalen Botschaften für jedes einzelne Segment miteinander kombinieren (zum Beispiel, indem man sie an verschiedenen Stellen des Geschäfts, Katalogs etc. platziert), anstatt ein einziges Angebot zu machen, das auf das gesamte Spektrum abzielt. Es liegt auf der Hand, dass die richtige Botschaft und selbst das richtige Produkt leicht zu bestimmen sind, wenn das Marketing das richtige Segment ausgemacht hat. Aber das ist Stoff für ein eigenes Buch. Zum Thema der Zuordnung gibt es eine Fülle an weiterführenden Informationen.[109]

Was macht Käsekuchen so verführerisch? Wie Crave It! unser Geschmacksempfinden ermittelt

Nun wollen wir Kaufhäuser und Fachgeschäfte verlassen, uns im häuslichen Esszimmer niederlassen und uns einem der (zumindest für einige Menschen) größten kulinarischen Genüsse widmen: Käsekuchen. Jeder, der gerne Käsekuchen isst, weiß, dass es diese Köstlichkeit in vielen verführerischen Varianten gibt – die Cheesecake Factory, eine Familienrestaurantkette in den USA, bietet tatsächlich mehr als zwei Dutzend verschiedene Sorten Käsekuchen. Sie können ihn zum Beispiel mit Oreo-Keksstückchen haben, und für diejenigen, die sich nicht für eine Sorte entscheiden können, hat die Cheesecake Factory einen Käsekuchen des Monats, der nach Hause geliefert wird und nur online bestellt werden kann. Allein die Beschreibung einiger Sorten Käsekuchen, die wir hier vorstellen, lassen einem das Wasser im Mund zusammenlaufen:

Unser Original-Käsekuchen mit köstlicher Kürbisfüllung, gebacken in Vollkorn-Butterkekskruste und abgerundet mit Sahnerosetten. Besser als der beste Pumpkin Pie!

---

109) W. R. Klecka, „Discriminant Analysis“, in *Quantitative Application in the Social Science Series* (19) (1980): 7-19; Howard R. Moskowitz, Sebastiano Porretta und Matthias Silcher, „Concept Research“, in *Food Product Design and Development* (Ames IO: Blackwell Publishing, 2005).

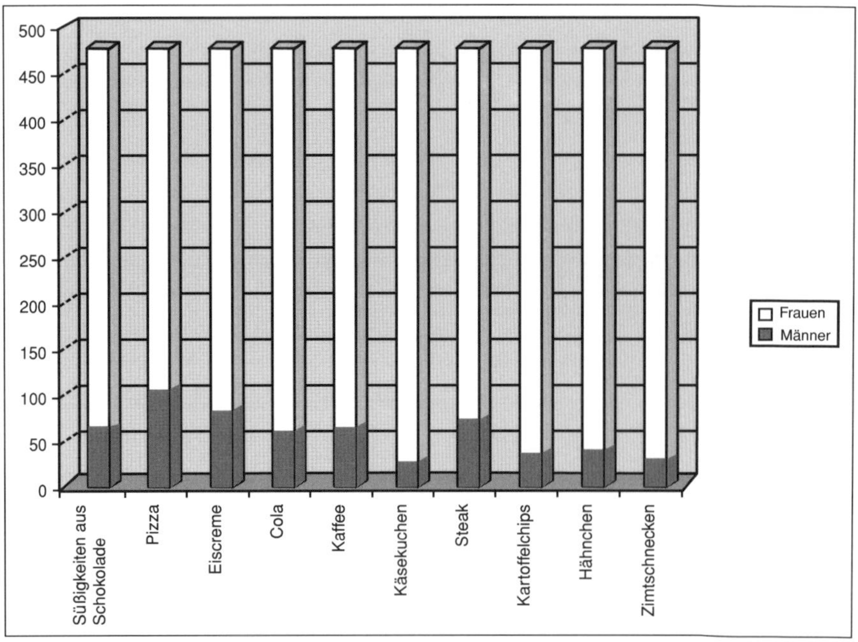

Abbildung 8.5 *Zahl der Teilnehmer an 10 der 30 Crave It!-Erhebungen. Höhere Teilnehmerzahlen bedeuten, dass dieses Lebensmittel von Natur aus interessanter ist und häufiger begehrt wird.*

Godiva Schoko-Käsekuchen ohne Mehl mit einer Schicht Godiva Schokokäsekuchen und Schokoladestücken aus Milchschokolade. Bedeckt ist der Kuchen mit einer Schicht Godiva Schokoladenmousse.

Im Verlauf der Crave It!-Projekte erkannten wir ziemlich schnell, dass einige Nahrungsmittel einfach beliebter waren als andere. Es überrascht nicht, dass der Schokoladentest die begehrteste Umfrage war, an der fast 500 Testverbraucher teilnahmen. Alle Menschen lieben Schokolade. Auf Pizza und Eiscreme entfielen ungefähr zwei Drittel, gefolgt von den koffeinhaltigen Getränken Kaffee und Cola. Käsekuchen und Steak rangierten an dritter Stelle. Außer Käsekuchen gab es aber noch zahlreiche andere beliebte Nahrungsmittel. Man würde meinen, Produkte wie Zimtschnecken, Kartoffelchips und Hähnchen wären ähnlich begehrt, jedoch nicht so sehr wie Käsekuchen. Eine weitere interessante Erkenntnis war, dass es auch hier Unterschiede zwischen Männern und Frauen gab (welche Überraschung!), aber die Art der Unterschiede ergab wirklich Sinn. Frauen lieben Süßigkeiten aus Schokolade – mehr als vier Fünf-

	Gesamt	S1	S2	S3
Anzahl Testteilnehmer	172	36	88	48
Additionskonstante	41	55	32	45
Überzeugende Aussage für Segment 1: Kunden mit einem ausgeprägten Vorstellungsvermögen				
Wenn es draußen kalt ist, ist ein Stück Käsekuchen gemütlich und einladend	3	**11**	6	-8
Überzeugende Aussagen für Segment 2: Detailverliebte Kunden				
Käsekuchen mit Himbeeren durchzogen, mit Stückchen weißer Schokolade, einem knusprigen Rand und mit Pekannüssen garniert	19	-38	**42**	20
Ein großes Stück Käsekuchen mit dicker Füllung, sahnig-cremiger Sauce, gehackten Nüssen und Scheiben frischer Früchte	14	-27	**35**	5
Kompakter Käsekuchen mit Schichten aus Chocolate Chips und knuspriger Schokoladenkruste, serviert mit einem feinen Netz an Himbeersauce	18	-20	**35**	17
Überzeugende Aussagen für Segment 3: Kunden, die es klassisch mögen				
Cremiger Käsekuchen, locker und leicht im Geschmack und mit einer Kruste aus Vollkorn-Butterkeksen.	16	-3	15	**32**
Zartschmelzender Käsekuchen, der auf der Zunge zergeht und einen intensiven, delikaten Geschmack entfaltet	17	8	17	**25**
Echter Käsekuchen mit guten Zutaten: Eier, cremiger Frischkäse, Zucker, Vanille und Zitronensaft	11	4	7	**23**
Käsekuchen mit Himbeeren durchzogen, mit Stückchen weißer Schokolade, einem knusprigen Rand und mit Pekannüssen garniert	19	-38	42	**20**

Tabelle 8.5 *Überzeugende Aussagen für die drei Segmente der Crave It!-Datenbank. Die echte Bewegung findet innerhalb der drei Segmente statt.*

tel der Testteilnehmer an dieser Umfrage waren weiblich. Männer halten sich lieber an Steaks – fast die Hälfte der Teilnehmer an diesen Tests waren Männer. Und Käsekuchen? Auch hier keine Überraschung. Käsekuchen ist Frauensache. Die Zahlen sind in Abbildung 8.5 abgebildet.

Die wahre Substanz – beziehungsweise der Käsekuchen – ergibt sich aus dem Abschneiden der einzelnen Elemente (siehe Tabelle 8.5). Dasselbe haben wir bei unserer Buy It!-Einkaufsdatenbank erlebt. Die Ideen, die die größte positive Resonanz erzeugen, drehen sich um die Beschreibung des Produkts selbst. *Es ist weder die Marke noch die Beteuerung, dass es sich um ein gesundes, qualitativ hochwertiges Produkt handelt; es ist das Produkt selbst!* Werfen Sie einfach einen Blick auf die Ideen, die unsere 172 Testteilnehmer begeistern (erste Spalte mit der Überschrift „Gesamt"). Die großen Treffer sind die Sätze, die das Produkt an sich beschreiben. Sätze wie „Wenn es draußen kalt ist, ist ein Stück Käsekuchen gemütlich und einladend" wecken kein großes Interesse. Diese Aussage erhält einen mageren Gebrauchswert von +3, was bedeutet, dass

3 Prozent der Testteilnehmer ihre Bewertung von „ganz gut“ zu „will ich unbedingt haben“ verändern würden. Wenn Sie den Käsekuchen dagegen mit Worten beschreiben, wie man sie in der Kuchenkarte eines Restaurants findet, ist die Reaktion wesentlich positiver. Dies ist die Sprache, auf die Kunden reagieren: „Käsekuchen mit Himbeeren durchzogen, mit Stückchen weißer Schokolade, einem knusprigen Rand und mit Pekannüssen garniert.“ Hier steigt das Verlangen von mageren +3 auf beeindruckende +19 – das heißt, fast jeder fünfte Testteilnehmer würde seine Bewertung von „ganz gut“ zu „will ich unbedingt haben“ verändern. Das ist stark.

Eine kürzlich von Kentucky Fried Chicken durchgeführtes Projekt bestätigt diese Erkenntnisse. In dem Versuch, die Welle der gesundheitsbewussten Mahlzeiten auszunutzen, veränderte Kentucky Fried Chicken nicht nur sein Menü (wenn auch nur in ganz geringem Maße), sondern sogar seinen Namen. Anscheinend glaubte das Unternehmen, wenn es das Wort „fried“ eliminieren würde, könnte es gesundheitsbewusstere Kunden anlocken. Es startete eine intensive Marketingkampagne, um sein „gesundheitsbewusstes“ Essen unter dem Akronym KFC zu promoten. Leider – für KFC – fand diese Strategie bei den Verbrauchern nicht die erwünschte Resonanz. Abgesehen davon, dass die Kette damit ihre loyalen Stammkunden vergraulte, die gerne Frittiertes aßen und dabei dem Genuss eine höhere Priorität einräumten als der Gesundheit, gelang es KFC auch nicht, dem Wettbewerb Kunden abzujagen. Vor kurzem kündigte KFC an, wieder zu seinem alten Namen Kentucky Fried Chicken zurückzukehren.[110]

Es ist also das Nahrungsmittel selbst und seine Beschreibung, die ein Verlangen auslösen. Keine Botschaft, wie zum Beispiel „gesundheitsbewusste Ernährung“ kann das ersetzen. Diese Begleitbotschaften sollten ergänzend, aber nicht an Stelle der eigentlichen Produktbeschreibung verwendet werden. Eine höchst interessante Erkenntnis!

Aber das ist noch nicht alles. Die It!-Datenbanken wurden als Verbraucherenzyklopädie angelegt, um zu zeigen, wie eine Produktkategorie – und letztlich die übergeordnete Kategorie Nahrungsmittel – abschneidet. Wir kehren zu unserer alten Strategie der Segmentierung zurück und stellen auch hier fest, dass es drei Segmente gibt. Vielleicht gibt es noch mehr, aber diese drei sind bei allen Nahrungsmitteln (und Getränken) vertreten:

110) Robert Gordman und Armin Brott, *The Must-Have Consumer: 7 Steps to Winning the Customer You Haven't Got* (New York: Truman Talley Books, 2006).

1. **Kunden mit einem ausgeprägten Vorstellungsvermögen** – „Beschreiben Sie mir die Situation und die Atmosphäre, und ich male mir ein romantisches Bild aus. Das Produkt an sich ist mir gar nicht so wichtig." Es ist schwer, für dieses Segment ein Produkt bildlich darzustellen. Und es ist gar nicht so leicht, dieses Segment zu finden. Es gibt nicht viele Verbraucher, die dazu gehören – nur 36 der 172 Testteilnehmer fallen in diese Kategorie.

2. **Detailverliebte Kunden** – Beschreiben Sie das Produkt mit bildhaften Worten und Ausschmückungen, und diese Kunden werden es lieben. Sie machen ungefähr die Hälfte aller Testteilnehmer aus. Ihre Additionskonstante ist niedrig (+32); das heißt, nur jeder Dritte hat überhaupt ein Grundinteresse an Käsekuchen. Die alleinige Erwähnung des Wortes *Käsekuchen* reicht also nicht aus. Wenn Sie die Beschreibung aber in die richtigen Worte kleiden, können Sie den Wert von 32 Prozent auf 74 Prozent beziehungsweise auf drei von vier Testteilnehmern steigern (32+42=74)! Diese Kunden lieben das überladene Produkt (Abbildung 8.6 zeigt einen Käsekuchen, so wie detailverliebte Kunden ihn lieben).

3. **Kunden, die es klassisch mögen** – Sie wollen einfach das traditionelle Produkt. Und sie machen etwa ein Viertel der gesamten Testteilnehmer aus. Sie haben grundsätzliches Interesse an Käsekuchen. Ungefähr die Hälfte gibt an, sie hätten Verlangen nach Käsekuchen, auch ohne besonders appetitanregende Beschreibungen. Verwenden Sie die richtigen Worte, um die traditionelle Rezeptur und keinen überladenen Käsekuchen zu beschreiben („cremiger Käsekuchen, locker und leicht im Geschmack und

Abbildung 8.6 *Käsekuchen für Detailverliebte*

Abbildung 8.7 *Käsekuchen für alle, die es klassisch mögen*

mit einer Kruste aus Vollkorn-Butterkeksen", und 32 Prozent mehr der Befragten fühlen sich angesprochen. Abbildung 8.7 zeigt ein Beispiel eines klassischen Käsekuchens, wie ihn diese Kunden mögen.

Zusammenfassung: Eine Zukunftsvision

Geschäftsinformationen in Form von Datenbanken sind keine neue Idee. Ob man in den Datenbanken unstrukturierte Informationen (so wie bei Lexis/Nexis oder Websuchmaschinen) oder strukturierte Datentabellen abruft, heute ist es Standardpraxis, solche Daten als Entscheidungshilfen oder einfach als Hintergrundrecherche zu verwenden.

Was die It!-Datenbanken erstmalig aufzeigten – vor allem aber nicht nur auf dem Gebiet des Kaufverhaltens –, ist die inzwischen praktische Anwendung der RDE-Methode zur Erstellung einer *einzigartigen, neuen Form der Datenbank*, die wesentlich profunder auf die Wahrnehmung der Verbraucher ausgerichtet ist. Anstelle einer Datenbank über Aktivitäten und einer Zusammenfassung darüber, welche Informationen man aus dem Kauf welcher Produkte, aus Wirtschaftstrends etc. ziehen kann, wird hier gezeigt, wie man eine sofort nutzbare, einfach zu interpretierende, kostengünstige und sofort verfügbare Datenbank über Mentalitäten erstellen kann, und zwar durch Botschaften, die Marketingfachleute für Werbung, Produktentwicklung und Verkaufsförderung nutzen können.

Wie sieht die Zukunft solcher Datenbanken aus? Mit der RDE-Methode lassen sich auf ziemlich einfache Weise eine Vielzahl solcher Datenbanken erstellen und zu einer Marketingbibliothek ausbauen. Wir stellen uns vor, dass eine solche Bibliothek zu relativ geringen Kosten durch die Verwendung vieler verschiedener Datenbanken erstellt wird, die regelmäßig aktualisiert werden und die hier zitierten Sammlungen an RDE-Ergebnissen enthalten. Jede Datenbank könnte einem Thema gewidmet sein, wie zum Beispiel Kaufverhalten, Versicherung, Fastfood oder Autos. Jede Studie der Datenbank würde sich mit einem bestimmten Aspekt beschäftigen. Bei Automobilen würden wir separate Studien zu Themen wie dem Comparison Shopping im Web, dem Design von Showrooms, Testfahrten, Autofinanzierung beziehungsweise Zahlungsarten, dem Autodesign, TV-Autowerbung etc. durchführen. Jede dieser Einzelstudien würde per Experimentaldesign erstellte Vignetten enthalten, mit denen ein profundes Verständnis der Algebra der Kundenwahrnehmung gewonnen werden soll, sowie ausführliche Fragebögen zur Selbstauskunft der Testteilnehmer. Das Material für die Vignetten käme aus den täglichen Erfahrungen der Verbraucher mit dem jeweiligen Produkt oder Thema, der Dekonstruktion aktueller Kommunikationsmittel (siehe die „E-Zine"-Studie in Kapitel 5 „Erfahren Sie mehr über Ihre Wettbewerber, als diese selbst wissen – und zwar ganz legal!") und Zukunftsvisionen über dieses Thema.

Die Autoren stellen sich eine einfache[111] kostenpflichtige digitale Datenbibliothek vor, die auf Anfrage mit der richtigen Technologie sofort auswirft, was Verbraucher über bestimmte Ideen denken, mit welchen Inhalten man sie gewinnen kann und in welche Worte die Inhalte verpackt werden sollten. Wir stellen uns sogar Online-Tools vor, mit denen man aus der Neukombination vorhandener Ideen und eigener Überlegungen (dem zuvor beschriebenen genomischen Ansatz) neue Ideen generieren kann.

Der nächste Schritt ist die Ausdehnung solch breit angelegter Bibliotheken auf One-to-one-Marketing (oder irgendeine andere Form der Echtzeit-Content-Optimierung).

***

111) Im Gegensatz zu *ad hoc* sind das komplexere Projekte, die unter Umständen auch die Datenanalyse beinhalten und für umfangreichere Projekte möglicherweise relevanter sind.

Während ihrer Reise nach China, die sie unternommen hat, um die Möglichkeiten einer globalen Kooperation auszuloten (das heißt, auf der Suche nach günstigen Produktionseinrichtungen und möglichen neuen Märkten), ließ sich Allison-die-Entrepreneurin von chinesischer Musik und Geschichte faszinieren. Die beiden Instrumente, die ihr am besten gefielen, waren *dizi* und *pipa* („diets" und „pi-pah" ausgesprochen). Diese Instrumente sind sehr unterschiedlich. Das erste ist eine *einfache* Bambusflöte mit acht Löchern. Das zweite ist eine *ausgeklügelte* Laute mit vier Saiten. Beide Instrumente haben einen himmlischen Klang, trotz ihrer grundlegenden Unterschiede. Man braucht mehrere verschiedene *dizis*, um verschiedene Musikstücke spielen zu können, weil jedes *dizi* immer nur eine Tonart unterstützt. Ein *dizi* ist dafür aber sehr leicht herzustellen und kostet nicht viel. Und es ist ziemlich einfach zu erlernen, außerdem kann man es jederzeit überall mit hinnehmen! Mit der *pipa* dagegen kann man ganz ausgezeichnet die kompliziertesten Musikstücke spielen. Der Nachteil ist, dass es sehr, sehr lange dauert, bis man dieses Instrument beherrscht. Es ist teuer und sehr zerbrechlich. Daher war Allison nicht überrascht, als sie erfuhr, dass der legendäre Gelbe Kaiser Huàng Dí in seiner Absicht, die Musik den Massen zugänglich zu machen, beschloss, die Tonlagen zu standardisieren, und sich dabei für das *dizi* entschied. Die Einfachheit siegte.

Allison fand diese Geschichte überaus aufschlussreich. Sie war von einigen völlig neuen Geschäftsideen fasziniert, die einen sehr vielversprechenden Eindruck machten. Das Problem war, dass sie diese vermutlich an ein völlig neues Kundensegment vermarkten müsste, über das sie nichts wusste. Sie war sich nicht sicher, welche RDE-Form sie verwenden sollte. Sollte sie die klassische, tiefgreifende Studie mit umfangreichem Material wählen, die aber auch einen hohen Ressourcen- und Energieaufwand bedeutete? Oder sollte sie die Zahl an Optionen begrenzen und eine einfachere, schnellere, jedoch begrenztere, damit aber auch zweckdienlichere Do-it-yourself-Version der RDE-Methode anwenden, die sie zuvor schon viele Male verwendet hatte?

Allisons Problem war, dass sie nichts über ihre potenziellen neuen Kunden und die neuen Produktgebiete wusste. Sie hatte weder viel Zeit noch das nötige Geld, um das Gebiet umfänglich zu erforschen, aber sie war clever genug, um zu wissen, dass sie sich unbedingt Wissen über ihre neuen Kunden aneignen musste, bevor sie einen wichtigen Schritt unternahm.

Die Lösung für ihr Geschäftsproblem war ganz einfach. Wie bei der Entscheidung des Gelben Kaisers siegte auch hier die Einfachheit. Allison beschloss, vorgefertigte Datenbanken über die Verbraucherwahrnehmung zu verwenden, ähnlich den in diesem Kapitel vorgestellten It!-Datenbanken, um überhaupt erst einmal zu beginnen. Weil sie damit die mehrfachen Iterationen ihrer vertrauten *Ad-hoc*-Studien auf diesem für sie völlig neuen Gebiet überspringen konnte, sparte sie Zeit und Geld – die Aufgabe war angesichts der knappen Zeit und des Variationsspektrums der Kundenwahrnehmung sowie des Umstands, dass Allison nicht wusste, wo sie anfangen sollte, eine zu große Herausforderung. Allison lernte allein schon dadurch sehr viel, dass sie die Datenbanken durcharbeitete, wie wir das im Rahmen der Shopping-Studie gemacht haben. Tatkräftig wie Allison ist, sind wir sicher, dass sie ihre It!-Datenbank sorgfältig durcharbeitet und aus diesem Informationsfundus eine Menge Erkenntnisse zieht.

Nun hat sie eine ziemlich gute Vorstellung davon, wie ihre zukünftigen Kunden über die neue Produktkategorie denken und fühlen. Bei Bedarf kann Allison leicht einige zusätzliche RDE-Studien durchführen, um ihre Idee noch weiter zu detaillieren. Das Wichtigste jedoch: *Allison muss nicht bei Punkt null beginnen*. Wir wären nicht überrascht zu erfahren, dass sie ihre anwendungsfertige Datenbank als Sprungbrett für ihre eigenen Initiativen nutzt. Zweifellos wird sie auch hier großen Erfolg haben, weil sie jetzt weiß, wie sie sich *am schnellsten und effektivsten* Zugang zur Wahrnehmung ihrer Kunden verschafft.

Kapitel 9

Was passiert, wenn man Präsidentschaftskandidaten und Regierungsbotschaften aus der Produktperspektive betrachtet

Zahlreiche politische Berater sind sich darüber einig, dass der Besitz eines Hundes beinahe schon eine Voraussetzung dafür ist, zum Präsidenten der USA gewählt zu werden. Die Amerikaner lieben „First Dogs", manchmal sogar mehr als deren Besitzer. Von Washingtons Foxhounds bis zu Bushs Maskottchen Barney haben Präsidentenhunde in den USA genauso viel Tradition wie Baseball. 22 US-Präsidenten hielten Rassehunde, von denen die meisten im Weißen Haus wohnten. Einige der First Dogs hatten sogar richtige Aufgaben. Der Springer Spaniel von Barbara und George H. W. Bush mit Namen Millie trat als Buchautor auf[112], Lyndon Johnsons Beagles Him and Her standen Modell für das *Life*-Magazin, und der Airedale-Terrier Laddie Boy von US-Präsident Warren G. Harding wachte von seinem handgeschnitzten Kabinettstuhl aus über die Präsidentschaftssitzungen.[113]

112) Millie Bush, *Millie's Book: As Dictated to Barbara Bush* (New York: William Morrow & Co, August 1990).
113) Pressemitteilung des American Kennel Club, 2. August 2004.

Diese kurze Geschichte über Hunde und Präsidenten führt uns auf ein noch verblüffenderes Gebiet als das künstlerische Design: das soziale und politische Leben, das von mächtigen, öffentlichkeitsbewussten Polit-Gurus bestimmt wird, die auf für den Laien unerklärliche Weise versuchen, die neuen öffentlichen Figuren aufzubauen, indem sie darauf achten, dass diese so offensichtliche Fehler wie politisch inkorrekte Hundenamen und andere Dinge vermeiden. Wie sieht die Rolle von RDE in dieser schwer durchschaubaren und gelegentlich unlogischen Welt der Politik aus? Bisher haben wir über die Anwendung der RDE-Methode zur Gewinnerzielung gesprochen, unabhängig davon, ob der Gewinn aus Produkten, Kommunikation oder neuen Erfindungen resultiert. Lassen sich unsere künftigen Senatoren und Präsidenten auf die gleiche systematische Weise *konstruieren* wie Lebensmittel, elektronische Produkte oder abgepackte Nahrungsmittel?

Wir wollen noch einen Schritt weitergehen. Wie sieht es mit gesellschaftlichen und politischen Themen aus? *Kann* – und noch wichtiger – *sollte* RDE in der öffentlichen Politik einen angemessenen und produktiven Platz finden? In einigen wenigen bekannten Fällen wurden adaptive Experimente zur Entwicklung der öffentlichen Ordnung verwendet.[114] Um den Unterschied zwischen politischen Wissenschaften und allen übrigen Gebieten hervorzuheben, haben bekannte Begriffe hier sogar andere Namen. Zum Beispiel sprechen Politikwissenschaftler statt von *Segmentierung* von *Präferenzstrukturierung* oder *Alternativenbewertung.*[115] Ist für das disziplinierte und in gewisser Hinsicht idealistische RDE überhaupt Platz in dieser Festung? Kann es auf diesem Gebiet seine eigene Nische finden, zum Beispiel als eine Art Wissenschaft der normativen öffentlichen Ordnung?

Damit ein Kandidat in ein öffentliches Amt gewählt wird, muss er sich so präsentieren, dass die Wähler ihn „kaufen". Dabei ist es sehr wichtig, *was* dieser Kandidat sagt und *wie* er es sagt. Letztlich steht eine öffentliche Person vor der gleichen Aufgabe wie ein Marketingspezialist, der sich überlegen muss, wie er Kreditkarten, Schmuck (Formulierung einer Botschaft) und E-Zines (Dekonstruktion von Botschaften) vermarktet. Nur dass diese Strategie auf der politischen Ebene nicht der Gewinnerzielung dient, sondern der Bestimmung der

---

114) Siehe zum Beispiel J. S. Fishkin, *The Voice of the People: Public Opinion and Democracy* (New Haven, CT: Yale University Press, 1997).

115) Abwicklungstechnisch die Proportion an Individuen, deren Präferenzen entlang derselben gemeinsamen Dimensionen übereinstimmen. Siehe Cynthia Farrar, James S. Fishkin, Donald P. Green, Christian List, Robert C. Luskin und Elizabeth Levy Paluck, „Experimenting with Deliberative Democracy: Effects on Policy Preferences and Social Choice", in *Proceedings of ECPR Conference*, Marburg, 18.-21. September 2003.

Regierungspolitik. Der clevere Kandidat muss seine Botschaften an die geopolitische Situation und die spezifischen Rahmenbedingungen seiner Kampagne anpassen. Es sieht ganz danach aus, als sei das eine Aufgabe für unsere erprobte RDE-basierte Segmentierung, falls nötig auch unter der politisch korrekten Bezeichnung „Präferenzstrukturierung" (siehe vorhergehender Absatz).

Wir wollen das Ganze nun aus einem anderen Blickwinkel betrachten. Zwar bleiben wir bei der Politik, beschreiben aber die Situation aus der Unternehmensperspektive. Was macht ein PR-Manager, der an einer schwierigen und sicher unpopulären Ankündigung arbeitet? Lassen sich Wege finden, die kommenden schwer verdaulichen Veränderungen, die das Unternehmen plant, zu kommunizieren, ohne unter den Mitarbeitern große Ängste zu verbreiten? Ist RDE in der Lage, der Regierung die nötigen wissenschaftlich fundierten Tools an die Hand zu geben, damit die Bürger positiver auf die Regierungsmitteilungen reagieren, selbst wenn diese keinen Anlass zu Optimismus geben?

Betrachten wir also zwei Beispiele, bei denen die RDE-Methode und die *Stimme des Volkes* zum Einsatz kommen. Zunächst wollen wir den Präsidenten als ein Produkt betrachten. Dann untersuchen wir den Versuch der Regierung, in Zeiten großer Angst und Anspannung, vor allem der terroristischen Angriffe, zu kommunizieren. Selbst in diesen Situationen bewährt sich die RDE-Methode und gibt uns eine bemerkenswerte Orientierungshilfe.

Der Präsident als Produkt

„Wenn es sich beim Präsidentschaftskandidaten um ein Nahrungsmittel handeln würde, was wäre er dann für ein Produkt, und welcher Typ Kunde würde ihn in seinen Einkaufswagen legen?"

Die Unterüberschrift über diesem Abschnitt mag (im Kontext der US-Präsidentschaftswahlen von 2004) politisch ein wenig inkorrekt klingen, aber tatsächlich ist sie ein leicht abgeändertes Zitat aus einem Artikel in *The New York Times*, der aus der Feder des bekannten Kolumnisten John Tierney stammt. Tierney beschreibt die RDE-Experimente des Autors in der Politik.[116] Er nannte

116) John Tierney, „A Trial Balloon Made of Lead?", *The New York Times*, 30. Mai 2004. Laut Wikipedia arbeitet Tierney seit 1990 für *The New York Times*. Interessanterweise schreibt Tierney aus einem konservativen Blickwinkel, bezeichnet sich selbst aber als liberal. Im Verlauf der Jahre hat Tierney kritische Kolumnen über den Krieg gegen Drogen, Amtrak und Zwangsrecycling geschrieben. Sein Artikel „Recycling Is Garbage" genießt die zweifelhafte Auszeichnung, den Hassmail-Rekord der *New York Times* gebrochen zu haben (Quelle: http://en.wikipedia.org/wiki/John_Tierney_(journalist)).

diese politischen Experimente „Dr. Moskowitz' Supermarkt", um die verblüffende Ähnlichkeit zwischen Produktoptimierung und der Formulierung politischer Botschaften hervorzuheben. Tierneys Originalzitat bezog sich auf George W. Bush, aber die RDE-Methode lässt sich unabhängig von der persönlichen politischen Überzeugung anwenden.

Die Wähler betrachten politische Kandidaten üblicherweise nicht als Konsumprodukte. Das demokratische Erbe vermittelt den Bürgern ein Gefühl des zivilen Stolzes und der Verantwortung. Von Kinderbeinen an wird uns beigebracht, dass die Wahl der Regierungsvertreter eines der grundlegenden Rechte ist, die ein vollwertiger Bürger genießt. Aber natürlich darf man die Realität nicht außer Acht lassen; sie setzt sich immer durch. Wir wissen, dass es für einen Kandidaten, der sich um ein öffentliches Amt bewirbt, wichtig ist, nicht nur die Wünsche und Bedürfnisse der Bürger zu kennen, sondern sie auch in die richtigen Worte kleiden zu können und sich der politischen Maschinerie so zu bedienen, dass er gewählt wird. Aus diesem Blickwinkel unterscheidet sich Politik nicht sehr von Produkt- und Dienstleistungsmarketing.

Und wenn man den Präsidenten oder irgendeinen anderen Staatsvertreter nun als Konsumprodukt betrachtet? Bei genauerem Nachdenken ist diese Vorstellung gar nicht so abwegig. Ganz sicher werden die Präsidentschaftskandidaten in den Medien als Produkte beworben. Die Kandidaten von heute beauftragen Fokusgruppen, sie versuchen die öffentliche Meinung zu verstehen und tun ganz allgemein Dinge, die wir eher von einem klugen Marketingexperten erwarten würden. Die Präsidentschaftskandidaten wollen *Masse* – keine Masse an Einkäufen, sondern Wählermassen. Der US-Präsident gleicht damit einer teuren Anschaffung, die man alle vier Jahre tätigt.

Warum den Präsidenten also nicht als ein Produkt behandeln, das man kauft, damit es einen bestimmten Job erledigt? Der nächste logische Schritt ist, mit Hilfe von RDE die Botschaften zu bestimmen, die der Kandidat für dieses Amt dem breiten Publikum nahe bringen soll – sozusagen die richtige Werbung für das „Präsidentenprodukt". Mit dieser Einstellung wird auch die Wahl ein wenig leichter. Beobachten Sie einfach das Umfeld, identifizieren Sie, welche Themen im Mittelpunkt stehen, und lassen Sie die RDE-Methode die überzeugenden Aussagen herausfiltern, die das Wählerinteresse wecken. Und diese neuen Ideen werden den Kandidaten dann präsentiert. Warum nicht? Das lässt sich auch sehr gut auf der Mikroebene machen – Ortsviertel für Ortsviertel. Mit dem Internet lässt sich das einfach, schnell und kostengünstig realisieren. Möglicherweise macht es sogar Spaß.

Frühere Projekte des Autors aus der Zeit um das Jahr 2000, als RDE wirklich Teil des Internets wurde, deuteten darauf hin, dass die Plattform eines politischen Kandidaten nicht viel anders ist als die RDE-Projekte im kommerziellen Sektor.[117] Um das zu konkretisieren, wollen wir die Kampagnen der beiden Präsidentschaftskandidaten Bush und Kerry aus dem Jahr 2004 betrachten und die Botschaften unter die Lupe nehmen, die die beiden Kandidaten jeweils in den Mittelpunkt rückten. Was sagten sie aus? Und noch wichtiger: Kann RDE uns zweifelsfrei verraten, auf welche Inhalte sie sich hätten konzentrieren sollen und ob die Botschaften, die die beiden Kandidaten während der Kampagne aussendeten, jeweils genau den Nerv der Wähler trafen?

Dekonstruieren wir also zunächst die Botschaften, die John Kerry zu Beginn seiner Kampagne aussandte. Abbildung 9.1 zeigt Ausschnitte aus seinen

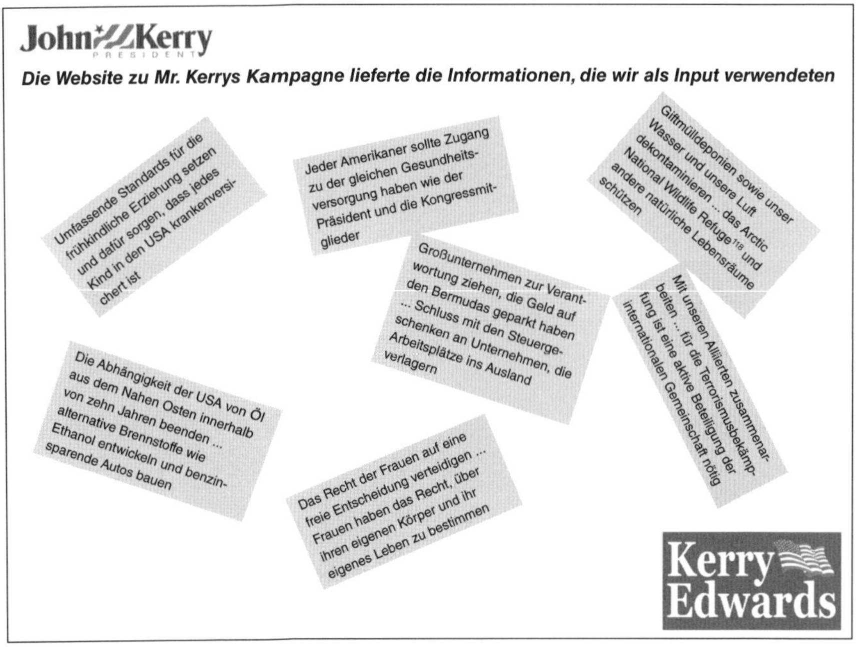

Abbildung 9.1 *Einige Ausschnitte aus der Sprache, die RDE verwendete. Dies sind Kerrys Worte, allerdings zu einfachen Aussagesätzen verkürzt.*

117) Howard Moskowitz, Alex Gofman, Prasad Tungaturthy, Madhu Manchaiah und Dorit Cohen, „Research, Politics and the Web Can Mix. Considerations, Experiences, Trials, Tribulations in Adapting Conjoint Measurement to Optimizing a Political Platform as If It Were a Consumer Product", in *Marketing Research in a .com Environment,* Hrsg. Richard Brooks (Amsterdam: ESOMAR, 2000): 223-243.

118) Nördlichstes Naturschutzgebiet der USA; Küstenebene im Nordosten von Alaska, in der nach dem Willen des US-Präsidenten Ölbohrungen stattfinden sollen. (A.d.Ü.)

Reden. Eine solche Masse an Kommunikation zu zerlegen, ist nicht besonders schwer. Das ist reine Fleißarbeit: Man sammelt die Reden, die zu einer bestimmten Zeit gehalten wurden und identifiziert die Themen und einfache Zitate. Hier bewährt sich die Content-Analyse, so lange man darauf achtet, die Worte des Kandidaten und natürlich die Tonalität der Botschaft zu erhalten.

Die wahre Fülle an Kerry-relevanten Botschaften wurde anschließend in vier Silos je neun Elemente organisiert, um einen repräsentativen Satz an 36 Elementen zu erhalten. Wie Sie in den vorhergehenden Kapiteln gesehen haben, wurden die Elemente durch das Experimentaldesign für jeden Testteilnehmer automatisch zu 60 verschiedenen Kombinationen zusammengestellt, und zwar mit einer spezifischen Kombination beziehungsweise einem Testkonzept, das entweder ein oder gar kein Element aus den vier Silos enthielt.

Jeder Testteilnehmer bewertete einen einzigartigen Satz an 60 Konzepten (siehe Beispiel in Abbildung 9.2), so dass sich kein Konzept bei zwei Teilneh-

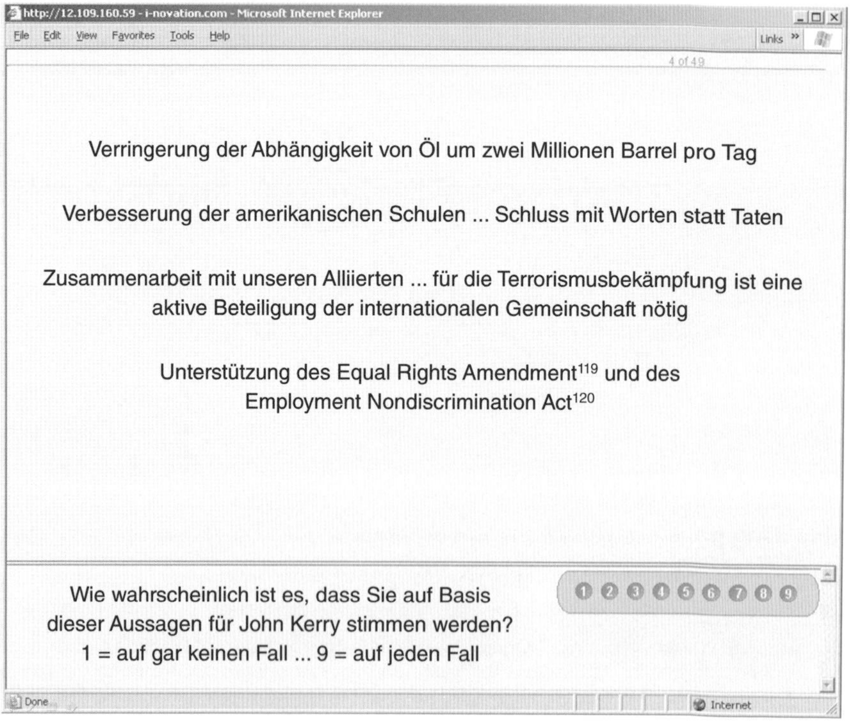

Abbildung 9.2 *Beispiel eines Testkonzepts für Kerry, das vier Elemente enthält, und zwar ein Element aus jedem der vier Silos*

mern wiederholte, obwohl alle durch Experimentaldesign aus denselben 36 Elementen zusammengestellt wurden. Bis hierher lässt sich kaum unterscheiden, ob wir die Botschaften zu Essiggurken oder die Kommunikation der Präsidentschaftskandidaten untersuchen. Am Ende ist es möglicherweise sogar egal.

Anmerkung

Aufgrund der experimentellen Natur dieses Projekts wurden die US-Testteilnehmer nach dem Zufallsprinzip aus einer Liste ausgewählt, die von einem Panel-Anbieter zusammengestellt wurde. Die Teilnehmer mussten mindestens 21 Jahre alt sein und die US-Staatsbürgerschaft besitzen. Wenn man stichhaltige und umsetzbare Ergebnisse erzielen will, müssen die Teilnehmer natürlich auf dieselbe Weise ausgewählt werden, wie das bei traditionellen politischen Umfragen der Fall ist, nämlich aus einer repräsentativen Stichprobe. Die Daten in diesem Abschnitt sollten lediglich als „Konzeptbeweis" betrachtet werden.

Was Kerry hätte betonen sollen, um die Präsidentschaftswahl zu gewinnen

Worum es bei der Anwendung der RDE-Methode auf Präsidentschaftswahlen geht, ist die Fähigkeit, während der Kampagne Korrekturen vorzunehmen. Die heutigen Kandidaten leben in einer komplexen Welt, in der sich die Relevanz der Botschaften verändert, je nachdem, mit wem ein Kandidat spricht, aber auch je nach den äußeren Ereignissen. Es ist daher sinnvoll, dass die RDE-Methode den Kandidaten eine Möglichkeit bieten könnte, die Themen und Botschaften hervorzuheben, die in dem jeweiligen Moment wichtig sind.

Betrachten wir nun die Ergebnisse aus der *Wiederholung desselben RDE-Projekts an jedem dritten Mittwoch eines Monats* über einen Zeitraum von acht Monaten vor den Präsidentschaftswahlen von 2004. Solch eine disziplinierte Vorgehensweise ist ganz einfach. Die Studie muss nur auf dem Computer fertig vorbereitet sein und einmal pro Monat mit einer neuen Teilnehmergruppe durchgeführt werden.

---

119) Verfassungszusatz über eine volle Gleichberechtigung für Frauen (A.d.Ü.)
120) Gesetz gegen die Diskriminierung am Arbeitsplatz aufgrund des Geschlechts oder der sexuellen Orientierung (A.d.Ü.)

Wir erhielten einen guten Eindruck davon, was Kerry seinen potenziellen Wählern hätte sagen sollen, indem wir die Gebrauchswerte der individuellen Aussagen betrachteten. Unsere Umfrageteilnehmer wussten weder, dass die Elemente systematisch variiert wurden, noch dass Kerry diese Aussagen tatsächlich getroffen hatte. Ihnen wurden lediglich die Vignetten vorgelegt und die Frage gestellt, ob sie auf Basis dieser Aussagen für Kerry stimmen würden.

Wie wir in vorhergehenden Kapiteln gesehen haben, verknüpft die Regressionsanalyse die 36 Botschaften, die wir in der RDE-gesteuerten Umfrage verwendeten, mit der Antwort der Teilnehmer, „Ich werde für Kerry stimmen." Wenn ein Teilnehmer eine Vignette mit 7, 8 oder 9 bewertete, schlossen wir daraus, dass er auf Basis der Aussagen dieser Vignette höchstwahrscheinlich für Kerry stimmen würde. Lag die Bewertung bei 1-6, schlossen wir daraus, dass der betreffende Teilnehmer Kerry sehr wahrscheinlich nicht wählen würde oder unentschieden war. Das Schöne an RDE ist, dass es die Reaktion auf *spezifische Vignetten* verwendet, so dass die Testwähler nicht durchgängig für oder gegen Kerry stimmen müssen. Sie können ihre Entscheidung je nach seinen Wahlaussagen verändern.

Die Regressionsanalyse liefert uns eine Basiszahl (wie viele Wähler von 100 Wahlberechtigten würden für Kerry stimmen, wenn er gar nichts sagen würde?) sowie die Zahl an Wählern je 100 Wahlberechtigter, die angeben, sie würden Kerry wählen, wenn er in seiner Kampagne bestimmte Botschaften verwenden würde. Der Gebrauchswert kann auch negativ sein, nämlich wenn der Kandidat das Falsche sagt! Jetzt können Sie erkennen, *was die RDE-Methode leistet, um uns Aufschluss über das zu geben, was in den Köpfen der Wähler vor sich geht, sowie über die Macht der Botschaft zur Veränderung der Wahrnehmung.* Das unterscheidet sich nicht sehr von E-Zines, auch wenn wir uns hier mit einem Präsidentschaftskandidaten beschäftigen. Wir blicken immer noch in die Köpfe der Kunden, nur dass der Kunde hier ein Wähler und das Produkt ein potenzieller Präsident ist.

Werfen wir einen Blick auf das grundlegende Wählerinteresse an beiden Kandidaten für jeden Monat, in dem die Umfrage wiederholt wurde, also von März 2004 bis Oktober 2004. In Abbildung 9.3 sind die Daten beider Kandidaten aufgezeichnet.

Kerrys Ausgangsbasis beginnt bei 54 im März, was bedeutet, dass 54 Prozent der 544 Umfrageteilnehmer grundsätzlich geneigt waren, für Kerry zu stimmen, selbst wenn er keine weiteren Wahlaussagen traf. Wenn wir die Linie weiter verfolgen, sehen wir, dass unsere neuen Umfrageteilnehmer bis September und Oktober 2004 (jeden Monat wurden andere Menschen zur Teilnahme an der Umfrage eingeladen) tendenziell immer stärker pro Kerry gestimmt waren.

Tatsächlich sagt uns die auf politische Wahlen angewendete RDE-Methode, dass sich die Grundhaltung der Wähler immer mehr festigt.

Wir wollen uns nun für einen Moment dem zweiten Präsidentschaftskandidaten widmen und die Ergebnisse zu George W. Bush untersuchen. Parallel zu unserer Umfrage über Kerry führten wir die gleiche Studie zu Bushs Wahlaussagen durch. Die Studie war identisch aufgebaut, enthielt dieselbe Art Silos mit ebenfalls 36 Elementen. Bei Erhalt der E-Mail-Einladung konnte der Umfrageteilnehmer wählen, an welcher Studie er teilnehmen wollte. Bushs Daten machen einen weniger starken Eindruck. Die Neigung, für Bush zu stimmen, ist ziemlichen Schwankungen unterworfen, ganz so, als seien die Wähler eigentlich unentschieden, ob sie ihn wählen sollten oder nicht.[121]

RDE sollte uns aber wesentlich mehr verraten als einfach nur die Wahltendenzen der Bevölkerung. Diese Information lässt sich auch mit anderen Methoden beschaffen, zum Beispiel durch eine direkte Wählerbefragung. Wir sollten die RDE-Methode für die eigentlich schwierige Aufgabe verwenden: *die Empfehlung an die Kandidaten, welche konkreten Wahlaussagen sie treffen sollten.* Diese Empfehlungen erhalten wir, indem wir die Gebrauchswerte der

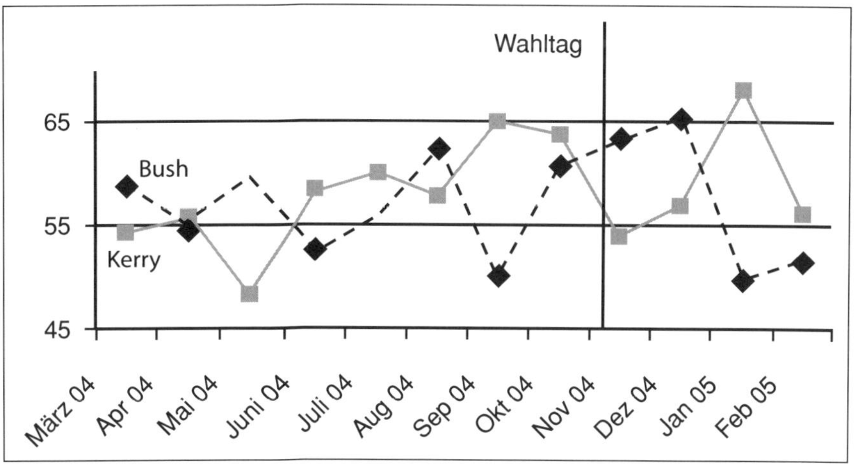

Abbildung 9.3 *Grafik über die schwankende Neigung im Vorfeld der Präsidentschaftswahlen, für den einen oder den anderen Kandidaten zu stimmen*

121) Das bestätigt die Tatsache, dass weder Umfragen oder Polit-Gurus noch die Forschung perfekte Vorhersagen treffen können. Der Zweck der RDE-Studien in diesem Kapitel bestand nicht in der Überprüfung der Wählerpräferenzen, sondern in der Feststellung, welche Botschaften den Kandidaten Erfolg versprachen.

verschiedenen Botschaften betrachten. Denken Sie daran, dass wir acht Monate vor der Wahl jeden Monat exakt die gleiche Studie durchführten und anschließend die Ergebnisse jeder einzelnen Studie analysierten.

Die Fülle und Aussagekraft der per RDE erhobenen Daten sind wirklich erschlagend, wenn man bedenkt, dass 36 Elemente getestet wurden, von denen jedes einzelne vor der Wahl im Jahr 2004 acht Monate lang verfolgt wurde. Das können Sie aus Tabelle 9.1 ersehen. Lassen Sie uns einen Blick auf die Ergebnisse werfen.

- Kerrys stärkste Botschaften fokussierten auf die Gesundheitsversorgung („Jeder Amerikaner sollte Zugang zu der gleichen Gesundheitsversorgung haben wie der Präsident und die Kongressmitglieder"). Dieses Element wird gleichbleibend hoch bewertet (zwischen +8 und +11) und hat wirklich eine ausgezeichnete Wirkung auf die Wähler. Tatsächlich schneiden drei der Botschaften, die sich auf die Gesundheitsversorgung beziehen, gut ab (siehe Tabelle 9.1). Wir können uns bildlich vorstellen, wie in Kerrys strategischer Wahlkampfzentrale über die Ergebnisse der RDE-Umfragen diskutiert wird und noch stärkere und überzeugendere Botschaften formuliert werden. Die Gesundheitsversorgung ist mit Sicherheit ein wichtiges Thema und kann bis zu 10 Prozent mehr Wähler einbringen. Kerry hätte dieses Thema stärker bearbeiten sollen.

- Kerrys schwache Botschaften ziehen sich über alle Themengebiete. Sogar das Thema Gesundheitsversorgung kann zu einer schwachen Botschaft werden, wenn es an AIDS geknüpft wird. Was wir aus den schwachen Botschaften erkennen können, ist, dass die Teilnehmer an der Kerry-Umfrage an ihrem eigenen Wohlergehen interessiert sind und nicht an großen sozialen Problemen. Das Interesse von Kerrys Wählern wird dann geweckt, wenn sie sich als Zugehörige einer Gruppe betrachten, die direkt von seinen Aussagen profitieren könnte.

		März	Apr	Mai	Jun	Jul	Aug	Sep	Okt
	Anzahl Testteilnehmer	*544*	*248*	*175*	*150*	*241*	*107*	*75*	*366*
Thema	*Additionskonstante*	*54*	*56*	*48*	*58*	*60*	*58*	*65*	*64*
Wirtschaft/ Arbeitsplätze	Die 3 Mio. Arbeitsplätze wiederbeschaffen, die unter der aktuellen Regierung vernichtet wurden	4	4	4	9	3	-2	0	5
Gesundheitswesen	Medicare verbessern und stärken und der Bevölkerung eine echte Erleichterung bei verschreibungspflichtigen Medikamenten bieten	6	10	7	3	7	3	5	5

		März	Apr	Mai	Jun	Jul	Aug	Sep	Okt
	Anzahl Testteilnehmer	*544*	*248*	*175*	*150*	*241*	*107*	*75*	*366*
Thema	*Additionskonstante*	*54*	*56*	*48*	*58*	*60*	*58*	*65*	*64*
Gesundheitswesen	Jeder Amerikaner sollte Zugang zu der gleichen Gesundheitsversorgung haben wie der Präsident und die Kongressmitglieder	8	8	11	5	8	8	1	5
Gesundheitswesen	Eine Gesundheitsversorgung schaffen, die sich jeder leisten kann	7	8	8	6	9	4	7	4
Umwelt	Giftmülldeponien sowie unser Wasser und unsere Luft dekontaminieren ... das Arctic National Wildlife Refuge und andere natürliche Lebensräume schützen	2	-2	6	0	1	1	1	4
Frauen	Für die Rechte der Frauen eintreten ... Würde und Fairness	-1	-1	1	4	-1	*-8*	-1	-2
Außenpolitik/ Irak	Die NATO, internationale Truppen und die Vereinten Nationen einbeziehen, um im Irak für Stabilität und Demokratie zu sorgen	-1	0	*-5*	0	-1	*-5*	*-8*	-2
Minderheiten/ Gleichberechtigung	Unterstützung des Equal Rights Amendment und des Employment Nondiscrimination Act	1	*-5*	-4	0	-1	*-6*	-3	-3
Frauen/ Unternehmen	Die Zahl der Frauen als Unternehmerinnen steigern ... die gläserne Decke beseitigen, die talentierten Frauen den Aufstieg in Spitzenpositionen verwehrt	-2	*-6*	-4	-4	-1	-1	*-5*	-3
Terrorismus/ Irak	Frieden im Irak anstreben ... das wird eine tief greifende Wirkung auf die Terrorismusbekämpfung haben	-2	-4	-3	*-6*	-4	*-6*	-3	-3
Gesundheitswesen/AIDS	Mehr Finanzmittel für Programme für HIV-Infizierte/AIDS-Erkrankte bereitstellen	*-5*	-4	0	*-6*	*-7*	*-6*	-3	-4
Gesundheitswesen/AIDS	Die Verbreitung von AIDS in den USA bekämpfen ... mehr Forschungsgelder für die Entwicklung eines AIDS-Impfstoffs zur Verfügung stellen	-1	-2	0	*-5*	*-5*	*-6*	*-7*	-4
Frauen/ Abtreibung	Das Recht der Frauen auf eine freie Entscheidung verteidigen ... Frauen haben das Recht, über ihren eigenen Körper und ihr eigenes Leben zu bestimmen	-2	-3	-1	-1	*-5*	*-11*	-3	*-5*
Bildung und Erziehung	Gesetzliche Verpflichtung zur Schulfinanzierung	-2	*-6*	-3	*-8*	-4	*-12*	-1	*-5*

Tabelle 9.1 *Die Bewertung der einzelnen Elemente aus Kerrys Wahlkampagne 2004. Die Werte der besonders positiv beurteilten Botschaften sind hellgrau hinterlegt, die Werte der wenig überzeugenden Botschaften sind kursiv gesetzt und dunkelgrau hinterlegt. Die Wirkung aller anderen Botschaften ist überwiegen neutral.*

Der Vorteil einer RDE-basierten Denkweise besteht darin, dass die Umfrageteilnehmer keine politisch korrekten Antworten geben müssen und können – ein Verhalten, das man in direkten Umfragen und Fokusgruppen sehr oft findet. Die Teilnehmer an der RDE-Umfrage können nicht genau ausmachen, auf welches Thema sie antworten sollen, weil jede Vignette eine Kombination an Botschaften aus verschiedenen Themenbereichen liefert. Das computergestützte Interview-Tool „bombardiert" die Testwähler mit einer Fülle an Informationen und das in sehr schneller Abfolge, um sie zu einer spontanen Reaktion zu zwingen. Anschließend fügt RDE durch die Sortierung der Daten alle Einzelteile so zusammen, dass sich die Themen identifizieren lassen, durch die sich die Testwähler umstimmen lassen. Aus den Daten ergibt sich also sehr schnell ein Gesamtbild.

RDE spricht die Wahrnehmung jedes einzelnen Testwählers an und deckt die individuellen Reaktionsmuster auf. Mit diesem Wissen wollen wir nun nach verschiedenen Mentalitäten unter den Testwählern Ausschau halten. Wenn der Präsident letztlich ein Produkt ist, dann sagen uns unsere bisherigen Erfahrungen, dass Produkte aus unterschiedlichen Gründen gekauft werden, die Aufschluss über die unterschiedlichen Mentalitäten und Denkweisen geben.

Wenn wir uns George W. Bush zuwenden, finden wir drei Wählermentalitäten, die ihn wählen wollten, sofern er die richtigen Botschaften aussandte. Die selbstbezogenen Wähler, wie wir die erste Gruppe genannt haben, wollen in erster Linie eine Steuersenkung. Die sicherheitsbedürftigen Wähler wollen hauptsächlich Schutz vor Terrorismus. Die Wähler, die einen besseren Lebensstandard anstreben, wollen Versprechen über eine Wiederbelebung der Innenstädte, Arbeitsplatzbeschaffung und eine Verringerung der Abhängigkeit von ausländischem Öl hören. *Das Schöne an all diesen Segmenten ist, dass der Kandidat sofort wenn sich die Segmente abzeichnen, genau weiß, welche Botschaften bei welchem Segment auf positive Resonanz stoßen.* Dadurch, dass bei der RDE-Methode die tatsächlichen Wahlaussagen auf den Prüfstein gestellt werden, erhält der Kandidat anschließend eine konkrete Empfehlung, welche Botschaften er tunlichst verstärken und welche er vermeiden sollte. Nicht schlecht für eine auf einen gesellschaftlichen Sektor angewendete unternehmerische Denkweise.

Einige Punkte waren selbst in den Augen der Bush-Wähler heikle Themen:

- Das Versprechen, sich weiterhin militärisch im Irak zu engagieren, sprach zwar die sicherheitsbedürftigen Wähler an, schreckte andere Wählergruppen aber ab.

- Versprechen über verstärkten Umweltschutz überzeugte zwar die Wähler, die sich eine verbesserte Lebensqualität wünschten, verringerte aber die Wahlchancen bei allen anderen Gruppen.

- Die selbstbezogenen Wähler wollten ganz im Gegensatz zu den beiden anderen Gruppen nichts von einer Verbesserung des Gesundheitswesens hören.

- *Insgesamt war die Übereinstimmung der drei Wählergruppen größer als ihre Differenzen.* Die Bush-Wähler gehörten im Allgemeinen zur Mittelschicht und waren eher mobile Menschen, die auf Versprechungen über mehr Geld und Sicherheit reagierten. Unter den Bush-Wählern gab es (im Vergleich zu den Kerry-Wählern) nicht viele polarisierende Themen. Jemand, der die eine Pizza essen würde, würde die meisten anderen Pizzasorten ebenfalls essen, es sei denn, ihm schmeckte der Belag überhaupt nicht.

Um Kerry in unserem „Supermarkt" ausfindig zu machen, um in Tierneys Sprachgebrauch zu bleiben, müssen wir den Gang mit den tiefgefrorenen Pizzas verlassen. Bei der Analyse der Kerry-Wähler entdeckten wir so etwas wie eine Geschmackspolarisierung, wie man sie zum Beispiel bei Essiggurken findet.

- Einige Menschen mögen sehr saure Essiggurken und andere lieber Essiggurken mit Knoblauch. Wieder andere hassen beides und bevorzugen milde Essiggurken. Was gar nicht funktioniert, ist, es allen mit einer einheitlichen Essiggurke recht machen zu wollen. Wenn unterschiedliche Geschmackssegmente existieren, ist eine Einheitslösung nicht möglich.

- Kerrys Wählergunst war insgesamt vergleichbar mit der von Bush, allerdings fielen die Wähler, die sich dazu hätten überreden lassen, für den demokratischen Kandidaten zu stimmen, in drei radikal kontrastierende Gruppen – sozusagen Kerrys persönliche Geschmackssegmente oder auch seine „politischen Essiggurken".

- Eine Gruppe besteht aus Wählern, die eine verbesserte Lebensqualität anstreben; deren Prioritäten heißen Bildung und Erziehung sowie eine neue Energiepolitik.

- Eine weitere Gruppe besteht aus Idealisten, die sich mit Versprechen zur Bekämpfung der Diskriminierung von Frauen und Minderheiten, der Verbesserung der Gesundheitsversorgung, dem Schutz des Rechts auf Abtreibung und der Verteidigung der Arbeiter gegenüber den Unternehmen gewinnen lassen.

- Und dann gibt es noch die Wähler, die nichts von konkreten Problemen und Fragestellungen hören wollen. Sie tendierten aufgrund ihrer politischen Grundüberzeugung so stark zu Kerry, dass keines seiner Wahlversprechen ihre Loyalität weiter stärken konnte. Tatsächlich waren konkrete Wahlaussagen sogar dafür verantwortlich, dass diese Wählergruppe sich von ihm abwandte, weil sie von einigen Versprechen abgeschreckt wurden, wie zum Beispiel dem Schutz des Rechts auf Abtreibung, dem Kampf gegen Diskriminierung und einer Bildungsreform. Diese Wählergruppe war aber nicht so sehr pro Kerry als sie contra Bush eingestellt war. Je mehr Kerry seinen anderen Wählergruppen versprach, desto größer wurde das Risiko, dass er diese Wählergruppe verprellte. Für Kerry war es eine große Herausforderung, eine kohärente Strategie zu entwickeln, die die Bedürfnisse dieser ganz unterschiedlichen Wählergruppen berücksichtigte.

Am Ende war es für keinen der beiden Kandidaten leicht, seine Wähler bei der Stange zu halten. „Bush musste eine Gruppe von Hunden an die Leine nehmen und im Wesentlichen dafür sorgen, dass sie alle in dieselbe Richtung liefen. Kerry musste eine Gruppe Katzen anschirren“[122], die unterschiedliche Interessen hatten.[123]

Eine Datenbank für die gesellschaftliche Angst: Das „Bewusstsein“ des öffentlichen Sektors

Der öffentliche Sektor ist nicht für seine schnelle Anpassung an neue Technologien bekannt. Zwar verfügen die Sozialwissenschaften in Zusammenarbeit mit ökologischer Forschung und Management über Erfahrung mit gelegentlichen umfangreichen und lang andauernden Experimenten, allerdings verlaufen einige dieser Experimente extrem langsam und können sich über Jahre hinziehen.[124]

Deshalb ist es eigentlich keine Überraschung, dass wir aufgeregt und auch ein wenig nervös waren, als wir vor einigen Jahren beschlossen, RDE als neue und vielleicht bessere Methode auf Gesellschaftspolitik anzuwenden, um die *Stimme des Volkes* zu verstehen. Wir hatten das Gefühl, wir seien einer Sache auf der Spur, einer Art neuem Wissen plus technischer Wissenschaft, die wir vorsichtig als normative öffentliche Meinung bezeichnen wollen. Lassen Sie uns betrachten, wie weit wir kamen.

---

122) John Tierney, „A Trial Balloon Made of Lead?“, siehe Anmerkung 5.
123) Die speziellen Ergebnisse, die in diesem Kapitel beschrieben wurden, wurden in keiner der beiden Wahlkampagnen der Kandidaten verwendet (soweit es dem Autor bekannt ist).
124) K. N. Lee, „Appraising Adaptive Management“, *Conservation Ecology* 3 (2) (1990): 3.

Diese ersten Jahre des – wie wir gehofft hatten – vielversprechenden neuen Jahrtausends von 2001 bis 2006, waren mit angstauslösenden Ereignissen befrachtet, besonders für die US-Amerikaner, aber auch für Europäer, Lateinamerikaner, Ozeanier – letztlich für fast alle Menschen. Diese Jahre waren gekennzeichnet von einer langen Liste an Problemen, die von Kriegen über gesundheitliche Bedrohungen bis zu ökologischen und wirtschaftlichen Katastrophen reichte. Die Zahl der angstauslösenden Themen ist geradezu schwindelerregend. Zwei Kriegserklärungen (Afghanistan und Irak) mit der folgenden weltweiten Gegenreaktion, die fortgesetzte Konzentration auf den weltweiten Terrorismus, SARS und die Vogelgrippe, die die Verbraucher auf der ganzen Welt betrifft (insbesondere Asien), Nordkorea und seine nukleare Aufrüstung, die Bedrohung der globalen Stabilität durch den Iran, die Selbstmordattentate in einer wachsenden Zahl an Ländern ... Und als ob das nicht genug wäre, erleben wir eine globale Klimaveränderung, verheerende Hurrikane, Gletscherschmelze in der Arktis ... und die Wirtschaft ist auch alles andere als im Lot: Turbulenzen an Wall Street und in zahlreichen Unternehmen wie der Verlust von Pensionen, zerstörte Zukunftsaussichten und eine tiefe Vertrauenskrise gegenüber Unternehmensführungen generell, die riesigen Schuldenberge der US-Regierung, Massenentlassungen und Outsourcing sowohl einfacher Jobs als auch gehobener Verwaltungstätigkeiten in Billiglohnländer ... Das alles definiert die Geburt einer neuen Wirtschaft, die nicht immer den Regeln von Adam Smith zu folgen scheint. Und alle Probleme zusammen erzeugen Angst und soziale Unruhe, die für die Methoden der Konsumforschung nützlich sind.

Angst ist die normale menschliche Reaktion auf eine gefährliche, bedrohliche, unsichere oder wichtige Situation. Eine normal ausgeprägte Angst oder Sorge kann einen Menschen beflügeln und seine Motivation und Produktivität steigern. Einige Menschen arbeiten besser unter Druck, wobei die Sorge zu einer Fokussierung ihrer Gedanken führt und sie in die Lage versetzt, ein angestrebtes Ziel zu erreichen. Die pathologische Angst ist jedoch etwas ganz anderes. Sie ist übertrieben und chronisch und beeinträchtigt die Funktionsfähigkeit im normalen Alltag. Unser allgemeiner Stresslevel bestimmt, wie sehr wir uns dazu befähigt fühlen, Veränderungen in unserem Leben zu bewältigen.

Die Kosten der mentalen Stressbelastung sind immens. Die Non-Profit-Organisation American Institute of Stress berichtet, dass Arbeitsstress US-Unternehmen jährlich 300 Milliarden Dollar kostet und zwar in Form von verlorener Produktivität, Abwesenheit vom Arbeitsplatz, Unfällen, Mitarbeiterfluktuation, medizinischen und Rechtskosten sowie Versicherungsbeiträgen und Abfindungen. In anderen Ländern sieht es nicht viel besser aus. In Kanada verursacht Stress den Verlust von mehr als 16 Millionen Dollar pro Jahr und 7,3 Millionen britischen Pfund in England.[125]

Wenn man nach Lösungen für stressbedingte Verluste oder andere damit im Zusammenhang stehende Probleme sucht (oder zumindest eine Methode, um die Verluste im Rahmen zu halten), dann ist es notwendig, die Algebra der Verbraucherwahrnehmung zu verstehen. Kann RDE, eine Methode, die ihre größten Erfolge anscheinend im profanen Handel mit Waren und Dienstleistungen erzielt, hier einen sinnvollen Beitrag leisten? Wie Sie sehen werden, lässt sich auch das bejahen, vorausgesetzt, man behandelt die gesellschaftlichen Probleme so, wie die RDE-Methode es erfordert: als Vignetten, die angstlauslösende sozialpolitische Situationen beschreiben. Das bewährte sich im Fall der Präsidentschaftswahl - lassen Sie uns nun betrachten, ob für die Kommunikation sozialpolitischer Sachverhalte dasselbe gilt.

RDE + Terrorismus = Datenbank für Sozialpolitik und Kommunikation

Kehren wir zurück zu dem Konzept einer Datenbank der Verbraucherwahrnehmung, wie sie in Kapitel 8 „Mind Genomics: Was Verbraucher denken, wenn sie vor dem Regal stehen“ vorgestellt wurden, wobei wir dieses Konzept hier auf die Sozialpolitik ausdehnen wollen. Als wir das Thema Mind Genomics erstmalig einführten, hatten wir mit verschiedenen Einkaufssituationen zu tun, die wir jeweils durch ein RDE-Experiment untersuchten. Das Design der 30 verschiedenen Experimente - eins je Einkaufsthema (Schuhe, Reifen, Kerzen etc.) war absichtlich identisch strukturiert, um einen Vergleich desselben Bereichs über verschiedene Themengebiete hinweg anstellen zu können. Was würde wohl - mit derselben Strategie zur Erstellung einer Datenbank - passieren, wenn wir die RDE-basierte Denkweise auf die Sozialpolitik anwenden und diesmal angstauslösende Situationen untersuchen würden?

Bei RDE-Studien über derart sensible Themen wie Angst spielt die richtige Formulierung einer Testfrage eine große Rolle. Wir verwendeten die Frage „Wie gut können Sie mit der beschriebenen Situation umgehen?“ (1 = sehr gut ... 9 = gar nicht). Die Formulierung der Frage war nicht einfach. Unsere Erfahrung bei der Anwendung der RDE-Prinzipien zeigte, dass nur sehr wenige Men-

125) Ravi Tangri, *StressCosts: Stress Cures* (Halifax, Nova Scotia, Canada: Chrysalis, 2003); und Marianne McGee Kolbasuk, Diane Rezendes Khirallah und Michelle Lodge, „IT Lifestyles Backlash“, *InformationWeek* (25. September 2000): S. 58.

schen bereit waren, an einer Studie teilzunehmen, in der Fragen gestellt wurden wie „Wie groß ist die Angst, die Sie empfinden, wenn Sie die folgende Situationsbeschreibung lesen?" Die Menschen scheuten ganz einfach vor einer Teilnahme zurück; die Bewertung von „Angst" war schlicht eine Überforderung. Die Veränderung des Fokus auf die Worte „umgehen mit" machte einen Riesenunterschied. So konnten viel mehr Teilnehmer für diese Studie gewonnen werden.

Einige Aussagen erhöhen die Angst (hohe Gebrauchswerte - Testteilnehmer kann nicht mit der beschriebenen Situation umgehen), andere wirken entlastend oder fördern die Bewältigung der Situation (niedrige Gebrauchswerte - Testteilnehmer wird leicht mit der Situation fertig). Die Art und Weise, wie der Satz formuliert ist, ermöglicht dem Testteilnehmer, sich auf eine weniger angstauslösende anstatt eine Angst fördernde Antwort zu konzentrieren.

Unsere Ergebnisse entsprechen weitgehend, aber nicht vollständig den Erwartungen. Werfen Sie einen Blick auf Tabelle 9.2, in der die tatsächlichen Ergebnisse zu sehen sind. Die Additionskonstante als Messgröße der Grundangst ist niedrig (ungefähr 19); das heißt, 19 Prozent oder jeder fünfte Teilnehmer sagt, er könne nicht mit einer unspezifischen terroristischen Bedrohung umgehen. Das, was bei den Menschen Angst auslöst, sind die bekannten Dinge: Autobomben, so genannt schmutzige Bomben, Bombendrohungen in Gebäuden etc. Es ist schwer für eine Regierung, diesen Ängsten entgegenzuwirken; und nur wenige Dinge entpuppten sich als „negativ", also solche, die die Angst reduzieren oder dazu befähigen, mit einer Situation fertig zu werden.[126] Der Glaube an Gott, eine zeitnahe Information über die Medien und Kontakt mit Freunden und Familie reduzieren die Angst und ermöglichen eine bessere Bewältigung der Situation. Und dennoch richten sie gegen reale Terrorsituationen nicht viel aus. *RDE teilt der Regierung mit, dass ihre simplen Beschwichtigungen nicht die erwünschte Wirkung erzielen.*

Das ist aber noch nicht alles. Wenn wir die Zahl der Teilnehmer durch das Muster der Dinge teilen, die ihnen Angst machen, dann finden wir zwei radikal unterschiedliche und ungefähr gleich große Gruppen. Die erste Gruppe entspricht etwa den Erwartungen: Sie hat große Angst vor den so genannten terroristischen Standardbedrohungen. Diese Gruppe nennen wir die Traditionalisten.

126) Dies verlangt wiederum nach tiefer gehenden Forschungsaktivitäten, die ein breiteres Spektrum an Botschaften verwendet.

Angstauslösende Botschaften	Wert	Angst reduzierende Botschaften	Wert
Anzahl Testteilnehmer			121
Additionskonstante (grundlegende Disposition zur Angst und dem Gefühl, mit einer Situation nicht fertig zu werden)			19
Alle Teilnehmer			
Eine Bombe unter Ihrem Auto	21	Sie vertrauen darauf, dass Gott Sie beschützt	-3
Zünden einer radiologischen Bombe	20	Es ist wichtig, dass die Medien Sie auf dem Laufenden halten	-5
Bombeneinschlag mitten in einem Gebäude	15	Sie müssen Ihre Freunde und Familie kontaktieren, um sicher zu sein, dass alle wohlauf sind	-6
Segment 1: Traditionalisten			
Zünden einer radiologischen Bombe	39	Sie müssen Ihre Freunde und Familie kontaktieren, um sicher zu sein, dass alle wohlauf sind	-1
Eine Bombe unter Ihrem Auto	38	Es ist wichtig, dass die Medien Sie auf dem Laufenden halten	-2
Bombeneinschlag mitten in einem Gebäude	31	Sie glauben, dass das Heimatschutzministerium Homeland Security für Ihre Sicherheit sorgt	-3
Infizierung durch eine tödliche Krankheit wie Pocken oder das Anthrax-Virus	28		
Segment 2: Isolationisten			
Sie glauben, die UN-Truppen sorgen für Ihre Sicherheit	34	Ihre Familie und Freunde spielen in Ihrem Leben eine große Rolle	-5
Sie glauben, dass die internationale Zusammenarbeit mit den Vereinten Nationen für Ihre Sicherheit sorgen	33	Es ist wichtig, dass die Medien Sie auf dem Laufenden halten	-7
Sie glauben, dass das Heimatschutzministerium Homeland Security für Ihre Sicherheit sorgt	20	Sie würden so weit weg wie möglich fahren, um wegzukommen.	-7
Sie glauben, dass die Seuchenschutzbehörde Center for Desease Control and Prevention für Ihre Sicherheit sorgt	18	Sie vertrauen darauf, dass Gott Sie beschützt	-10
Sie glauben, dass Ihre lokale Polizei für Ihre Sicherheit sorgt	14	Sie müssen Ihre Freunde und Familie kontaktieren, um sicher zu sein, dass alle wohlauf sind	-11

Tabelle 9.2 *Die am stärksten angstauslösenden (links) und Angst reduzierenden Botschaften (rechts) zum Thema Terrorismus*

Die Mentalität der zweiten Gruppe kommt *völlig unerwartet.* RDE enthüllt, dass diese Gruppe (Segment 2) eine Riesenangst vor *der Erwähnung* externer Organisationen hat, die in Krisenzeiten Hilfe leisten. Die Nennung von Schutzorganisationen, von deren Erwähnung sich die Regierung einen beruhigenden Effekt auf die Bevölkerung erhofft (zum Beispiel: „Sie glauben, dass das US-

Heimatschutzministerium Homeland Security für Ihre Sicherheit sorgt" und „Sie glauben, dass die staatliche Seuchenschutzbehörde Center for Desease Control and Prevention für Ihre Sicherheit sorgt"), löst tatsächlich bei dieser Gruppe Panik aus, weil diese Menschen das als Hinweis auf die Größe der Gefahr werten. Wir waren wirklich überrascht! Dieses Segment reagiert sehr stark und zeigt über seine Bewertungen, dass es mit dieser Art der Kommunikation einfach nicht umgehen kann. Die Regierung muss ihre Botschaften an die Mitglieder dieses Segments - die weniger ängstlich auf Formulierungen reagieren, die mit Gott, Freunden und Familie zu tun haben - zurückhaltender wählen. Wir haben dieses Segment als Isolationisten bezeichnet.

Gewiss ist Terrorismus keine einfach zu bewältigende Situation. RDE deutet darauf hin, dass sich die Wahlbevölkerung bei politischen und angstauslösenden Themen in verschiedene Segmente beziehungsweise Mentalitäten unterteilt. Und was noch wichtiger ist: Mit Hilfe der RDE-Methode lassen sich einige Funktionsweisen des menschlichen Gehirns identifizieren und darstellen, auf welche Formen der Bedrohung diese Segmente reagieren; RDE gibt Empfehlungen darüber, welche Botschaften besser nicht kommuniziert werden sollten und kalkuliert die Wahrscheinlichkeit, dass die Kommunikation eine beruhigende Wirkung hat.

Segment 1, die Traditionalisten, haben eine beständige Angst vor den terroristischen Standardangriffen. Die Regierung muss immer und immer wieder versuchen, sie durch Worte der Sicherheit zu beruhigen.

Segment 2, die Isolationisten, reagieren sehr heftig, wenn die Regierung sie mit offiziellen politischen Maßnahmen zu beruhigen versucht. Isolationisten lassen sich dagegen von Botschaften, die sich auf Gott und die Familie beziehen, stärker beruhigen als Traditionalisten. Am besten werden hier sanfte Botschaften ausgesendet, wobei die Regierung in den Hintergrund rückt. Möglicherweise würde eine Betonung der Familie, der erfolgreichen Bewältigung einer Situation und des historischen Nationalcharakters hier die größte Wirkung erzielen.

Normative öffentliche Politik und der Angstindex über die Sorgen der Bevölkerung

Wir sind an eine Vielzahl von Indizes gewöhnt, die die verschiedenen Aspekte unseres Lebens charakterisieren: Inflation, Leitzins, Dow Jones und so weiter. Menschen lieben nun einmal Messgrößen. „Bin ich gut?" ist einer der Lieblingssätze, die jeder verwendet, von Ed Koch, dem ehemaligen Bürgermeister von New York über ein Unternehmen, das diese Frage seinen Kunden stellt bis zu einem Kind, das versucht herauszufinden, wie es in der Schule abschneidet.

Die meisten wichtigen Indizes, die für eine große Bevölkerungsgruppe von Interesse sind, werden von einer Regierung, einer Bildungs- oder privaten Einrichtung erstellt und von anderen Menschen verwendet. Zum Beispiel bietet der Index über das Verbrauchervertrauen, der Michigan Consumer Sentiment Index (MCSI), der jeden Monat vom Institute for Social Research (ISR) veröffentlicht und von professionellen und privaten Investoren für ihre täglichen Entscheidungen intensiv genutzt wird, eine Momentaufnahme der Konsumbereitschaft der Verbraucher. Hinter diesem und vielen anderen Indizes steht eine einfache und bezwingende Idee: Sie werden ein Mal (regelmäßig) von Profis erstellt und vielen Menschen für ihre vielfältigen Nutzungszwecke zur Verfügung gestellt. Natürlich funktioniert diese Strategie.

Ist es möglich, in Verbindung mit Datenbanken einen Index über die Empfindungen der Menschen hinsichtlich sozialpolitischer Entscheidungen zu erstellen? Je nach dem Blickwinkel, aus dem man dieses Thema betrachtet, könnte man das als Angstindex bezeichnen – wenn wir den negativen Aspekt akzentuieren wollen –, oder Index für soziale Neigungen – wenn wir den positiven Aspekt betonen wollen. Wie zuvor erwähnt, wird es vielleicht einmal möglich sein, eine neue Wissenschaft der normativen öffentlichen Politik zu begründen, die sich auf eine RDE-gesteuerte Denkweise stützt. In diesem Szenario würden Einrichtungen wie das ISR, Regierungsbehörden und Forschungsinstitute regelmäßig Datenbanken erstellen, die sich mit Kommunikationsformen oder Botschaften für verschiedene Bereiche der Gesellschaftspolitik befassen. Diese Datenbanken würden die Elemente und deren Gebrauchswerte für das gesamte Panel und die einzelnen Segmente (die so genannte Präferenzstrukturierung) enthalten. Andere Regierungsbehörden oder private Institutionen könnten diese Informationen abonnieren und in ihrer Arbeit verwenden. Dann könnte man bei jeder Kommunikation darauf vertrauen, dass sie in der Zielgruppe die erwünschten Ergebnisse auslöst. Ob Sie als Steuerbeamter einen Brief schreiben oder in der PR-Abteilung eines multinationalen Konzerns eine Meldung vorbereiten, die die Schließung einiger Werke ankündigt – Sie werden bei Ihrer Aufgabe von dem profunden Wissen über die Wahrnehmung und das Bewusstsein Ihrer Kunden unterstützt. Dieses Wissen sagt Ihnen zum Beispiel, welche Botschaften besser verstanden werden oder sogar Angst mindern können.

Wenn man die Vision auf breiterer Ebene betrachtet, lässt sich die RDE-Methode in Verbindung mit Gesellschaftspolitik vielleicht auf das Gebiet der Bildung und Ausbildung ausdehnen, etwa dahingehend, wie sich bestimmte Themen unterschiedlichen Studentengruppierungen am besten vermitteln lassen, zu welchen Beispielen sich leichter ein Bezug herstellen lässt, welche Worte verwendet werden sollen etc. Und welches ist die wirkungsvollste Methode zur Kommunikation Ihrer Botschaft, wenn Sie im Non-Profit-Bereich arbeiten? Es kommt nicht darauf an, ob wir diese Methode RDE, Mind Genomics oder PPP („Prescriptive Public Policy“[127]) nennen. Je mehr Menschen diese Datenbanken verwenden, desto kostengünstiger, breiter gefächert und wertvoller werden sie.

***

Da Allisons gesundes Unternehmen unter der Aufsicht kompetenter, loyaler Manager und Mitarbeiter wächst und gedeiht, hat Allison-die-Entrepreneurin plötzlich Freizeit. Nachdem sie karitative Einrichtungen schon jahrelang durch Spenden passiv unterstützt hat, erkennt Allison, dass sie sich in ihrer Gemeinde gerne auch aktiv engagieren würde. Sie beschließt, ihr umfangreiches Wissen über RDE auf Fundraising-Kampagnen anzuwenden. Zur Überraschung etlicher Leute (aber nicht zu Allisons Überraschung, weil sie das Vertrauen hatte, dass es klappen würde) sind die Ergebnisse spektakulär. Angespornt von den Mitgliedern ihres Fanclubs überlegt sie, für ein Regierungsamt zu kandidieren. Angesichts Allisons angeborenen Geschäftssinns, ihrer Beharrlichkeit und Beliebtheit, hat sie definitiv eine Chance. Sie muss nur wissen, wie sie die Menschen ansprechen muss. Ist das nicht das gleiche Problem, das sie zu Beginn des Buches hatte? Richtig, nur das Gebiet und der Kontext sind anders.

Allison ist bereit, sich der Herausforderung zu stellen und arbeitet an ihrer Plattform, die auf Basis der Ergebnisse ihrer RDE-Studien über ihre Wählerschaft ständig feinjustiert wird.

Der nächste Schritt ist das Design der Plakate mit Hilfe des grafischen RDE-Tools und der Entwurf eines sehr überzeugenden Mailings für Fundraising-Zwecke. Das kann Allison! Das hat sie zuvor schon für ihr Unternehmen getan, und zwar mit großem Erfolg. Allisons Unterstützer sind sehr optimistisch, was die bevorstehenden Wahlen betrifft. Sie wissen, dass die Wähler Allison ihre Stimme geben werden, wenn es ihr gelingt, die richtige Botschaft auszusenden. Allison hat einige hervorragende Ideen, wie sich das Leben ihrer Wähler verbessern lässt. Zudem verfügt sie über die Integrität und Energie, um diese Ideen auch umzusetzen. Ihre Unterstützer wissen, dass sie Substanz hat. Alles, was Allison tun

127) Normative öffentliche Politik (A.d.Ü.)

muss, ist, ihr Wissen und ihre Tools anzuwenden. Nun kann sie ihre Botschaften für die unterschiedlichen Wähler auf Basis der Demographie und der vorhandenen Mentalitäten anpassen und feinjustieren, um den jeweiligen Wählersegmenten ein Angebot zu unterbreiten, das sie kaufen werden.

Kapitel 10

RDE besiegt Murphys Gesetz und „entblößt“ die Aktienmärkte

Dem Büro für Geschichte der Edwards Air Force Base zufolge war Captain Edward A. Murphy ein Ingenieur, der an dem Luftwaffenprojekt MX981 arbeitete. Sein Ziel lautete, herauszufinden, wie viel plötzliche Entschleunigung ein Mensch bei einem Absturz aushalten konnte. Dieses Projekt wurde 1949 auf dem Luftwaffenstützpunkt Edwards Air Base durchgeführt, wo Murphy das Gurtsystem für einen raketenbetriebenen Schlitten entwickelte, der schneller als eine abgeschossene Kugel sein sollte. Der Test scheiterte, und die auf den Schlitten geschnallte Testperson, Dr. Paul Stapp, erblindete vorübergehend, weil – wie Murphy später herausfand – ein Wandler falsch herum eingebaut worden war. Murphy verfluchte den verantwortlichen Techniker und sagte, „Wenn es eine Möglichkeit gibt, etwas falsch zu machen, dann wird dieser Kerl sie finden.“

Murphys Kollegen hörten diesen Satz, und er entwickelte sich bald zu einem geflügelten Wort. In kürzester Zeit war er als „Murphys Gesetz“ in aller Munde. Kurz nach dem Unfall gab Dr. Stapp eine Pressekonferenz. Er sagte, das nachweislich hohe Sicherheitsniveau dieses Projekts sei dem festen Glauben an Murphys Gesetz zu verdanken sowie der Notwendigkeit, alles zu tun, der allgegenwärtigen Perversion der Natur entgegenzuwirken. Die Flugzeughersteller machten sich diesen Satz zu eigen und verwendeten ihn in den folgenden Monaten umfangreich in ihrer Werbung. Bald wurde daraus eine Redensart, die sich in zahlreichen Zeitschriftenartikeln und den Nachrichten wiederfand. Und damit war Murphys Gesetz geboren.[128]

Als weiterer Beweis für die Gültigkeit dieses Gesetztes stürzte im September 2004 die von Lockheed Martin entwickelte NASA-Forschungsrakete Genesis ab, weil ein Fallschirm versagte. Wie sich herausstellte, waren die Schalter, die das Öffnen des Fallschirms hätten auslösen sollen, falsch herum eingebaut worden.[129]

Es gibt nicht viele universelle Naturgesetze. Unglücklicherweise erwies sich Murphys Gesetz aber als eines von ihnen. Und es scheint keinen Bereich zu geben, der von ihm verschont bleibt. Untersuchen wir zum Beispiel die Unternehmenskommunikation. Sie erkennen sofort die Chancen, die sich hier für den Einsatz der RDE-Methode ergeben. Krisen lassen sich nicht vermeiden; so funktioniert die Welt nun einmal. Eine inkompetente und unachtsame Krisenkommunikation des Unternehmens oder der Regierung kann die Situation allerdings noch erheblich verschärfen statt sie zu entspannen. In den folgenden Beispielen wird anhand *einer unvorbereiteten Reaktion auf eine Krise demonstriert, wie viel Schaden entstehen kann, wenn eine Organisation nicht angemessen kommuniziert.*

Die internationale Automobilgemeinde begrüßte die Markteinführung der Mercedes-A-Klasse im Jahr 1997 mit großem Enthusiasmus. Doch mit einem Mal stand Mercedes vor einem gigantischen PR-Problem, als sich ein Auto der neuen A-Klasse während einer Testfahrt, die Journalisten in Schweden durchgeführt hatten, überschlug. Schnell war in den Medien davon die Rede, dass das Auto den „Elch-Test“ nicht bestanden habe. Diese Ereignisse und die entsprechende Medienberichterstattung lösten bei Mercedes eine größere Krise aus. Der Ruf des Mercedes-Sterns stand auf dem Spiel, da Kritiker dem Unternehmen vorwarfen, ein unsicheres Auto gebaut zu haben. Voreilige und unvorbereitete PR-Aktivitäten seitens Mercedes trugen zu einer weiteren Verschärfung der Krise bei, weil man nicht genau wusste, was man der Öffentlichkeit sagen sollte und dann *zur falschen Zeit das Falsche kommunizierte.*

Die Geschichte der PR-Pannen von Unternehmen und Regierungen, die es eigentlich besser wissen sollten, werden in diesem Kapitel nicht nur rein interessehalber erwähnt. Kathleen Fearn-Banks beginnt ihr oft zitiertes Buch *Crisis*

128) AFFTC History Office, Edwards Air Force Base, „Murphy's Law Was Born Here“, www.edwards.af.mil/history/docs_html/tidbits/murphy‹s_law.html.
129) Guy Gugliotta, „Switches Failed in Crash of Genesis: Errors Stymied Craft's Parachutes on Reentry“, *Washington Post*, 16. Oktober 2004.

Communication[130] mit Murphys Gesetz als Krisenbeschreibung. Zahlreiche Organisationen und Einzelpersonen gehen mit einer positiven Einstellung durch das Leben, in der Hoffnung, nichts Negatives würde sich je ereignen, wenn sie sich nicht mit negativen Gedanken beschäftigten. „Das ist absoluter Unsinn!", schreibt Fearn-Banks. „Eigentlich müsste der Slogan heißen ‚Think Negative.'" Fearn-Banks zufolge *können und werden* Krisen passieren. Im Gegensatz zu einer Problemsituation liegen in einer Krisensituation aber meistens die Nerven blank. Zudem überschlagen sich in einer Krise oft die Ereignisse, was rationale Überlegungen zusätzlich erschwert. Ein überaus wichtiger Teil des Krisenmanagements ist daher eine aktive, intelligente und gut vorbereitete Krisenkommunikation, das heißt, der Dialog zwischen der Organisation und der Öffentlichkeit vor, während und nach einem negativen Ereignis.

Welche Rolle spielt RDE in der Krisenkommunikation? Kann RDE die negativen Auswirkungen einer Krise auf Unternehmen abfedern und das Image der Organisation idealerweise sogar stärken? Kann RDE buchstäblich das Ruder herumreißen und aus einer drohenden Niederlage einen Erfolg machen und auf diese Weise die Wahrnehmung der Öffentlichkeit über das betroffene Unternehmen und womöglich sogar seinen Aktienkurs positiv beeinflussen?

Bisher haben die Bereiche Kaffee, Tomatensauce und Essiggurken, Zeitschriften, elektronische Geräte und politische Botschaften RDE ihre Geheimnisse preisgegeben und dadurch ihre Restrukturierung mit dem Ziel der Attraktivitätssteigerung ermöglicht. Nun wollen wir einen Blick auf eine andere Form der „Konstruktion" – die Meinungsbildung – werfen, und zwar insbesondere auf die Meinungsbildung in Krisensituationen. Anhand der Regeln, die sich daraus ergeben, wollen wir ein besseres Verständnis der Faktoren gewinnen, die den Verbraucher als Aktionär zum Kauf oder Verkauf einer Aktie bewegen. Nun könnte man meinen, dass diese beiden Themen nicht viel gemein haben, allerdings handelt es sich in beiden Fällen um potenziell erfahrbare mentale Aspekte der Wahrnehmung.

Das erste Thema dieses Kapitels handelt von der Kommunikation zur Energiekrise, das zweite Thema von der Kommunikation über Schmerzmittel und ihre Konsequenzen für den Kauf oder Verkauf von Pharmaaktien. Wir machen dabei eine kleine Anleihe in Kapitel 9 „Was passiert, wenn man Präsidentschaftskandidaten und Regierungsbotschaften aus der Produktperspektive betrachtet", aber nun bewegen wir uns mehr in Richtung der *Kommunikationsentwicklung im größeren Kontext der öffentlichen Meinung und der Finanzwelt.*

130) Kathleen Fearn-Banks, *Crisis Communications: A Casebook Approach* (Mahwah, New Jersey: Lawrence Erlbaum Associates, Inc., 2001).

Unternehmenskommunikation und der Finger am Puls der öffentlichen Meinung

Egal, welche Zeitung Sie heute aufschlagen, Sie werden mit Sicherheit einen Artikel zum Thema Energie finden. In einer zufällig ausgewählten Ausgabe der *The New York Times* wird dieses Thema insgesamt 15 Mal angesprochen.[131] Die Preise für Öl und Gas steigen und fallen, und im Fahrwasser dieser Preisschwankungen melden sich Experten mit allen möglichen Prophezeiungen zu Wort, die von einer unmittelbar bevorstehenden Wirtschaftskatastrophe bis zu einem nachhaltig dynamischen Heroismus der Bevölkerung und tapferen Bürgern reichen, die wie die Briten im 2. Weltkrieg dem Feind die Stirn bieten, sich durch nichts unterkriegen lassen, mit der Energieverknappung fertig werden und am Ende sogar alternative Energiequellen finden, die eine bessere Zukunft versprechen. Solche Zukunftsvisionen bescheren dem Zeitungs- oder Zeitschriftenleser, der als ängstlich gespannter Zaungast auf das Geschehen blickt und voller Sorge vom Spielfeldrand aus seine Kommentare abgibt, eine wunderbare Lektüre.

Nun wollen wir uns der Welt der Energieerzeuger, PR-Agenturen und Werbespezialisten widmen. Welche Informationen liefern sie der Öffentlichkeit? Was sagen diese Experten vor dem Hintergrund, dass sie die öffentliche Meinung verstehen und beeinflussen müssen? Und in welche Worte kleiden sie ihre Botschaften? Haben sie immer Recht? Wie behaupten sie sich in einer Welt, die sich ihrer Kontrolle entzieht und die sie mit chaotischen Situationen konfrontiert, über die sie auf Websites und in Pressemitteilungen überzeugende Botschaften kommunizieren müssen? *Sie wollen einfach die richtigen und für ihr Unternehmen angemessenen Botschaften aussenden, um die öffentliche Meinung zu beeinflussen.* Wie kann die RDE-Methode sie darin zu unterstützen?

Gehen wir einige Jahre zurück. Während der kalten Wintermonate Januar/Februar 2001, bevor der 11. September die Welt veränderte, machten sich gerade die ersten Energieprobleme bemerkbar. Kaliforniens besonderer Energieversorgermarkt, eine boomende Nachfrage und unvorhergesehene Stromausfälle führten zu einer brisanten Situation, in der schließlich staatlich geplante Stromabschaltungen drohten, um so einen Teil des Problemgemischs des kalifornischen Energiemarktes von 2001 vorübergehend zu lindern. Die US-Bürger machten sich Sorgen über die Verfügbarkeit von Energie, wie sie das in Krisenzeiten immer tun. Viele Augen richteten sich auf Kalifor-

131) *The New York Times*. 8. Januar 2006.

nien, um einen Eindruck davon zu bekommen, mit welchen Dingen man beim Auftreten einer möglichen breiten Energiekrise würde rechnen müssen. Die öffentlichen Energieversorger waren wiederum bestrebt, die Befürchtungen zu dämpfen und die drohende Krise des Verbrauchervertrauens einzudämmen. Die Frage lautete, was Energieversorger angesichts dieser Krise an ihre Kunden kommunizieren würden, ohne die Ernsthaftigkeit der Geschehnisse zu übertreiben.

Im Jahr 2001 hatte sich das Web bereits als Kommunikationskanal für die Bewerbung von Waren und Gütern sowie als meinungsmachendes Medium etabliert und sich längst von einer reinen Plattform für Produktinformationen zu einem PR-Instrument entwickelt. Das wirft die natürliche Frage auf, wie sich dieses Kommunikationsinstrument auf die gleiche Weise nutzen lässt wie andere Medien auch. Auf welche Weise können die konkreten Botschaften, die auf der Website eines öffentlichen Energieversorgers platziert werden, für eine höhere Akzeptanz der Energieversorger in der Bevölkerung sorgen beziehungsweise einer negativen öffentlichen Meinung entgegenwirken?

Bei einem öffentlichen Energieversorger reicht das Spektrum der Botschaften von konkreten Produktinformationen bis zu beruhigenden Worten über das Unternehmen und seine Leistung. Energieversorger wollen jedoch nicht nur das Vertrauen der Öffentlichkeit in ihre Leistungsfähigkeit bewahren, sie wollen vor allem ihre Energie verkaufen. Ihre Websites sind daher sowohl auf Kundenüberzeugung als auch auf Beruhigung der Bevölkerung aufgebaut.

Lassen Sie uns betrachten, was die verschiedenen Energieversorger damals kommunizierten, als in Kalifornien wiederholt die Lichter ausgingen. Tabelle

Carolina Power and Light	www.cplc.com
Con Edison	www.coned.com
Massachusetts Electric Company	www.masselectric.com
New York State Electric and Gas	www.nyseg.com
Orange and Rockland Utilities	www.oru.com
Pennsylvania Power and Light	www.pplweb.com
Reliant Energy Houston Lighting and Power	www.hlp.com
San Diego Gas and Electric	www.sdge.com
Southern Connecticut Gas	www.soconngas.com
Tucson Electric Power	www.tucsonelectric.com

Tabelle 10.1 *Websites der Energieversorger, die mit Hilfe von RDE dekonstruiert wurden, um die PR-Botschaften herauszufiltern*

10.1 listet diejenigen Energieversorger und ihre Websites auf, die das Rohmaterial für die Dekonstruktion der PR- und Kundenbeziehungsinitiativen liefern.

Wie bereits besprochen, mangelt es vielen Botschaften einfach an Wirkung. Diese Binsenweisheit gilt auch für die Branche der Energieversorger. In Krisenzeiten gibt es nur wenige Botschaften, die bei allen Empfängern auf eine positive Resonanz stoßen. Werfen Sie einen Blick auf Tabelle 10.2, die die besten allgemeinen PR-Botschaften für jedermann - Männer, Frauen und die drei charakteristischen Mentalitäten der Energiekunden - wiedergibt (auf Basis der Daten von 1.000 energiebesorgten Umfrageteilnehmern). Allein der Blick auf diese Tabelle gibt Unternehmen und ihren PR-Agenturen einige Hinweise auf das richtige Kommunikationsmanagement in Krisenzeiten:

Element	**Quelle der PR-Botschaft**	**Gebrauchswert**
Botschaften für alle Empfänger		
Service per Telefon, Internet, E-Mail oder durch persönliche Beratung ... wir stehen Ihnen immer zur Verfügung	Orange Rockland	5
Botschaften, die sich an Männer richten		
Service per Telefon, Internet, E-Mail oder durch persönliche Beratung ... wir stehen Ihnen immer zur Verfügung	Orange Rockland	6
Botschaften, die sich an Frauen richten		
Wir zeigen Ihnen, wie Sie Ihre Energiekosten senken können	Con Ed	8
Botschaften für Segment 1: Zuverlässigkeit		
Zuverlässige Energielieferung, die Millionen unserer Kunden auf der ganzen Welt bereits genießen	Penn P&L	8
Botschaften für Segment 2: Wahlfreiheit, Bescheid wissen, optimieren		
Hilfe bei hohen Energierechnungen	Con Ed	11
Wir zeigen Ihnen, wie Sie Ihre Energiekosten senken können	Con Ed	11
Senkung der Kosten für Klimaanlagen und Steigerung der Mitarbeiterzufriedenheit	Tucson Electric	9
Botschaften für Segment 3: Hilfe für Schwache und Benachteiligte		
Service per Telefon, Internet, E-Mail oder durch persönliche Beratung ... wir stehen Ihnen immer zur Verfügung	Orange Rockland	19
Senioren erhalten eine Vorzugsbehandlung	Con Ed	18
Spezielle Leistungen für Kunden über 62 Jahre	Con Ed	17
Anspruch auf Hilfe bei Energiefragen	S. Conn Gas	15
Senkung der Kosten für Klimaanlagen und Steigerung der Mitarbeiterzufriedenheit	Tucson Electric	15
Markierung der Gas- und Elektrogeräte für sehbehinderte Kunden	SD G&E	14

Tabelle 10.2 *Die Elemente der Energielieferung mit der größten Wirkung auf das gesamte Panel, nach Geschlecht und Mentalität (drei Segmente) (Ausschnitt aus den Gesamtdaten)*

- Es gab keine einzige PR-Botschaft, die von allen Teilnehmern einheitlich als positiv bewertet wurde. Die einzig vernünftigen Botschaften beziehen sich auf Serviceleistungen und eine Senkung der Energiekosten für Endverbraucher. Das ist nun keine große Überraschung - das wollen alle Kunden.
- Männer reagieren auf Service und Geld, Frauen hauptsächlich auf Geld.
- Der eigentliche Nutzen für die Unternehmens-PR resultiert aus der Unterteilung der 1.000 Umfrageteilnehmer in drei verschiedene Segmente.

Segment 1 will einen zuverlässigen Service. Die Mitglieder dieses Segments wollen Botschaften hören, die diese Zuverlässigkeit unmissverständlich signalisieren.

Segment 2 will Steuerungsmöglichkeiten. Dieses Segment will Bescheid wissen und das Gefühl haben, es könne seine Auswahl in der komplexen Welt der Energieerzeugung und -lieferung optimieren.

Segment 3 will das Gefühl haben, es habe einen Energieversorger ausgewählt, der überdurchschnittlich sozial ist, um *den Benachteiligten, älteren Kunden und anderen zu helfen.* Segment 3 ist besonders empfänglich für PR-Botschaften und stellt eine einflussreiche Zielgruppe dar, die sich anzusprechen lohnt.

Wie sich die RDE-Methode zur Antizipierung und Vorbereitung einer überzeugenden PR-Reaktion auf eine Krise einsetzen lässt

Krisen tauchen besonders gerne dann auf, wenn man sie am wenigsten erwartet. Gut, wenn man darauf vorbereitet ist. Die RDE-Methode forciert eine solche Vorbereitung. Wenn eine PR-Agentur lediglich mit Ideen aufwartet, von denen sie glaubt, sie könnten wirksam sein, deren positive Wirkung aber nie durch Tests verifiziert wurde, dann *können* diese Ideen erfolgreich sein, aber sie müssen es nicht. Solche Ideen tendieren zur Einseitigkeit - möglicherweise sind sie eine Reaktion auf ein isoliertes Problem in der Umgebung. Manchmal treffen die PR-Initiativen ins Schwarze, manchmal aber auch nicht. RDE zwingt zu einer Vergrößerung der Reichweite der PR-Anstrengungen, und das üblicherweise zum Nutzen aller Beteiligten.

Wie in den zuvor genannten Beispielen dieses Buches liegt der Schlüssel zur Optimierung der Öffentlichkeitsarbeit darin, zum richtigen Zeitpunkt der richtigen Zielgruppe die richtige Botschaft zu überbringen. Aber welches ist die richtige Botschaft? Unsere Daten über die verschiedenen Energieversorger, die zur Zeit der kalifornischen Energiekrise im Jahr 2001 erhoben wurden, weisen darauf hin, dass es nicht die eine „richtige" Botschaft gibt. Wenn die PR-Agentur jedoch die Kommunikation der verschiedenen Energieversorger dekonstruiert und dabei auf diejenigen Elemente achtet, die mit der gesellschaftlichen Verantwortung und der Bürgerfreundlichkeit der Energieversorger zu tun haben, dann wird sie schnell die verschiedenen Mentalitäten und Segmente entdecken (Zielgruppen für die Botschaften) und erkennen, mit welchen spezifischen Botschaften die einzelnen Segmente gewonnen werden können (Botschaftsinhalte).

RDE-Projekte *müssen nicht unbedingt während der Krise stattfinden.* Es kann wesentlich produktiver sein, das Umfeld mit kleinen Studien zu beobachten – sagen wir, alle drei Monate – und nur die Elemente zu verwenden, die bei Auftreten einer Krise als relevant eingestuft werden. Aufgrund der Disziplin dieser periodischen Beobachtungen, gefolgt von der eigentlichen Untersuchung, würde die PR-Agentur nun über eine Datenbank mit aktuellen Botschaften verfügen. Und nicht nur das, sie würde außerdem wissen, welche Botschaften bei welcher Zielgruppe eine positive Resonanz erzeugen. Dieses Wissen ist vor allem für solche Unternehmen von großem Wert, die in besonders risikoanfälligen Branchen oder Bereichen tätig sind und jederzeit in der Lage sein müssen, auf ungünstige Regierungsbeschlüsse oder Kundenreaktionen zu reagieren. *Der Wert sofort abrufbarer Informationen darüber, mit welcher Botschaft welche Zielgruppe in einer Krisensituation angesprochen werden muss, ist deutlich höher als die Kosten regelmäßig durchgeführter RDE-Studien.*

Der nackte Markt: Wie man an der Wall Street von Wissen profitieren kann

Damit der Börsenmarkt funktioniert, müssen Investoren unterschiedliche Sichtweisen über die Entwicklung einer Aktie haben. Welche Kommunikation über ein spezifisches Unternehmen veranlasst Investoren und Analysten, Aktien zu kaufen, zu verkaufen oder zu halten? Kann RDE dazu beitragen, diese Welt der Hoffnungen und Träume zu verstehen, in der auf Basis aller möglichen Botschaften in Sekundenschnelle millionenschwere Entscheidungen getroffen werden?

Ein Großteil der heutigen Aktienmarktsimulation bedient sich der Regeln, die sich aus dem Muster des Kursverlaufs einer Aktie ergeben, der so genannten Charttechnik. Manche Experten sagen, sie könnten je nach der Form des Kursverlaufs über einen bestimmten Zeitraum die wahrscheinliche weitere Entwicklung dieser Aktie bestimmen. Auch wenn sie vielleicht nicht in der Lage sind, leicht verständliche „Regeln" zu formulieren, funktionieren die Regeln der Wiedererkennung von Mustern recht oft.

Manchmal lassen sich unterschiedliche Situationen (die sich nicht notwendigerweise auf Krisensituationen beschränken) am Aktienmarkt modellieren, aber es gibt keine einfache Methode, mit der man die Reaktion der Menschen auf eine solche Situation vorhersehen und beeinflussen könnte. Oder doch?

Zwar haben wir im Allgemeinen mehr Vertrauen zu Experten und misstrauen der kollektiven Weisheit, dagegen argumentiert jedoch der Wirtschaftskolumnist des *New Yorker*, James Surowiecki, dass „Gruppen unter den richtigen Umständen kollektiv erstaunlich intelligent und oft klüger sind, als die klügsten ihrer Mitglieder.“[132] Surowiecki meint das intrinsische Wissen und die Weisheit der Menschen und nicht die Methoden zur Extraktion dieser Informationen durch die umstrittene Methode des Gruppen-Brainstormings (siehe Kapitel 8 „Mind Genomics: Was Verbraucher denken, wenn sie vor dem Regal stehen“). Auch wenn einige Anleger und selbst Experten vielleicht über ein großes individuelles Wissen verfügen, kann die eigentliche Weisheit in kleinen Mosaiksteinchen in den Köpfen vieler Menschen verteilt sein. Indem man ihre Reaktionen auf eine Frage einholt und den Durchschnittswert aus ihren Bewertungen ermittelt, kann man das „Signal“ aus dem „Lärm“ herausfiltern und so eine ziemlich korrekte Einschätzung treffen. Dieses Prinzip lässt sich gut anhand der Bitte demonstrieren, jemand möge durch eine wiederholte Rundzeichnung einen Kreis ziehen. Durch das mehrfache Übereinanderzeichnen einer Rundform ergibt sich bald eine schöne runde Kreiszeichnung, auch wenn sich unter den einzelnen gezeichneten Kreisen unschöne und unregelmäßige Ellipsen befinden. Die eigentliche Kreiszeichnung entsteht sozusagen aus einer Reihe grob gezeichneter Rundformen. Der Trick besteht hier in der Formulierung des Problems auf eine Weise, die die in der Masse verborgene Weisheit ans Licht bringt.

Verhaltensökonomie und Experimentalanalyse der Einstellungen: Welche Erkenntnisse sich aus dem Vioxx-Skandal ziehen lassen

Im Jahr 2004 kursierte plötzlich die Meldung, das Medikament Vioxx des Pharmakonzerns Merck, eines der stärksten Schmerzmittel auf dem Markt, sei möglicherweise mitverantwortlich für Herzattacken. Merck wurde vorgeworfen, einige der Nebenwirkungen dieses Präparats bewusst verschwiegen zu haben. Vioxx war bis dahin ein echter Blockbuster, der 2003 Umsätze in Höhe von 2,5 Milliar-

132) James Surowiecki, *The Wisdom of Crowds: Why the Many Are Smarter Than the Few and How Collective Wisdom Shapes Business, Economies, Societies and Nations* (New York: Doubleday 2004).

den Dollar erzielt hatte. Es galt bis zu diesem Zeitpunkt als sichere Alternative zu Medikamenten wie Aspirin, das dafür bekannt ist, dass es Magengeschwüre und gastrointestinale Blutungen auslösen kann. Erwartungsgemäß kam es zu heftigen Reaktionen auf diese Enthüllungen: Einzel- und Sammelklagen gegen Merck, eine negative Publicity, offizielle Stellungnahmen seitens Merck und anderer Pharmakonzerne aus dem Schmerzmittelsektor und natürlich der unvermeidliche Einbruch der Merck-Aktie sowie der Aktienkurse anderer Pharmahersteller.

Und das wurde auch in den Medien entsprechend ausgeschlachtet. *The New York Times* berichtete in den folgenden 15 Monaten nach der verhängnisvollen Meldung im Oktober 2004 mehr als 400 Mal über den Vioxx-Skandal. Wie erwartet, fanden sich die negativen Nachrichten in verschiedenen Stellungnahmen der Behörde für Nahrungs- und Arzneimittel FDA wieder, auf die die Pharmahersteller ihrerseits mit konkreten und allgemeinen Gegendarstellungen reagierten. Jeder, der Aktien eines Pharmakonzerns besaß, war von diesen Markterschütterungen betroffen: Die Aktienkurse der Pharmahersteller fielen in den Keller, wobei Merck die größten Kursabschläge erlitt.

Die Frage, die sich uns hier stellt, ist, wie RDE in einer solchen Situation nutzbringend angewendet werden kann, in der es bei der Bewertung nicht länger um allgemeine „Akzeptanz“ geht, sondern nur noch um „verkaufen, halten oder kaufen“. Wenn ein Aktionär (oder zum Beispiel Manager eines Hedgefonds) eine Vignette über eine Stellungnahme der FDA und die Reaktion des Unternehmens liest und die Vignette hinsichtlich seiner Neigung bewerten soll, die Aktie zu verkaufen, zu kaufen oder zu halten, gibt es dann eine Methode, die wahrscheinliche Reaktion des Aktionärs zu bestimmen? Wenn es uns gelingt, eine solche Methode zu entwickeln, könnte RDE ein neues Anwendungsgebiet in der *Vorhersage des erklärten Anlegerverhaltens* mit Bezug auf bestimmte Aktien finden. Ein solches RDE-basiertes Verhaltensmodell gegenüber Aktien liefert einen neuen Regelkatalog darüber, wie ein Anleger das Mosaik der öffentlich zugänglichen Informationsbruchstücke in seine Kauf- oder Verkaufsentscheidung einfließen lässt.

Die Abfolge der einzelnen Schritte einer RDE-Studie wurde wiederholt dargestellt. Hier wollen wir bei der Präsentation der Daten aus dieser Fallstudie etwas langsamer vorgehen, weil sie einige Feinheiten enthält, auf die es sich einzugehen lohnt.

Wie in Kapitel 5 am Beispiels eines E-Zines dargestellt, wollen wir zunächst mit der Dekonstruktion von Botschaften beginnen, wobei wir hier allerdings einige Änderungen vornehmen, auf die noch hingewiesen wird.

Schritt 1: Definition des Problems und Vorbereitung des Materials

Das Problem besteht darin, die Beziehung zwischen den erwarteten zukünftigen Aktienkäufen und gewissen Formen der öffentlich zugänglichen Information zu verstehen. In unserem Fall bestehen die öffentlichen Informationen aus der Marke, den Stellungnahmen der FDA zu den Vorkommnissen rund um das Schmerzmittel, der direkten Unternehmenskommunikation über die ergriffenen Maßnahmen zur Lösung des Problems und schließlich die Kommentare anderer Pharmaunternehmen zu dem Schmerzmittelskandal. Diese Art der Information beeinflusst *vermutlich* die Meinung der Menschen über das Unternehmen, seine zukünftige finanzielle Performance und somit über den geschätzten zukünftigen Unternehmenswert. Zum größten Teil ist das eine faire und vernünftige Annahme, auch wenn es nicht die ganze Story ist.

Wir begannen mit der *Identifizierung der Unternehmen und Marken.* Wir wollten über Mercks Vioxx hinaus auch andere hoch wirksame Schmerztabletten und rezeptfreie Schmerzmittel untersuchen. Im Wesentlichen betrachteten wir die verschiedenen Schmerzmittelhersteller als Mitglieder eines Ökosystems, das durch eine Krise in Aufruhr geraten ist.

Als Nächstes *sammelten wir die Botschaften, die auf den Unternehmenswebsites veröffentlicht waren.* Wir begrenzten unsere Suche auf die Art Information, wie sie ein Investor mit Hilfe von Google finden kann und die wahrscheinlich die erste Wahl eines Aktionärs oder professionellen Investors ist. Aus dieser Übung erhielten wir viele hundert Aussagen.

Dann reduzierten wir die Informationen auf eine begrenzte Anzahl an Aussagen. Dabei musste darauf geachtet werden, dass diese Aussagen die Information und Tonalität widerspiegelten, die man typischerweise in Regierungsmitteilungen (oder FDA-Stellungnahmen) beziehungsweise von der Investor-Relations-Abteilung des betroffenen Unternehmens findet. Von einem Aktionär sollte man erwarten, dass er solchen Aussagen Aufmerksamkeit schenkt. Durch die Auswahl von Elementen, die auf Unternehmens- und Nachrichtenwebsites auftauchten, konnten wir sichergehen, dass alle Informationen berücksichtigt waren, auf die ein Anleger bei einer Internetrecherche über ein Unternehmen stoßen würde. Allerdings können wir nicht sicher sein, dass der Anleger diese spezifischen Botschaften außerhalb dieser Umfrage tatsächlich gesehen hat. Die Information „liegt jedoch in der Luft“ und bildet einen Teil der Geräuschkulisse, auf die Analysten und Aktionäre üblicherweise achten.

Schritt 2: Mischung und Neukombination der Elemente gemäß den Vorgaben des Experimentaldesigns zur Erstellung von Vignetten

Diesen Schritt macht das RDE-Tool automatisch. Wir wissen, dass es für jeden Umfrageteilnehmer ein einzigartiges Design entwirft. Jede Vignette wird von der Frage über ihre Bewertung begleitet. In diesem Fall wurden die Teilnehmer gefragt, *ob sie die Aktie auf Basis der in den Vignetten enthaltenen Informationen kaufen, halten oder verkaufen würden.*

Die verschiedenen Vignetten enthielten teils unterschiedliche Unternehmensnamen; in einigen tauchten dagegen gar keine Namen auf. Die Umfrageteilnehmer entscheiden also diesmal über Kauf und Verkauf – was letztlich auch nur eine andere Form der Bewertung ist.

Gewinnung von Umfrageteilnehmern und Einholen ihrer Bewertung

Da es in der Bevölkerung zahlreiche Anleger gibt, die über Investitionsvermögen verfügen, war es ziemlich einfach, geeignete Teilnehmer zu finden. In dieser Studie bezog sich eine der Fragen zur Klassifizierung der Teilnehmer auf die Investitionssumme, damit die Daten nach Anlegern mit niedriger Anlagesumme und Anlegern mit einem hohen Anlagevermögen separat analysiert werden konnten. Bei diesem Projekt konzentrierten wir uns auf die breite Bevölkerung mit einer Investitionssumme von mindestens 5.000 Dollar. Die Teilnehmer wurden über eine E-Mail-Einladung mit den Worten gewonnen, sie würden an einer Untersuchung über medizinische Kommunikation teilnehmen.

Das konkrete Thema der Befragung wurde den Teilnehmern erst bei der eigentlichen Einführung mitgeteilt. Wir führten die Umfrageteilnehmer auf diesem indirekten Weg an das Projekt heran, weil wir keine Aufmerksamkeit darauf lenken wollten, dass wir in Wahrheit an dem zukünftigen Investitionsverhalten im Hinblick auf den Aktienerwerb interessiert waren. Daher positionierten wir die RDE-Umfrage als Methode zum richtigen Umgang mit Reaktionen auf die Ergebnisse klinischer Tests, um das wahre Ziel der Studie zu verschleiern.

Analyse der Studienergebnisse und Identifizierung der Botschaften, die die Entscheidung über den Kauf oder Verkauf einer Aktie maßgeblich steuern

Bis jetzt haben wir uns mit Messgrößen für Interesse beschäftigt – dem Prozentsatz an Umfrageteilnehmern, die an einer neuen Produktidee oder Kommunikation interessiert ist. Bei Aktien sind wir an beiden Seiten der Skala interessiert, das heißt der *Intensität des Gefühls* derjenigen, die kaufen oder verkaufen wollen. Veranlasst eine bestimmte Botschaft oder ein bestimmter Marken-/Unternehmensname einen Anleger zum Kauf oder Verkauf? Da jedes Konzept höchstens einen Unternehmensnamen enthielt, können wir davon ausgehen, dass sich die Kauf-/Verkaufsbewertung auf die Aktien dieses Unternehmens bezieht.

Die entsprechenden Daten sind in Tabelle 10.3 zusammengefasst, die die treibenden Kräfte für jede Botschaft anzeigt. Mitteilungen der FDA-Behörde allein

	Element	Kaufen (+) / Verkaufen (-)
	Additionskonstante (Kauf- bzw. Verkaufsneigung ohne zusätzliche Information)	35
Silo Nr. 1: Schmerzmittelmarke und Pharmahersteller		
A6	ADVIL von Wyeth	7
A5	ALEVE von Bayer	6
A2	CELEBREX von Pfizer	-2
A3	VIOXX von Merck	-7
Silo Nr. 2: FDA-Stellungnahmen		
B4	Die Behörde ist der Auffassung, dass der Nutzen insgesamt größer ist als die Risiken, wenn das Medikament ausgewählten Patienten gemäß den genehmigten Anwendungshinweisen verabreicht wird.	2
B5	Die Behörde empfiehlt Ärzten, nach alternativen Therapien für ihre Patienten zu suchen.	-3
Silo Nr. 3: Die nach eigenen Aussagen geplanten Initiativen oder nächsten Schritte des Unternehmens		
C4	Der Hersteller wird weiterhin mit der FDA zusammenarbeiten, um eine breit angelegte klinische Studie zur weiteren Bewertung dieses Medikaments durchzuführen.	3
C2	Das Medikament wurde vom Markt genommen, nachdem das Unternehmen erhöhte kardiovaskuläre Risiken bei Patienten festgestellt hat, bei denen ein Behandlungszeitraum von 18 Monaten überschritten wurde.	-6
Silo Nr. 4: Faktenbasierte Aussagen über das Produkt oder Erkenntnisse		
D1	Wir stimmen mit der FDA überein, dass es sich bei diesem Medikament um ein sicheres Schmerzmittel handelt. Die empfohlene Dosis sollte jedoch nicht überschritten werden und das Medikament sollte nicht länger verabreicht werden, als ärztlich verordnet	6

Tabelle 10.3 *Beispiele an Elementen für die Kommunikation über Schmerzmittel (Ausschnitt aus den Gesamtdaten). Die Additionskonstante entspricht dem durchschnittlichen Level der Reaktion „kaufen“ (>50) beziehungsweise „verkaufen“ (<50), wobei „halten“ bei 50 liegt. Die eigentlichen Werte geben Aufschluss über die Stärke der Botschaft, die den potenziellen Anleger entweder zum Kaufen (positive Gebrauchswerte) oder Verkaufen (negative Gebrauchswerte) veranlasst.*

veranlassen keine Käufe oder Verkäufe. Marken und Unternehmen spielen bei erwarteten Kauf-/Verkaufsentscheidungen eine viel größere Rolle. Zum Beispiel beflügelt die Nennung des Schmerzmittels Advil das Interesse an den Aktien des Herstellers Wyeth. Im Gegensatz dazu senkt das Merck-Produkt Vioxx das Kaufinteresse. Außerdem: Auch wenn Stellungnahmen der FDA nicht viel bewirken, bewirken die Unternehmensreaktionen umso mehr. *Für den Anleger kann es entscheidend sein, was das Unternehmen nach eigenen Angaben unternimmt.* Eine „ausreichend schnelle" Unterstützung der Stellungnahme der FDA, verbunden mit der Veröffentlichung von Warnhinweisen zur Verabreichung des Medikaments, kann die erwartete Kaufneigung steigern. Beispiel: „Wir stimmen mit der FDA überein, dass es sich bei diesem Medikament um ein sicheres Schmerzmittel handelt. Die empfohlene Dosis sollte jedoch nicht überschritten werden, und das Medikament sollte nicht länger verabreicht werden, als ärztlich verordnet."

Reagieren Aktien unterschiedlich auf dieselbe Kommunikation, und was könnte das bedeuten?

Bisher haben wir unsere RDE-Daten als eine große Datenmasse betrachtet – möglicherweise unterteilt in verschiedene mentalitätsbezogene Segmente. Auf diese Weise entdecken wir Regeln, aber wir finden nicht heraus, welche Botschaften für einen bestimmten Pharmahersteller geeignet sind, um die erwarteten Aktienkäufe zu steigern. Das heißt, wir wissen, was *im Allgemeinen* funktioniert. Aber angenommen, wir wären daran interessiert zu erfahren, wie sich die Botschaften auf die Bewertung bestimmter Unternehmen wie zum Beispiel Merck auswirken. Auf welche Weise beeinflussen die Botschaften die Entscheidung, Merck-Aktien zu kaufen oder zu verkaufen? Gibt es Botschaften, die besonders dazu angetan sind, Verkäufe auszulösen? Und umgekehrt, gibt es Botschaften, die zu vermehrten Käufen führen? Wenn RDE die spezifischen *Interaktionen* zwischen dem Unternehmensnamen und der Kommunikation aufdecken kann, haben wir möglicherweise ein Instrument, mit dem wir prognostizieren können, wie sich das Anlegerverhalten gegenüber einer bestimmten Aktie aufgrund der Kommunikation wahrscheinlich verändern wird.

Wir verwenden diesen vereinfachten Ansatz, um herauszufinden, welche Botschaften eine positive Resonanz erzeugen. Dazu teilen wir die Konzepte beziehungsweise Vignetten durch die spezifischen Unternehmensnamen. Jede Einzelanalyse betrachtet lediglich die Konzepte, die den Namen eines spezifischen Pharmaherstellers enthält. Auf Basis dieser Teilmenge erzeugt RDE ein Modell, das aufzeigt, welche weiteren Botschaften in Konzepten, die nur ei-

	Pfizer	Merck	Bayer	Wyeth
Art der Botschaft: Was die FDA verlauten lässt				
Die FDA teilt mit, dass sie alle Präventionsstudien evaluiert, an denen dieses Medikament beteiligt ist, um sicherzustellen, das adäquate Vorkehrungen getroffen werden.	2	-2	-2	2
Der Interimsleiter der FDA verkündet, die Behörde sei über die Sicherheit der gesamten Arzneimittelkategorie besorgt.	1	2	-5	-2
Art der Botschaft: Was das Unternehmen über seine geplanten Maßnahmen mitteilt				
Auch wenn wir der Überzeugung sind, dass es möglich gewesen wäre, das Medikament unter einer neuen Kennzeichnung mit neuen Daten zu vermarkten, sind wir angesichts der vorhandenen alternativen Therapiemöglichkeiten und der Fragen, die die Daten aufgeworfen haben, zu dem Schluss gekommen, dass eine Rücknahme des Medikaments vom Markt die verantwortungsvolle ...	-4	-9	3	4
Nachdem das Unternehmen ein erhöhtes kardiovaskuläres Risiko bei Patienten festgestellt haben, die das Medikament länger als 18 Monate eingenommen haben, wurde das Medikament vom Markt genommen.	5	-2	8	9
Der Hersteller hat für ein anderes Medikament dieser Medikamentenklasse in zahlreichen Ländern, darunter auch die USA, die Zulassung beantragt.	-9	-9	6	6
Der Hersteller wird weiterhin mit der FDA zusammenarbeiten, um eine breite klinische Studie zur weiteren Bewertung dieses Medikaments zu initiieren.	0	-10	6	7
Das Unternehmen hat alle Werbemaßnahmen eingestellt, nachdem die FDA den Hersteller aufgefordert hat, die Verbraucherwerbung für dieses Medikament zu stoppen, solange die Behörde neue und widersprüchliche Informationen prüft.	1	-3	8	13
Der Hersteller kündigte an, dass das Medikament mit einem neuen Warnetikett versehen wird, darunter ein ausdrücklicher Hinweis, der auffällig schwarz gerahmt wird.	0	-7	5	8

Tabelle 10.4 *Wie Botschaften die Entscheidung über den Kauf oder Verkauf der Aktien bestimmter Pharmakonzerne beeinflussen*

nen einzigen Unternehmensnamen enthalten, eine positive oder negative Resonanz erzeugen.[133] Die übrigen Botschaften variieren und stammen entweder von der Regierung und beziehen sich auf Entdeckungen oder Richtlinien (der FDA), oder vom Unternehmen selbst (geplante Gegenmaßnahmen). *Bei dieser Unterteilung und Modellierung entdecken wir schnell, dass die gleiche externe Kommunikation – also eine Stellungnahmen der FDA – unterschiedliche Kauf- beziehungsweise Verkaufsreaktionen auslöst, je nachdem, mit welchem Unternehmen diese Botschaft verknüpft wird.* Werfen Sie in Tabelle 10.4

133) Alex Gofman, „Emergent Scenarios, Synergies, and Suppressions Uncovered Within Conjoint Analysis“, *Journal of Sensory Studies* 18(3) (2006): 343-414.

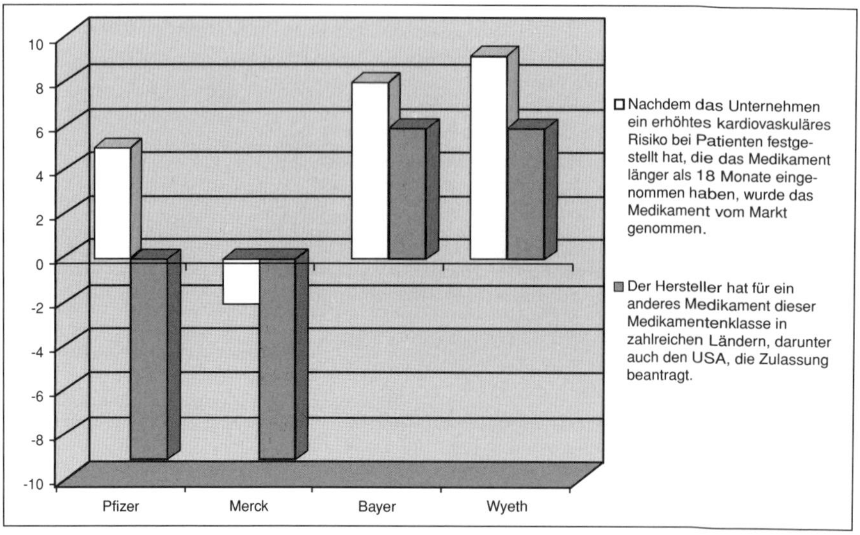

Abbildung 10.1 *Beispiel für unterschiedliche Kaufneigungen als Reaktion auf verschiedene Unternehmenskommunikationen der vier Unternehmen. Dieselbe Botschaft hat eine völlig unterschiedliche Wirkung, je nachdem, mit welchem Unternehmen / welcher Marke sie verknüpft wird.*

einen Blick auf einige der besonderen Interaktionseffekte, die für die zukünftige Aktienentwicklung so viel bedeuten können. Wenn die FDA zum Beispiel bekannt gibt, dass sie „alle Präventionsstudien evaluiert", tendieren die Umfrageteilnehmer zum Verkauf der Merck-Aktie und zum Kauf der Wyeth-Aktie. Wenn die FDA jedoch sagt, sie sei „besorgt über die Sicherheit von Schmerzmitteln generell", dann geschieht genau das Gegenteil. Merck schneidet besser ab, wenn Schmerzmittel als ganze Medikamentenkategorie in Frage gestellt werden.

Wir sehen, dass die Reaktionen des Unternehmens auf eine Krisensituation einen größeren Einfluss auf die erwartete Kauf-/Verkaufsentscheidung haben als Mitteilungen der FDA. Je nach Unternehmen kann dieselbe Reaktion den erwarteten Aktienkauf oder -verkauf forcieren. Wenn die Antwort des Unternehmens zum Beispiel lautet, „Der Hersteller wird weiterhin mit der FDA zusammenarbeiten, um eine breite klinische Studie zur weiteren Bewertung dieses Medikaments zu initiieren", führt dies bei Merck zu vermehrten Verkaufsabsichten, bei Bayer und Wyeth hingegen zu einer stärkeren Kaufneigung. Abbildung 10.1 liefert eine beeindruckende grafische Darstellung dieser Interaktion zwischen Unternehmen/Marke und PR-Botschaft.[134]

Diese Art der Analyse eröffnet der RDE-Methode ein ganz neues Anwendungsgebiet. Anstatt sich mit der Entwicklung von Produkten und Botschaften zu beschäftigen, wird RDE nun zu einem potenziellen neuen Instrument für das Kommunikationsmanagement. Noch vielversprechender ist jedoch der Umstand, dass RDE zu einem Instrument wird, mit dem Investoren die Wahrscheinlichkeit einer bestimmten Verbraucherreaktion auf die Krisenkommunikation eines Unternehmens einschätzen können.

Eine Zukunftsvision: Der gut vorbereitete Hedgefonds

Ist es möglich, ein System zu entwickeln, das das Web in regelmäßigen Abständen auf Botschaften für ein bestimmtes produktorientiertes Thema durchsucht und diese Botschaften Fondsmanagern und Aktionären zur Bewertung vorlegt? Wem eine Bejahung dieser Frage abwegig erscheint, sollte bedenken, dass die meisten Komponenten dieser Vision bereits vorhanden sind: Eine wachsende Zahl an Unternehmen und Technologien widmen sich der Aufgabe, das Web nach neuen Ideen zu durchsuchen, und Webspider und Roboter der unterschiedlichsten Sorte kriechen schon längst durch das Web (möglicherweise ohne Ihr Wissen selbst durch Ihren Computer – allerdings ist das illegal). Um ein Beispiel zu nennen: Das israelische Unternehmen Trendum kündigte die Einführung eines Services an, der in kurzen Abständen das Web durchforstet, um zu bestimmen, wie sich Ideen weiterentwickeln und wie die Medien ihre Storys präsentieren.

Wir können uns nun den offensichtlichen nächsten Schritt vorstellen. Spezialisierte Web-Mining-Spider entdecken den Text für ein bestimmtes Thema, egal, ob es sich dabei um Schmerzmittel, iPods oder irgendetwas anderes handelt. Mit Web-Spidern lässt sich beinahe alles auffinden.

Wenn dieses Material zur Verfügung steht, besteht der nächste Schritt darin, die Information in Silos und Elemente zu organisieren, so wie es im Verlauf dieses Buches wiederholt beschrieben wurde. Diese Strukturierung ist nicht sehr schwer, auch wenn die Informationsfülle wahrscheinlich eine umfangreiche Filterung erfordert. Schließlich – und hier sprechen wir von einem Zeit-

134) Siehe auch Howard Moskowitz und Alex Gofman, „Bare Market: Uncover Algebra of the Stock Market Mind", *Marketing Research* 18(3) (Herbst 2006): 8-14.

raum von etwa einem Tag – ist der Suchprozess im Internet abgeschlossen, die Kernbotschaften für den betreffenden Sektor oder die Produktgruppe sind ausgewählt, und die Testbotschaft ist in das RDE-Tool eingespeist.

Der nächste Schritt ist genau derjenige, den wir hier unternommen haben: Senden Sie das RDE-Interview an Aktionäre oder Analysten, und bitten Sie sie, die Vignetten zu lesen und auf jede Vignette zu antworten, ob sie die betreffende Aktie kaufen, halten oder verkaufen würden. Diese Aufgabe ist völlig unkompliziert, die Ergebnisse werden quasi über Nacht geliefert, und zwar vollständig analysiert in Form eines maßgeschneiderten Modells über die Einschätzungen und Gefühle der befragten Zielgruppe gegenüber einem bestimmten Sektor oder einer bestimmten Produktkategorie.[135]

Abgesehen von der Einfachheit dieser Methode muss aber ein weiterer Faktor berücksichtigt werden: die Skalierbarkeit. Das automatische Durchsuchen des Webs bedeutet, dass die Möglichkeiten des Computers zum Auffinden des Rohmaterials und des neu entstehenden Instruments der Content-Analyse für eine Sortierung voll ausgeschöpft werden können. Durch leicht erstellbare RDE-Mustervorlagen ist die Wissensgewinnung über die Reaktion von Aktionären oder Analysten schnell und kostengünstig. Jeder, der in der Durchführung von RDE-Projekten geschult ist, kann sie problemlos verwenden, wobei man kein Experte sein muss. Und schließlich geben die leicht verständlichen Ergebnisse – welche Botschaften erfolgreich sind und welche nicht, sowie die Interaktion zwischen Marken und Kommunikation – den Aktienanalysten und Aktionären einen Eindruck von der wahrscheinlichen Reaktion der Menschen. Die *Stimme des Volkes*, die Gefühle, die die Anleger einer bestimmten Aktie gegenüber hegen, lassen sich dann mit den Empfehlungen der Analysten abgleichen. So lässt sich bestimmen, wo Investitionschancen liegen und wo Analysten Prognosen treffen, die der Einschätzung der Masse der Anleger widerspricht.

Alles in allem wartet hier eine interessante Chance, die mit RDE durchaus zu einer wissensbasierten Realität werden kann.

***

135) Alex Gofman, Howard Moskowitz, Samuel Rabino und Don Lowry, „Stock Market Activity: Market Research Meets Applied Economics“, in *Proceedings: 2006 ESOMAR Congress in London*, London, 2006.

Und was macht Allison-die-Entrepreneurin derzeit? Nach langen, schlaflosen Nächten hat sie beschlossen, ihr Unternehmen an die Börse zu bringen, und das aus den gleichen bekannten Gründen, aus denen Tausende anderer Unternehmen das auch getan haben. Gut für Allison! Nun hat sie neben ihren normalen Geschäftsproblemen aber neue Sorgen, zum Beispiel wie sie mit einer möglichen Krisensituation umgeht, vor allem in der hoch sensiblen Zeit vor einem Börsengang. Die Medien und Wettbewerber sind Verlierern gegenüber oft nachsichtig. Zu Siegern sind sie hingegen nicht so freundlich; vielmehr werden diese üblicherweise mit der Lupe untersucht, um mögliche Fehltritte aufzudecken. Allison ist wie vom Donner gerührt angesichts der ständigen Rechtsstreitigkeiten gegen ihre Branchenkollegen, die mal fundiert und mal an den Haaren herbeigezogen sind. Könnte sie das nächste Opfer sein? Inwieweit würde das ihren Plan eines IPO beeinträchtigen? Kann sie bereits einige Ad-hoc-Reaktionen auf wahrscheinliche Problemszenarien in ihrem Geschäftsfeld vorbereiten? Wenn eine Krise eintritt und sie sofort und effektiv (sprich: korrekt) reagieren kann, könnte sie die Situation retten.

Schon die Vorstellung einer solchen Krise lässt Allison erschauern. Sie hat immer vermieden, überhaupt nur darüber nachzudenken. Andererseits hat sie während ihrer RDE-Studie über Krisenreaktionen gemerkt, dass sie durchaus einige Schritte unternehmen kann, um eine potenzielle Krise zu verhindern oder wenigstens richtig zu managen. Das war ein Überraschungsbonus: Die disziplinierte Vorbereitung, die sie sich angewöhnt hat, zwang sie, eingehender über dieses Problem nachzudenken. Und ein richtig identifiziertes Problem ist schon die halbe Lösung! Also beschließt Allison, diese Studie regelmäßig durchzuführen, damit sie einerseits weiß, wie sie ihre Kommunikation gestalten muss und andererseits, welche vorbeugenden Maßnahmen sie treffen kann.

Sie denkt nun über den Versuch nach, durch eine Simulation verschiedener Marktszenarien und ihrer Unternehmensnachrichten den richtigen Zeitpunkt für den Börsengang zu bestimmen. Wer weiß? Sie könnte damit durchaus Erfolg haben ...

Kapitel 11

Asia Calling, Ltd.: Die China-Perspektive

Die sehr freie Übersetzung einer russischen Redensart besagt, dass man mit bloßen Händen keinen Schlag mit einem schweren Ziegelstein (englisch: „brick") abwehren kann. Auf die heutige Realpolitik übertragen, sind also die erwachenden Wirtschaftsriesen, die gern als BRIC (Brasilien, Russland, Indien, China) bezeichnet werden, wie schwere Ziegelsteine, die den westlichen Ländern empfindliche Schläge beizubringen drohen. Es ist wahr, dass ein direkter Schlag mit einem Ziegelstein zu einem Knock-out führt. Es gibt allerdings Kampfsportarten, mit denen sich ein solcher Schlag abwehren lässt. Dazu erkennen die Kämpfer – zumindest in den Jacky-Chan-Filmen –, die von bösen Rächern mit viel roher Kraft herausgefordert werden, dass sie agiler, trainierter, klüger und besser vorbereitet sein müssen, als ihre Feinde. Sie müssen kompetenter sein, eine bessere Wahrnehmung haben und sich schneller und geschickter an die Taktiken der Angreifer anpassen, als diese ihrerseits in der Lage sind. Die Fähigkeit, seinen Gegnern stets einen Schritt voraus zu sein, kann den Unterschied zwischen Leben und Tod bedeuten.

China und auch die anderen drei „BRIC-Länder", die sich gerade von den Produktionshinterhöfen der Welt zu einflussreichen Wirtschaftsmächten entwickeln, sind mit ihrer derzeitigen Rolle nicht zufrieden. Inzwischen haben chinesische Hersteller gelernt, wie man verschiedene Produkte effizient herstellt und dabei ständig die Produktqualität verbessert. Als Nächstes werden chinesische

Unternehmen ihre eigenen Produkte entwickeln und herstellen, und zwar sowohl für den Inlandsmarkt als auch für den Export. Das China von heute zeigt als Nation einen zunehmenden Ehrgeiz. Die Chinesen geben sich nicht länger mit der Rolle des Billiganbieters von Produktimitationen zufrieden. China will lernen, Produkte zu entwickeln wie der Westen und diese Produkte noch besser, stylisher, günstiger und damit bedrohlicher für den Westen machen. Um es mit den Worten von Michael Dunne, Präsident der Unternehmensberatung Automotive Resources Asia auszudrücken: „Die Chinesen sind die diversen Joint Ventures mit einem einzigen Zweck eingegangen: um zu lernen, wie sie all das eines Tages selbst machen können. Dieser Tag ist nun gekommen."[136]

Die niedrigen Arbeitslöhne versetzen China in eine sehr vorteilhafte Position. Der Mangel an Erfahrung ist dagegen ein Nachteil. Viele westliche Designer arbeiten inzwischen für chinesische Unternehmen. Wie für China typisch, ist das keine Langzeitstrategie, sondern ein Startsprung und eine Lernerfahrung, um sich etwas von den „erfahrenen, aber langsamen und verschlafenen" westlichen Unternehmen abzuschauen. Die „Zeit des Konsumhungers", als chinesische Konsumenten über jeden Artikel glücklich waren, der nach Jahrzehnten des Warendefizits in den Geschäften auftauchte, ist vorbei. Die Chinesen haben die gleiche Auswahl wie westliche Konsumenten. Um sie als Kunden zu gewinnen, müssen Hersteller und ihre Marketingexperten verstehen, was in den Köpfen der Verbraucher passiert. Und das muss auf eine subtile, druckfreie Art geschehen, um zu verhindern, dass die Konsumenten „die Schotten dicht machen" – eine Reaktion der Menschen auf direkte Fragen, die man in Ländern wie China oft beobachten kann.

Angesichts einer fehlenden Kultur der offenen Meinungsäußerung – Voraussetzung für die qualitative Forschung (zum Beispiel Fokusgruppen) –, für die das politische Erbe des Landes verantwortlich ist, sind die Chancen für ein explosives Wachstum der RDE-Methode in China groß. Diese Methode arbeitet schnell und diskret, produziert konkrete Ergebnisse und – noch wichtiger – ist unabhängig von Grenzen, Kulturen und vorheriger Marktkenntnis.

Welche Chancen für die RDE-Methode in China entstehen und aus welchen Gründen sie erfolgreich sein wird

China ist der perfekte Ort für eine erfolgreiche Anwendung der RDE-Methode in bisher unbekanntem Umfang. Ironischerweise wird der Erfolg der RDE-Me-

136) Gordon Fairclough, „GM's Partner in China Plans Competing Car", *The Wall Street Journal*, 5. April 2006.

thode durch die historische Einschränkung der freien Meinungsäußerung noch begünstigt, wie Sie an den nachfolgend genannten acht Gründen ablesen können.

- **1. Grund:** Chinesische Designer wollen innovative Produktideen. Manche Konzepte mögen Adaptationen westlicher Produkte für den heimischen Markt sein (der nicht nur riesig, sondern regional auch höchst heterogen ist und je nach Ort eine lokale Produktanpassung erfordert), bei anderen handelt es sich um völlig neue Produkte. Auf diesem unerforschten Territorium brauchen die Designer Input von Tausenden von Menschen aus ganz unterschiedlichen Teilen des Landes. Darüber hinaus müssen diese Informationen schnell zur Verfügung stehen – und zwar sehr schnell. Noch fehlt es den Designern an Erfahrung, um entschlossene, informierte und durch Forschung gestützte Einschätzungen treffen zu können; das wiederum könnte genau die perfekte Einsatzmöglichkeit für ein sofort anwendbares Instrument sein. Und zwar welches? Die Antwort lautet RDE, weil es schnell, skalierbar und effizient ist. Und im Gegensatz zu einer direkten Befragung im Stile einer Fokusgruppe, die in China aber möglicherweise keinen Erfolg hat, haftet RDE nichts Bedrohliches an. Die Umfrageteilnehmer bewerten einfach verschiedene Ideen oder Produkte auf einer Skala über ihre Präferenz beziehungsweise Kaufabsichten.

- **2. Grund:** RDE lässt sich zu relativ geringen inkrementellen Kosten in jeder Region Chinas beziehungsweise auch in anderen asiatischen Ländern anwenden. Angesichts Chinas Bevölkerungszahl und der wachsenden Kaufkraft seiner Bevölkerung ist RDE definitiv die richtige Methode für diesen Markt.

- **3. Grund:** Chinesische Konsumenten reagieren auf direkte Fragen immer noch sehr zurückhaltend. Bedingt durch ihre instinktive Reaktion, eine politisch korrekte Antwort zu geben und dem Interviewer zu schmeicheln, der möglicherweise mit einem gefürchteten autoritären Regierungsvertreter assoziiert wird, sind die meisten anderen Marktforschungsmethoden, insbesondere die qualitative Marktforschung, weitaus ineffektiver als in anderen Ländern. Gelegentlich werden sie dadurch sogar unbrauchbar.

- **4. Grund:** Die Entwicklung und Analyse der RDE-Methode *in China für China* ist wesentlich günstiger im Vergleich zu den Kosten, die amerikanischen oder europäischen Unternehmen durch den Versuch entstehen, von ihren Heimatländern aus Konsumforschung über den chinesischen Markt zu betreiben.

- **5. Grund:** China hat keine Geschichte „standardisierter" Methoden zum Verständnis des Konsumentenverhaltens. Daher wird die chinesische Herstellung nicht von jahrelangen Prozessanpassungen behindert, die neue Ideen im Interesse der „Harmonisierung" ausbremsen.

- **6. Grund:** In den vergangenen Jahren produzierten chinesische Fabriken alle möglichen Produkte für die lokalen Märkte. Aber an wen soll man sie vermarkten? Die Chinesen sind äußerst kosten- und wertbewusst. Welches sind die richtigen Botschaften – jenseits simpler Preissenkungsstrategien –, mit denen sich ihr Interesse wecken lässt? Wie muss eine Verpackung beschaffen sein, damit sich Konsumenten von dem Produkt überzeugen lassen? Allein in Shanghai leben ungefähr 20 Millionen potenzielle Kunden, weitere 15 Millionen leben in Peking und so weiter. Wie kann ein Hersteller Verpackungen entwickeln, die in Shanghai anders aussehen als in Peking und vielleicht in zwei Jahren zehn Mal verändert werden, um neue Trends aufzugreifen und seinen Marktanteil zu verteidigen? RDE bietet dafür eine leichte und schnelle Lösung.

- **7. Grund:** Wenn die Chinesen ihr eigenes Land und alle übrigen asiatischen Länder mit ihren lokal entwickelten Produkten erobert haben, werden sie ihr Augenmerk auf den Westen richten. Das kann unter Umständen auch gleichzeitig mit der Expansion in Asien geschehen. Wir erleben das bei koreanischen Marken wie Samsung und LG, die sich im Westen sehr gut verkaufen. Diese Unternehmen brauchen umsetzbare Erkenntnisse über neue Produkte für ihre Marken. Wie sollen die nächsten Produkte beschaffen sein? Wie sollen sie kommuniziert werden? Wie kann China herausfinden, welche Produkte der Markt will, wie sie kommuniziert werden und was sie zeigen müssen, wenn es eigenständig Produkte für den Weltmarkt entwickeln, produzieren und vermarkten will? Und wie kann es diese Herausforderungen in Echtzeit bewältigen und die Produkte, Botschaften und Verpackungen an die lokalen Bedingungen und Anforderungen des Wettbewerbs anpassen? Zwar sind chinesische Produkte inzwischen weit verbreitet, chinesische Marketingfachleute haben derzeit jedoch nur sehr geringe Kenntnisse der amerikanischen und europäischen Märkte. Für viele wird es aus Kostengründen nicht möglich sein, ein in den USA oder in Europa ansässiges Unternehmen mit der Marktforschung zu beauftragen. Die Lösung? RDE – iterative, kostengünstige und breite RDE-Studien von China aus für China.

- **8. Grund:** Die Chinesen haben von Natur aus einen ausgeprägten Unternehmergeist. Einem Unternehmen, dem es gelingt, sich als ein renommierter und effizienter Lieferant von Daten und Erkenntnissen über westliche Konsumenten zu etablieren, winken riesige Erfolgschancen. Andere Unternehmen in China werden Schlange stehen: „Welches sind in Deutschland die attraktivsten Optionen für dieses Gerät? Wir können billig produzieren, aber wir haben noch keine Produktidee. Wie sollen wir unser Produkt vermarkten? Wie sollen wir es verpacken?" All diese Fragen können aus der Ferne in China beantwortet werden, und das äußerst kostengünstig, effizient und praktisch über Nacht.

Anstatt die Liste an Gründen fortzuführen, wollen wir lieber betrachten, wie RDE in einer hyperkompetitiven Welt funktioniert, in der frühzeitiges Wissen über die Wünsche und Bedürfnisse der Konsumenten einem Unternehmen massive Wettbewerbsvorteile verschaffen kann.

Zuerst wollen wir uns dem Sprachproblem widmen. Sie werden gleich sehen, warum. Haben Sie jemals versucht, ein paar Worte in einer anderen Sprache zu lernen, bevor Sie in ein anderes europäisches Land, die Karibik oder nach Südamerika reisen? Es ist ziemlich einfach, in Spanien *hola*, in Frankreich *bonjour* und in Italien *buon giorno* zu lernen und anzuwenden. Vielen Touristen gelingt das, und sie werden mit einem freudigen Lächeln der einheimischen Bevölkerung belohnt. Spanier und Italiener sind glücklich über jeden Versuch eines Ausländers, ihre Sprache zu verwenden. In Frankreich brauchen Sie es dagegen gar nicht erst zu versuchen, bevor Sie nicht einigermaßen Französisch sprechen. In abgelegeneren Orten wird sogar *erwartet*, dass sie die Sprache der Einheimischen verstehen. Manche der einsprachigen Leser dieses Buches erinnern sich vielleicht an die unangenehmen und hilflosen Momente irgendwo im Ausland, als ihre bescheidene Frage *„Barcelona dirección ... please?"* mit einem enthusiastischen Monolog beantwortet wurde – auf Spanisch, versteht sich. Die meisten Amerikaner lernen niemals eine andere Sprache, weil sie grundsätzlich von *anderen* erwarten, dass sie englisch sprechen.

Das ist in China nicht der Fall. Vor einer Reise nach China verbrachte Alex Gofman ziemlich viele Kaffeepausen damit, sein *Nǐ hǎo* („hallo" auf Chinesisch) mit Hilfe eines Mitarbeiters zu perfektionieren, der gebürtiger Chinese ist. Nach dessen Meinung klang es ziemlich überzeugend und kam der korrekten Aussprache recht nahe. Und dennoch scheiterte jeder Versuch, Menschen in China mit *Nǐ hǎo* zu begrüßen. Es lag *nicht* an der Aussprache (die in der Tat sehr schwierig war). Die Chinesen *erwarteten einfach nicht, dass ein Ausländer chinesisch spricht,* Punkt. Entweder versuchten sie, ein vertrautes ausländisches Wort herauszuhören (falls sie welche kannten), oder sie ignorierten den Ausdruck einfach, in der Erwartung, es handele sich um eine ihnen unbekannte ausländische Sprache. Liegt das daran, dass nur sehr wenige Ausländer jemals richtig chinesisch gelernt haben?

Gleichzeitig emigrierten Millionen von Asiaten nach Europa und in die USA, und viele von ihnen haben sich erfolgreich integriert. Von indischen Unternehmern im Silicon Valley zu chinesischen Wissenschaftlern und Buchprüfern gibt es zahlreiche Beispiele, die zeigen, dass sich die Asiaten sehr schnell an ihre neue Heimat anpassen. Wie viele Bürger westlicher Länder haben sich ähnlich gut in China integriert?

Unter dem Strich lässt sich sagen, dass ein gut vorbereitetes chinesisches Unternehmen eine bessere Chance auf eine erfolgreiche Marketingbeobachtung hat, als seine Wettbewerber im Westen. Warum ist das aber noch nicht geschehen? Warten Sie einfach noch ein oder zwei Jahre. Chinesische Geschäftsleute machen sich bereit, *beide* Welten zu verstehen und sie sprechen *mehrere* Sprachen. Sie erwarten von anderen nicht, dass sie chinesisch lernen. Sie sind eifrig bemüht, neue Sprachen zu lernen, selbst wenn dies am Anfang nicht perfekt gelingt. Sprachschulen erleben in China einen wahren Boom – Beweis genug, dass China über seine Landesgrenzen hinausblickt.

Wir illustrieren dies mit einer kurzen Geschichte über ein Unternehmen, das wir der Einfachheit halber Asia Calling, Ltd. beziehungsweise ACL nennen wollen. Bei ACL, dessen Unternehmenszentrale in einem ultramodernen Wolkenkratzer im Pudong-Distrikt von Shanghai mit Ausblick auf den geschäftigen Huangpu-Fluss liegt, arbeiten energiegeladene und ehrgeizige lokale Jungakademiker, die sich nicht zu schade sind, zuzugeben, dass sie noch viel lernen wollen und müssen. Je mehr sie dazulernen, desto besser. ACL beschäftigt außerdem einige ehemalige Spitzenführungskräfte anderer Tophersteller, so dass ein profundes Wissen darüber, wie Unternehmen und Menschen ticken, fest in die DNA des Unternehmens eingebettet ist. Anfangs arbeitete ACL sehr eng mit einem führenden Unternehmen der Wettbewerbsbeobachtung aus den USA zusammen, um sich Wissen, Technologien und Methoden anzueignen. Inzwischen übernimmt ACL zwar noch einige Instrumente in Lizenz, aber sehr wahrscheinlich nicht mehr lange; die Softwareentwicklung in China ist kostengünstig. ACL unterhält außerdem sehr gute Arbeitsbeziehungen zu mehreren großen Panel-Anbietern auf der ganzen Welt. Die Gewinnung von Testteilnehmern über das Web ist transparent, sehr leicht, schnell und selbstverständlich kosteneffektiv.

ACL hat eine ganz einfache Mission: die Mentalität von Konsumenten mit Hinblick auf Produkt- oder Servicemerkmale und Beschreibungen *auf der ganzen Welt zu verstehen* und dieses Wissen zurück an die Fabriken seiner Kunden in China/Südostasien oder zu einem outgesourcten Serviceanbieter in Indien zu leiten. Einige von ACLs Kunden wollen Weltneuheiten produzieren, und sie wollen, dass eine chinesische Fabrik diese Produkte gemäß den Kundenstandards entwickelt und herstellt. Andere müssen einen Offshoring-Service für Callcenter in einer bestimmten Produktkategorie entwickeln, aber sie wissen nicht, welche Sprachebene sie verwenden sollen, um die Angebote des Callcenters potenziellen Unternehmenskunden und Endverbrauchern schmackhaft zu machen. Diese Kunden (die Unternehmen) und Konsumenten (Nutzer der Produkte und Services) leben in ganz unterschiedlichen Ländern. Viele Kunden von ACL stammen aus dem Westen und sind verzweifelt bemüht, ihre Angebote auf die riesigen aufstrebenden Märkte Asiens auszudehnen.

Wie kann ACL vor diesem Hintergrund ein zündendes Geschäft entwickeln, das in der Lage ist, das Gehirn der Konsumenten auf der ganzen Welt zu scannen, diese Information mit Hilfe der RDE-Methode verarbeiten und dann schnell, kostengünstig und höchst effektiv mit Spezifikationen aufwarten, die eine Fabrik verstehen beziehungsweise ein Servicecenter verwenden kann?

ACL fand heraus, dass RDE perfekt zu seinen Zielen passte. Durch die Nutzung seiner exzellenten Beziehung zu *chinesischen Herstellern, Client-Marketing-Unternehmen und Konsumenten* ist ACL perfekt positioniert, um die Kundenbedürfnisse weltweit zu erfüllen. ACL übernahm die RDE-Technologie, die es verwendet, um – sagen wir – Testreaktionen auf Schlafzimmermöbelkonzepte von US-amerikanischen und kanadischen Zielkunden einzuholen. Wobei es völlig egal ist, dass das Marketingunternehmen seinen Sitz in Holland und Schweden hat, die Produktionswerke in China und Malaysia stehen und die Endkunden aus einem anderen Land oder gar beliebig vielen kulturell unterschiedlichen Regionen der Welt stammen.

Mit der RDE-Methode ist ACL in der Lage, mindestens vier verschiedene Aufgaben zu erledigen, von denen jede einzelne die Wettbewerbsposition des Unternehmens verbessert. Betrachten Sie folgende Beispiele:

- **Weltweite abonnierbare Wettbewerbsbeobachtung als Serviceleistung für Herstellunternehmen** – Unternehmen auf der ganzen Welt müssen sich über Trends informieren. Anstatt simpler *Ad-hoc*-Maßnahmen bietet ACL seinen Kunden halbjährliche Projekte, in deren Rahmen ACL das Internet auf einem bestimmten Gebiet darauf hin durchsucht, welche Produkte, Merkmale, Kommunikationsbotschaften und grafischen Darstellungen den Anwendern präsentiert werden. Durch eine schnelle Durchführung einiger RDE-Studien in zahlreichen Ländern erstellt ACL innerhalb von zwei Wochen eine Datenbank über mehr oder weniger erfolgversprechende Ideen.

Dieser standardisierte Satz an Datenbanken ist ACLs Pygmalion[137]-Datenbank. Pygmalion zeigt, welche Dinge in welchen Ländern funktionieren und welche mentalitätsbezogenen Segmente dort jeweils existieren. Da die RDE-Methode die Wettbewerbsbeobachtung erleichtert, nutzen Unternehmen die Pygmalion-Datenbank, um Trends und Chancen aufzuspüren und zu verfolgen.

- **Weltweite Übersetzung von Kundenbedürfnissen in Produktdesign** – Die vielleicht wichtigste Aufgabe von ACL besteht darin, die Marketingziele seiner Unternehmenskunden in Produktkonzepte zu übersetzen und diese Konzeptspezifikationen an die chinesischen Hersteller zurückzuleiten. ACL arbeitet mit einem Client-Marketing-Unternehmen, um Marktchancen zu identifizieren, die Architektur von Testkonzepten zu strukturieren (wie das Testkonzept aussehen und welche Merkmale es enthalten sollte), die Vorlage mit alternativen Optionen auszufüllen, die Konzepte in irgendeinem Land der Welt durch Zielkunden testen zu lassen, die Ergebnisse zu sammeln und aufzubereiten und die Datenbank den chinesischen Herstellern verfügbar zu machen.[138] Diese Abfolge an wissensgenerierenden Aktivitäten – vom Aufspüren einer Marktchance über die Kundenwahrnehmung bis zu den konkreten Produktionsspezifikationen – lässt sich innerhalb eines Zeitraums von einem Tag bis zwei Wochen durchführen. Diese Geschwindigkeit ist für Unternehmen, die sich erfolgreich in immer wettbewerbsintensiveren Märkten behaupten wollen, lebensnotwendig.

- **Promotion-Material für Marketing und Verkauf** – Ähnlich wie auf dem Gebiet der Wettbewerbsbeobachtung identifiziert RDE die Botschaften, die Konsumenten ansprechen und Kaufabsichten auslösen. ACL führt diese Projekte bei repräsentativen Teilnehmern der anvisierten Zielgruppe durch, um die kaufauslösenden Aussagen (siehe Kapitel 4 „Wie es Ihnen gelingt, Kunden ein gutes Gefühl zu geben, selbst wenn sie mehr bezahlen") und Visuals (siehe Kapitel 7 „Wie sich cooles Design mit einer herausragenden Wissenschaft verbinden lässt") herauszufiltern. ACL muss kein profundes Verständnis der Zielkunden entwickeln, mit denen die Tests durchgeführt werden – solche ausgedehnten, zeit- und kostenaufwändigen intellektuellen Anstrengungen sind für die heutige auf Kurzfristigkeit ausgerichtete

---

137) Auf Basis des klassischen Mythos erzählt Bernard Shaws *Pygmalion* (auch als das Musical *My Fair Lady* bekannt) die Geschichte eines Cockney (ein Spottname für die Bürger von London und ihren undeutlich gesprochenen Dialekt), dem Benehmen und eine gehobene Sprache beigebracht werden – ein Projekt, das weit reichende Folgen hat.

138) Im Verlauf des Buches haben wir diesen Ansatz mehrfach in Aktion gesehen, insbesondere in Kapitel 6, in dem das Thema Innovation behandelt wird.

Welt meist weder angemessen noch produktiv. Zu dem Zeitpunkt, da diese mühselige Arbeit endlich abgeschlossen ist, ist die Chance wahrscheinlich schon verpasst und die Idee überholt. ACL will lieber genau wissen, was *jetzt* funktioniert. Das Verständnis des *Warum* folgt automatisch, wenn ACL sieht, welche Dinge Erfolg haben. Die wahre Macht der RDE-Methode liegt jedoch in der Identifizierung der spezifischen Werbebotschaften in Echtzeit.

- **Optimierte Kommunikation in Echtzeit in einer Welt der suchbasierten Werbung** – Ausgerüstet mit der RDE-Methode arbeitet ACL gemeinsam mit seinen Kunden an der Optimierung ihrer Angebote durch suchbasierte Werbung. Die derzeitigen Suchmaschinen, wie zum Beispiel Google, erzielen einen Großteil ihrer Umsätze (und noch höhere Umsätze bei ihren Kunden) aus kostenpflichtigen Suchfunktionen, der so genannten Suchwortwerbung. Mit Hilfe der RDE-Suchmaschine und des Google Ad-Words API, variiert ACL systematisch die Zusammensetzung der Suchwortwerbung. Die RDE-Methode identifiziert nun die erfolgreichen Konzepte in der Suchwortwerbung und optimiert diese automatisch. Konzepte und Ideen, die sich bei einer Suche bewähren – zum Beispiel solche, die die Klickrate erhöhen –, werden identifiziert und gespeichert. Das System arbeitet in Echtzeit mit vielen tausend Kombinationen – auch hier sehen wir eine unkomplizierte Anwendung der RDE-Denkweise und der RDE-Methode.

ACL – ein Unternehmenstyp der nahen Zukunft (sagen wir, in drei Jahren) – bietet der Unternehmensgemeinde ganz eindeutig viele geschäftsrelevante RDE-Anwendungen. Gelegentlich sind sogar bahnbrechende Anwendungen darunter, wie zum Beispiel die RDE-basierte Content-Optimierung in Echtzeit, der dynamische Werbebooster etc. Das Wesentliche ist, dass diese Technologie Großes bewirken kann, wenn sie von Menschen eingesetzt wird, die von den ökonomischen Realitäten motiviert sind und von keiner verknöcherten Methode behindert werden. Mit Hilfe dieses neuen Marketingschwergewichts sind Unternehmen in der Lage, Röntgenaufnahmen des Bewusstseins und der Wahrnehmung der Verbraucher zu erstellen und auf Basis dieser Erkenntnisse herausragende Produkte zu entwickeln, die auf immer enger abgegrenzte Zielgruppen auf der ganzen Welt maßgeschneidert werden.

Der Weg dahin ist jedoch keine geradlinige, hindernisfreie Rennstrecke, die Sie garantiert an Ihr Ziel bringt. Marco Bevolo, Director von Foresights and Trends bei Philip Design, sagte einmal: „China wird vielleicht irgendwann zur Weltspitze aufrücken, aber das wird nicht leicht sein ... Man muss verstehen, was auf

Konsumenten attraktiv wirkt, was Käufer anzieht und sie zum Träumen bringt."[139]

Marcos Kollege, der gebürtige Australier und Vice President von Philips Design, Murray Camens, warnt, dass chinesischen Unternehmen einige Desaster bevorstehen, wenn sie nicht lernen, die Komplexität der Verbraucher zu verstehen. Er glaubt, dass „chinesische Unternehmen, die sich auf globaler Ebene durchsetzen wollen, lernen müssen, die Vorlieben und Wünsche der Konsumenten zu verstehen und diese Bedürfnisse zu erfüllen."

Im Gegensatz dazu sollten ausländische Unternehmen, die den chinesischen Markt und die Märkte anderer Schwellenländer erobern wollen, „nicht davon ausgehen, dass billiger immer besser ist." Und sie sollten unbedingt sorgfältig ihre Hausaufgaben machen.[140]

Das ist *genau* das, was ACL am besten kann: die Lücke zwischen der chinesischen Produktion und den Kunden auf beiden Seiten der Grenze zu schließen. Chinesische Unternehmen sind für einen brutalen Wettbewerb gerüstet. „Das Markttempo ... und die Unberechenbarkeit - das ist kein Platz für Leute mit schwachen Nerven", so Gavin Heron, Geschäftsführer der zur Omnicom-Gruppe gehörenden Werbeagentur TBWA Shanghai.[141]

Menschen fürchten sich normalerweise vor *unbekannten möglichen Entwicklungen.* Sie gewinnen erst an Entschlossenheit, wenn sich das Problem materialisiert. Sollten wir uns von den aufstrebenden BRIC-Ländern einschüchtern lassen? Eigentlich ist diese Frage ohne Bedeutung. Der wachsende Erfolg der BRIC-Länder ist keine Bedrohung, sondern eine Realität. Wir müssen mit ihr leben, wie mit der Auslagerung von IT-Arbeitsplätzen nach Indien. Erschreckend? Warum tun sich US-amerikanische Unternehmen dann nach wie vor schwer damit, heimische qualifizierte Softwareentwickler einzustellen?

Was kann der Westen tun? Die beste Antwort: einfach versuchen, stets einen Schritt voraus zu sein.

---

139) „Philips Design Execs Say Chinese Firms Face Challenges", *Plastics News* (12. Juli 2005): www.plasticsnews.com/china/philipsdesign.
140) Ibid.
141) Geoffrey A. Fowler, „Agencies Find China Land of Opportunity and Unhappy Clients", *The Wall Street Journal*, 17. März 2006.

Kapitel 12
RDEs „schöne neue Welt“

In einer alten Jagdstory bereiteten sich zwei Jäger darauf vor, in den Dschungel zu gehen und einen Tiger zu jagen. Einer der beiden zog leichte, bequeme Joggingschuhe an, während der andere seine alten, schweren Stiefel trug. „Meinst du, du läufst mit deinen Joggingschuhen schneller als der Tiger, falls er uns verfolgen sollte?“, fragte der zweite Jäger. „Nein“, antwortete der andere. „Ich muss nur schneller laufen als *du*.“

RDE ermöglicht vielen „Jägern“, den Tiger auf Anhieb „zu erlegen“. In anderen weniger spektakulären Fällen ermöglicht es dem Nutzer zumindest, dem Wettbewerb stets eine Nasenlänge voraus zu sein – eine Distanz, die oft gerade so ausreicht, um erfolgreich zu sein oder wenigstens zu überleben.

Dieses Buch dient als Leitfaden auf der Reise von Nahrungsmitteln bis zu Zeitschriften, von Politik bis zum Aktienmarkt, von US-Fabriken der 1950er Jahre bis zu den asiatischen Produktionsstätten der nahen Zukunft. Wir haben Berichte über Unternehmen gelesen, die die RDE-Methode angewendet haben, um zu verstehen, wie man ein erfolgreiches neues Produkt entwickelt und nachhaltig innoviert. Dieses abschließende Kapitel zieht eine Bilanz über den Nutzen der RDE-Methode und die Lektionen, die wir gelernt haben, und es gibt Hinweise über zukünftige Anwendungsmöglichkeiten. Denken Sie daran, dass die hier zitierten Fallbeispiele aus Tausenden erfolgreicher Projekte ausgewählt wurden, an denen die Autoren im Verlauf der Jahre beteiligt waren. Sie erstrecken sich über zahlreiche Bereiche und Branchen, von Nahrungsmitteln über Hotels, Autos und Mobiltelefone bis zu Schmuck, Möbeln, Verlagswesen, TV-Werbung und vieles mehr.

Fragen und Antworten zu RDE

Nachdem Sie die Berichte über Unternehmen und Menschen gelesen haben, die von der RDE-Methode profitiert haben, erwägen Sie vielleicht eine probeweise Anwendung der RDE-Methode in Ihrem eigenen Unternehmen. Natürlich gibt es immer einen Unterschied zwischen der Lektüre und der realen Umsetzung, aber bei der RDE-Methode ist diese Kluft nicht so groß und vor allem nicht so tief – selbst wenn Sie beim ersten Versuch nicht die besten Ergebnisse erzielen, werden Sie beim nächsten Versuch mit größter Wahrscheinlichkeit wesentlich erfolgreicher sein. Und wenn Sie immer noch Fragen haben, lesen Sie den folgenden Abschnitt. Wir werden versuchen, Ihre Fragen zu beantworten.

Frage 1: Ist die RDE-Methode leicht anzuwenden?

Können diese Art Probleme von normalen Managern bewältigt werden, die nicht unbedingt Experten auf diesem Gebiet sind und Probleme lösen müssen, die hier nur zum Teil angesprochen wurden? Die Antwort ist ein lautes, deutliches „Ja!" Im Gegensatz zu dem Bestreben, aus der Wissensgewinnung eine heilige Sache und aus Statistik die Sammlung magischer Zaubersprüche zu machen, ist die von uns hier vorgestellte RDE-Methode tatsächlich relativ einfach. Selbstverständlich ist *Technologie* keine triviale Angelegenheit, aber die *Anwendung der Technologie* ist unkompliziert. Sie ersetzt jedoch nicht die notwendigen Denkarbeit. Sie können an die Stelle der disziplinierten Denkprozesse, die RDE verlangt, keinen simplen „Beauty Contest" setzen oder aus einigen wenigen suboptimalen Möglichkeiten die beste aussuchen. Ja, die RDE-Methode ist ausgesprochen leicht anzuwenden. Versuchen Sie es – sie beißt nicht!

Frage 2: Lohnt sich der Aufwand?

Selbst wenn die RDE-Methode leicht anwendbar ist, stellt sich die Frage nach ihrem wahren Wert. Lohnt sich der Aufwand überhaupt? Werden die RDE-Anwender in Unternehmen damit mehr erreichen, oder können sie ihren Weg durch das Problemdickicht auch durch Suchen und Raten finden? Die Antwort ist so einfach wie die Antwort auf die Frage der Machbarkeit: Selbstverständlich lohnt sich der Aufwand.

Das typische Unternehmen steht ständig unter Zeitdruck. Fast kein Unternehmen wagt es heute zuzugeben, dass es genug Zeit dafür hat, die richtigen Dinge und die Dinge richtig zu machen. Selbst die Zeit zum Nachdenken ist kostbar und knapp. Angesichts der sich täglich häufenden Bedrohungen ist es kein Wunder, dass Manager nach einer schnellen Lösung für ein Problem suchen. Leider verlassen sie sich dabei allzu oft auf Ratespiele. Die politisch korrekte Antwort, die meist mit klagender, müder und ehrlicher Stimme vorgebracht wird, lautet: „Natürlich wollen wir einen disziplinierten Ansatz verfolgen ... aber wir haben dafür einfach keine Zeit!“

Aus der Perspektive der Autoren ist die RDE-Methode jedoch gar nicht so zeitaufwändig. *Tatsächlich lässt sich damit oft eine Menge Zeit, Geld und Mühe sparen.* Wichtig an dieser Methode ist, dass sie ihre Anwender zwingt, *über das Problem nachzudenken* und nicht reflexartig zu reagieren. Die Wirkung von Hausaufgaben und regelmäßigem Training in Schule und Sport ist bekannt und allgemein anerkannt. Dasselbe gilt für die RDE-Methode. Allein das Nachdenken über ein Problem auf die strukturierte Art und Weise, wie sie die RDE-Methode erfordert, bewirkt schon große Fortschritte in der Problemlösung. Die Sammlung und das Verständnis der unabhängigen Variablen ist ebenso hilfreich wie das Experiment selbst. Manchmal besteht der wertvollste Teil eines RDE-Projekts in der vorbereitenden Denkarbeit und den Erkenntnissen, die man aus der Datenerhebung und den Ergebnissen zieht.

Und danach? Funktioniert die RDE-Methode nur, weil sie zum Nachdenken zwingt? Wohl kaum; es ist mehr. Ein Großteil des Wissens, das in Unternehmen heute vorhanden ist, stammt aus unstrukturierten Beobachtungen. Sicher, Unternehmen speichern eine Vielzahl von Berichten – in unzähligen Datenbanken, Forschungsberichten etc. Aber nur die wenigsten enthalten systematisierte Informationen. Oft lässt sich gar nicht zurückverfolgen, welche Dinge erfolgreich sind und welche nicht, welche Regeln gelten oder ob es überhaupt Regeln gibt. Und nun werfen Sie einen Blick auf das, was wir hier getan haben. Immer wieder schallen uns die Begriffe *Regeln* und *Allgemeingültigkeit* entgegen. Bei der RDE-Methode geht es um Regeln, Datenbanken und das Stellen von Fragen. Das Ziel ist, zu erkennen, welche Fakten aus der einen RDE-Studie auch zur Lösung eines anderen, *neuen* Problems beitragen können.

Diese Disziplin bewährt sich in jeder Situation, sei es durch die Strukturierung der Denkprozesse zu Beginn eines Projekts, durch das Herausfiltern der Realitäten in der mittleren Phase („Das Glück ist nur denen hold, die darauf vorbereitet sind", wie Pasteur im Jahr 1854 sagte) oder zu einem späteren Zeitpunkt, wenn die Daten zu einer Referenzquelle geworden sind, die sich jederzeit konsultieren lässt. Manchmal ist es schwer zu glauben, dass ein Projekt so viele nachfolgende und unerwartete erfreuliche Anwendungen findet. Eine kleine Erkenntnis über heutige Unternehmen bietet eine schnelle Antwort auf jeden möglichen Skeptizismus. Unternehmen arbeiten heute wissensbasiert. Sobald ein Problem auftaucht, wird irgendjemand im Unternehmen höchstwahrscheinlich damit beauftragt, sich durch alte Unternehmensberichte, Marktforschungsuntersuchungen und Datenbanken zu wühlen, um eine Lösung zu finden. Dabei stößt derjenige auch auf die RDE-Daten. Der große Unterschied zu anderen Datenbeständen besteht darin, dass diese Daten bereits strukturiert sind.

Frage 3: Wo liegen die Grenzen der Anwendung der RDE-Methode?

Wie lautet die große Idee hinter RDE? Hält es, was es verspricht? Ist RDE ein magisches Rezept? Einerseits kann es gar nicht anders sein, als dass sich die Methode der systematischen Experimente langfristig in einer Welt durchsetzt, in der bisher mit Schätzungen und Daumenregeln gearbeitet wird, und zwar ganz einfach deswegen, weil die RDE-Methode faktenbasiert ist. Es gibt keinen Grund, warum das Universum seine Regeln verändern sollte, nur weil jemand systematische Beobachtungen anstellt. Die Chancen stehen gut, dass die RDE-Methode eine Menge bewirkt – die Grenzen liegen im Einfallsreichtum des Nutzers. Diese Methode wird natürlich aus einem Dilettanten keinen Künstler machen und aus einem Ignoranten keinen Visionär. Und es wird die Geheimnisse des Universums auch niemandem enthüllen, der Ratespiele disziplinierten Messungen und ziellose Hypothesen einer disziplinierten Suche nach Fakten vorzieht.

Andererseits wird die RDE-Methode schon aufgrund ihrer Strukturierung beständige Erfolge liefern. Sie zwingt den Anwender, auf disziplinierte Weise über Alternativen nachzudenken. Der Denkprozess ist ausschlaggebend. Egal, was in Unternehmen gesagt wird, auf Basis von früheren Erfahrungen lässt sich nicht immer voraussagen, was in Zukunft Erfolg haben wird und was nicht. Die Unternehmenslandschaft ist übersät mit den Schriften von Experten, die eine Zeitlang in Mode waren und in Vergessenheit gerieten, als sich die Masse zu neuen Propheten aufmachte. Das Schöne an RDE ist, dass es nicht zulässt, dass echte oder selbst ernannte Experten das Steuer übernehmen. Es zwingt Unternehmen zu echten Experimenten, statt Ergebnisse anhand von

Vermutungen zu fabrizieren (in der Forschung auch als „Dry-labbing“[142] bezeichnet). Wenn man sich dazu durchringt, intensiv nachzudenken, zu messen und die realen Fakten zu betrachten, dann ergibt sich alles andere fast automatisch.

Wir haben gesehen, wie mit Hilfe der RDE-Methode neue Nahrungsmittel und Getränke entwickelt, wie die Botschaften des Wettbewerbs dekonstruiert und die überzeugendsten Kernbotschaften identifiziert sowie Produktinnovationen erzeugt wurden. Sogar auf dem Gebiet der Politik und Aktienmärkte hat sich die RDE-Methode bewährt. Dies sind nur einige der möglichen Anwendungsgebiete. Denken Sie an jeden Bereich, in dem Menschen eine Auswahl treffen können und ihre Wahrnehmungen wichtig sind. Denken Sie nun an systematische Experimente, bei denen Zielpersonen mit Teststimuli konfrontiert werden, Reaktionen gemessen und Muster ausfindig gemacht werden. Wenn Sie über Alternativen nachdenken, dann denken Sie an Vignetten oder Kombinationen, und denken Sie an die Reaktionen auf diese Vignetten – und schon haben Sie ein weiteres Anwendungsgebiet für die RDE-Methode gefunden.

Hören Sie nicht auf zu experimentieren!

142) Als „Dry-labbing“ bezeichnet man die künstliche Fabrizierung von Testergebnisssen ohne Durchführung von Tests. (A.d.Ü.)

Nachwort

Und was macht unsere Protagonistin, Allison-die-Entrepreneurin? Sie ist kopfüber und ohne langes Zögern in die RDE-Welt eingetaucht. Was hat ihr das gebracht? Um diese Frage zu beantworten, wollen wir einige Jahre später einen kurzen Blick auf ihre Familie werfen.

„Mama, können wir das nochmal spielen?! Bei welchem Regal fangen wir an?", fragte ihre Tochter im lokalen Supermarkt. Das Spiel ist ganz einfach: Sie tritt einen Schritt vom Regal zurück und deutet willkürlich auf irgendein Produkt. Ihre Mutter erzählt ihr dann eine kurze Geschichte über dieses Produkt. Es ist keine Überraschung, dass viele Artikel im Supermarktregal von der RDE-Methode profitieren konnten, sei es durch eine Optimierung des Produktgeschmacks, der Verpackung, des äußeren Erscheinungsbilds, des Standorts, der Markenausdehnung, Promotion, Werbung und so weiter. Die Produkte, die nie mit Hilfe der RDE-Methode optimiert wurden, büßten schließlich ihre Marktanteile ein und sind entweder aus den Regalen verschwunden oder wurden in irgendeinen entlegenen Winkel verräumt und landeten bei Produktrankings auf den hinteren Plätzen. Allison stand an der Spitze der RDE-Bewegung. Sie verdiente ihr Vermögen durch die Anwendung dieser Methode und fühlte sich verpflichtet, andere an diesen „bestgehüteten Geschäftsgeheimnissen" teilhaben zu lassen. Einen Großteil ihrer Zeit verbrachte sie mit der Verbreitung dieses Konzepts unter ihren Geschäftskollegen und der breiteren Unternehmensgemeinde. Inzwischen kann sie stolz auf zahlreiche Artikel verweisen, die aus diesen Aktivitäten entstanden sind.

Allison macht das Produktspiel Spaß. Ihre Tochter ist viel weniger von dem beruflichen, finanziellen und sozialen Status ihrer Mutter beeindruckt, als von dem Spiel an sich. Kinder gewöhnen sich an ihre Umgebung. Sind ihre Eltern nicht einfach „sprechende Möbelstücke"? „*Das* hast du auch gemacht? Ich habe *es* gestern im Fernsehen gesehen!" „Nun, ich habe das nicht selbst gemacht, das war Johns Unternehmen ... Aber ich habe John die Vorteile der RDE-Methode aufgezeigt." „Wer ist John?" „Er ist inzwischen CEO eines Fortune-500-Unternehmens ... Nun, ich würde sagen, er ist ein überaus erfolgreicher Mensch."

Allison, die als Kleinunternehmerin begonnen hat, hat es geschafft, ihr neues Produkt im Markt zu positionieren, indem sie mit der Geschmacksrichtung, dem äußeren Erscheinungsbild, der Verpackung und anderen Attributen eines erfolgreichen Produkts experimentiert hat. RDE hat ihr dabei geholfen, sich im Wettbewerb mit den „großen Tieren" zu behaupten. Selbst als ihre Experimente nicht auf Anhieb die erwünschten Ergebnisse produzierten, war es sehr leicht, sie zu wiederholen.

Aus Allisons kleinem Startup ist ein multinationaler Konzern geworden, der zügig in weitere Geschäftsfelder expandiert. Viele ihrer Freunde aus einem prestigeträchtigen Wirtschaftsclub greifen die Idee auf und wenden sie auf TV-Programmentwicklung, Erziehung und Ausbildung, Web Content Optimierung und andere Gebiete an.

Versuchen Sie es selbst. Möglicherweise finden Sie heraus, dass selbst die kühnsten Vorhaben realisierbar sind, wenn man gut vorbereitet ist.

Jerry Porras / Stewart Emery / Mark Thompson

Der Weg zum Erfolg

Erfolgsmodelle von Menschen, die in ihrem Leben etwas bewegt haben

»Der Weg zum Erfolg« zeichnet eine einmalige unkonventionelle Face-to-Face-Konversation mit zahlreichen außergewöhnlichen Menschen aus der ganzen Welt auf. Ob Bono Fox von U2 oder Nelson Mandela, ob Milliardär oder Nobelpreisträger – Porras, Emery und Thompson zeigen dem Leser, wie die Erfolgreichen unserer Gesellschaft den sprichwörtlichen Olymp erklommen haben und – vor allem – wie sie dort geblieben sind. Die Erfolgsgeheimnisse, die es für den Leser hier zu entdecken gilt, werden ihm helfen, sein eigenes Leben erfolgreicher zu bestreiten.

295 Seiten, Hardcover
Preis € 34,90 (D); € 35,90 (A); SFr 55,50
ISBN 978-3-89879-305-6

Geoffrey A. Moore

Darwins Erben

Warum Unternehmen nur durch Innovationen langfristig am Markt überleben

Der sich immer weiter verschärfende internationale Wettbewerb führt dazu, dass Innovationsmanagement zu einem strategischen Erfolgsfaktor für Unternehmen wird. Nur wer erfolgreich in immer kürzeren Produktlebenszyklen wettbewerbsfähige Produkte auf den Märkten platziert und diese global vermarktet, kann sich langfristig behaupten. Geoffrey A. Moore beschreibt anhand konkreter Produktlebenszyklen, welche Art von Innovation in den verschiedenen Phasen des Zyklus angebracht erscheint. Dabei werden 14 unterschiedliche Arten charakterisiert und beschrieben.

261 Seiten, Hardcover
Preis € 34,90 (D); € 35,90 (A); SFr 55,50
ISBN 978-3-89879-284-4

Charles R. Geisst

Die Geschichte der Wall Street

Von den Anfängen der Finanzmeile bis zum Untergang Enrons

Die Wall Street ist für viele der Inbegriff von Kapitalismus, Macht und Geld. Benannt nach dem Schutzwall, den Peter Stuyvesant im Jahre 1652 zur Sicherheit der frühen holländischen Kolonisten gegenüber den dort lebenden Indianern erbaute, entwickelte sich die Wall Street von einem Treffpunkt ortsansässiger Kaufleute und Händler, um Aktien und Anleihen zu kaufen und zu verkaufen, hin zu dem milliardenschweren computerbetriebenen Finanzzentrum, das sie heute ist. Was aber steckt genau hinter der unauffälligen engen Gasse mit dem weltbekannten Namen, und warum spielten sich hier bereits weltbewegende Dramen und Triumphe ab? Charles R. Geisst nimmt den Leser an die Hand und geht mit ihm den über zweihundertjährigen Weg der berühmtesten Straße der Welt, die als Drehscheibe der amerikanischen Ökonomie die Vereinigten Staaten zur stärksten Wirtschaftsmacht der Welt emporgehoben hat.

493 Seiten, Hardcover
Preis € 29,90 (D); € 30,80 (A); SFr 48,50
ISBN 978-3-89879-260-8

Die China AG

Zielmärkte und Strategien chinesischer Markenunternehmen in Deutschland und Europa

Haier, TCL, Lenovo oder Brilliance – chinesische Großkonzerne machen sich auf, die internationalen Märkte zu erobern. Auch immer mehr kleinere Unternehmen aus dem Reich der Mitte gründen im Ausland Niederlassungen oder kaufen ausländische Firmen auf. Für die Expansionswut der Chinesen gibt es mehrere Gründe. Einer davon ist der sichere Zugang zu Energie- und Rohstoffquellen, die für ein anhaltendes hohes Wirtschaftswachstum unverzichtbar sind. Hans Joachim Fuchs informiert ausführlich über die Hintergründe der aggressiven Expansionspolitik der chinesischen Unternehmen und deren tiefgreifende Auswirkungen auf die globale Wirtschaft.

436 Seiten, Hardcover
Preis € 34,90 (D); € 35,90 (A); SFr 55,50
ISBN 978-3-89879-347-6

Peter Navarro

Das komplette Wissen der MBAs

375 Seiten, Hardcover
Preis € 34,90 (D); € 35,90 (A); SFr 55,50
ISBN 978-3-89879-264-6

MBA – diese drei Buchstaben klingen nach internationaler Karriere, Erfolg und Geld. In den vergangenen Jahren sind nicht nur Studierende und Berufsanfänger diesem Lockruf gefolgt. Auch viele Hochschulen haben Master-Programme aufgelegt. Es gibt gute Gründe, warum der Master in Business Administration so beliebt ist: Er stellt sich den wichtigsten Managementfragen, liefert Schlüsselkonzepte und ermöglicht es, die eigenen Fähigkeiten zu verbessern. Er vermittelt den nötigen Scharfblick und schult Manager, in sämtlichen Lebenslagen und in nahezu jeder Managementposition den täglichen Herausforderungen im Unternehmen gewachsen zu sein.

ɹachim Schwass

Vachstumsstrategien ür Familienunter- ehmen

ı der Praxis getestete
angfristansätze

5 Seiten, Hardcover

ɜis € 34,90 (D); € 35,90 (A); SFr 55,50

N 978-3-89879-304-9

Das Familienunternehmen ist zweifellos die älteste Betriebsform. Allerdings ist es nicht zwingend ein Erfolgsmodell: Die meisten Familienunternehmen scheitern in der zweiten oder dritten Generation. Fehler werden besonders beim Übergang vom »Senior« auf den »Junior« gemacht.
Dr. Joachim Schwass stellt herausragende Familienunternehmen vor und zeigt auf, mit welchem Erfolg sie geführt werden, mit welchen Schwierigkeiten sie zu kämpfen hatten und wie sie diese mit aktiver Planung beseitigen konnten.

Brückner, Michael

Uhren als Kapitalanlage

Status, Luxus, lukrative Investition

294 Seiten, Hardcover

Preis € 34,90 (D); € 35,90 (A); SFr 55,50

ISBN 978-3-89879-152-6

Uhren – von einem namhaften Hersteller solide verarbeitet, können sie selbst für nachfolgende Generationen eine lohnende Investition sein. Michael Brückner beschäftigt sich in seinem Werk „Uhren als Kapitalanlage" ausführlich mit den kostbaren Zeitmessern. Zunächst stellt er bekannte Marken wie Rolex oder Chronoswiss vor, und geht auf deren individuelle Besonderheiten ein. Dann erklärt er, welche Details sich als besonders wertsteigernd erweisen können. Er gibt wertvolle Tipps zum Kauf auf Messen, mittels Konzessionär oder über E-Bay. In diesem Zusammenhang verrät er auch mit welchen Mitteln Fälscher arbeiten und wie man Plagiate von Originalen unterscheiden kann. Abschließend zeigt der Autor auf, wie sich gute Preise realisieren lassen, falls man sich doch einmal von der einen oder anderen Luxusuhr trennen möchte.